THEODORE GRAY

Reactions

Photographs by Nick Mann

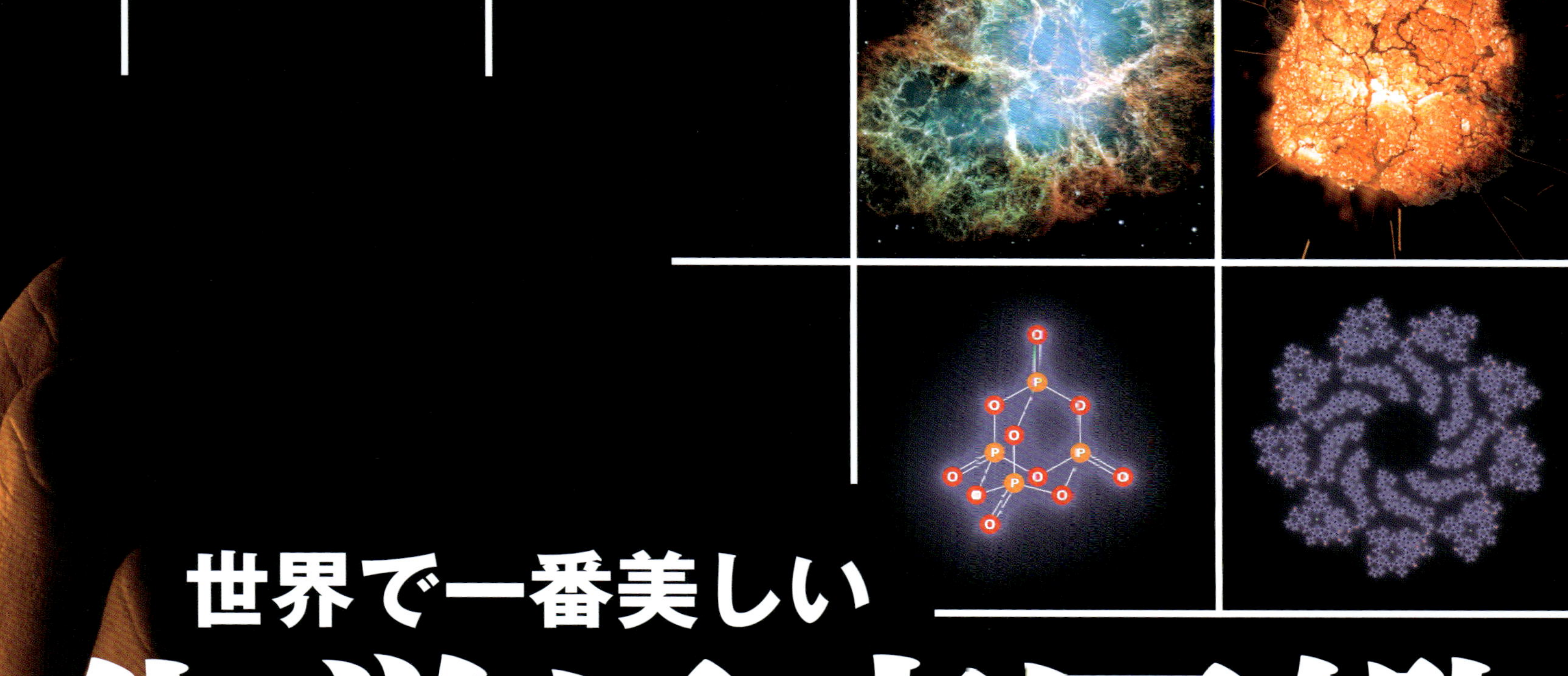

世界で一番美しい

化学反応図鑑

Reactions An Illustrated Exploration of Elements, Molecules, and Change in the Universe

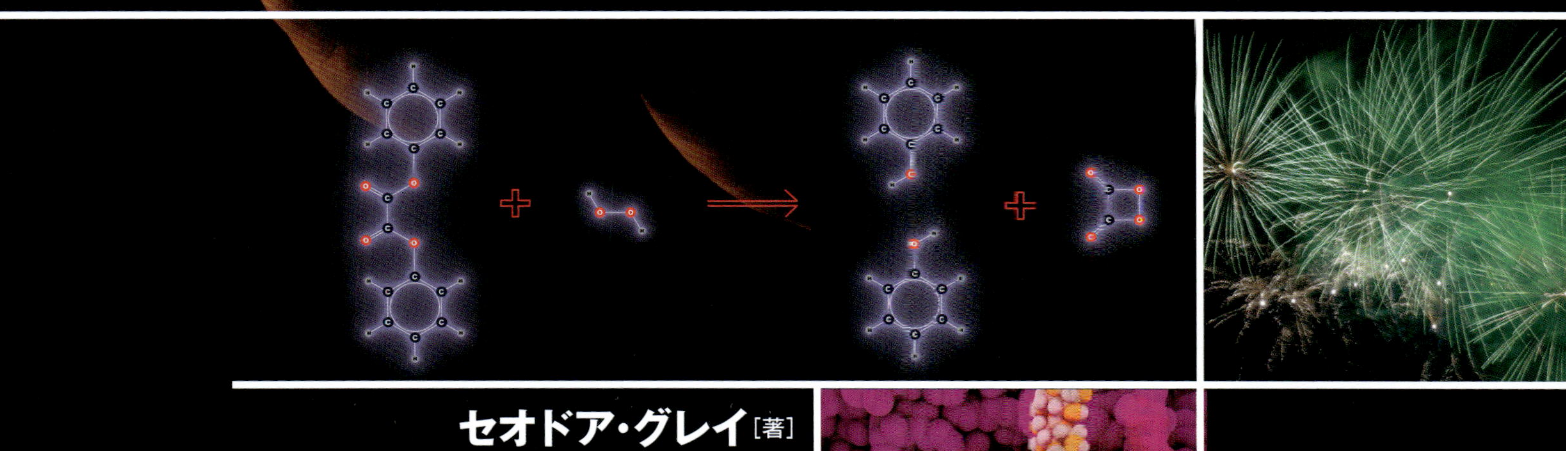

セオドア・グレイ［著］
Theodore Gray
ニック・マン［写真］
Nick Mann
若林文高［監修］
Fumitaka Wakabayashi
武井摩利［訳］
Mari Takei

創元社

［著者］**セオドア・グレイ**（Theodore Gray）
イリノイ大学アーバナ・シャンペーン校で化学を学び、卒業後カリフォルニア大学バークレー校の大学院に進学。大学院を中退してスティーヴン・ウルフラムとともにウルフラム・リサーチを創業し、同社が開発した数式処理システムMathematica（マセマティカ）のユーザーインターフェースを担当した。かたわら、「ポピュラー･サイエンス」誌のコラムなどでサイエンスライターとして活躍する。元素蒐集に熱中して自ら周期表テーブル（周期表の形をした机にすべての元素またはその関連物質を収めたもの）を制作し、2002年にイグノーベル賞を受賞。2010年にウルフラムを退職し、iPadやiPhone用アプリの制作会社を立ち上げて、共同創業者兼チーフ・クリエイティブ・オフィサーとして活動している。主な著書に『世界で一番美しい元素図鑑』、『世界で一番美しい元素図鑑　デラックス版』、『世界で一番美しい分子図鑑』（以上創元社）、『Mad Science　炎と煙と轟音の科学実験54』、『Mad Science 2　もっと怪しい炎と劇薬と爆音の科学実験』（以上オライリージャパン）などがある。イリノイ州アーバナ在住。

［写真］**ニック・マン**（Nick Mann）
写真家。黒をバックにした美しい写真の撮影を得意とする。『世界で一番美しい元素図鑑』、『世界で一番美しい分子図鑑』の写真で知られる。スタジオでの撮影のほか、風景写真やステレオ写真の撮影でも活躍している。イリノイ州アーバナ出身だが、キャンピングカーでマウンテンバイク・トレイルの近くを転々としながら暮らしている。

［監修］**若林文高**（わかばやし　ふみたか）
国立科学博物館名誉館員・名誉研究員。同館の前理工学研究部長。専門は触媒化学、物理化学、化学教育・化学普及。博士（理学）。1955年生まれ。京都大学理学部化学科卒業、東京大学大学院理学系研究科修士課程修了。主な監修･訳書に、『楽しい化学の実験室Ⅰ･Ⅱ』（東京化学同人、1993、1995）、R・ルイス、W・エバンス『基礎コース 化学』（東京化学同人、2010）、T･グレイ、N･マン『世界で一番美しい元素図鑑』（創元社、2010）、『世界で一番美しい元素図鑑　デラックス版』（創元社、2013）、『世界で一番美しい分子図鑑』（創元社、2015）、『元素に恋して　マンガで出会う不思議なelementsの世界』（創元社、2017）などがある。

［訳者］**武井摩利**（たけい　まり）
翻訳家。東京大学教養学部教養学科卒業。主な訳書にN・スマート編『ビジュアル版世界宗教地図』（東洋書林）、B・レイヴァリ『船の歴史文化図鑑』（共訳、悠書館）、R・カプシチンスキ『黒檀』（共訳、河出書房新社）、M・D・コウ『マヤ文字解読』、T・グレイ『世界で一番美しい元素図鑑』『世界で一番美しい分子図鑑』、J・ラーセン『微隕石探索図鑑』（以上創元社）などがある。

Reactions: An Illustrated Exploration of Elements, Molecules, and Change inthe Universe
by Theodore Gray

Originally published in English by
Black Dog & Leventhal Publishers.

Japanese translation rights arranged with
Black Dog & Leventhal Publishers
through Japan UNI Agency, Inc., Tokyo

世界で一番美しい化学反応図鑑

2018年 9 月20日　第 1 版第 1 刷発行
2025年 2 月20日　第 1 版第 4 刷発行

著　者　セオドア・グレイ
写　真　ニック・マン
監修者　若林文高
訳　者　武井摩利
発行者　矢部敬一
発行所　株式会社 創元社
〈本　　社〉〒541-0047 大阪市中央区淡路町4-3-6
Tel.06-6231-9010㈹　Fax.06-6233-3111
〈東京支店〉〒101-0051 東京都千代田区神田神保町1-2 田辺ビル
Tel.03-6811-0662㈹
〈ホームページ〉https://www.sogensha.co.jp/
印刷所　TOPPANクロレ株式会社

© 2018 Printed in Japan ISBN978-4-422-42008-0 C0043

目次 Contents

はじめに

2008年に最初の本（『世界で一番美しい元素図鑑』）を書きはじめたとき、私の頭に「これを三部作の１冊目にしよう」というアイディアが浮かびました。三部作のテーマは、元素、分子、化学反応。３冊がそろえば、化学の世界をひとめぐりするツアーができます。出発点は元素です。すべてのものは元素から始まりますからね。次に、元素が組み合わさって分子ができます。それから、分子同士を、一種のナノスケール・ファイト・クラブに送り込むわけです。

あれから10年近くが経ちました（10年ですよ！）。ようやく三部作の完成です！　３冊の本を書き、執筆を可能にすべく日々の生活を営んでいるあいだに、私はここで扱っている分子たちと同じくらい自分が変化したと感じています。子供たちは大きくなり、私の髪は減りました。でもそれは必要な時間だったと思います。

私が３冊の本を書くのを楽しんだのと同じくらい、みなさんが３冊全部を（またはどれか１冊でも）読むのを楽しんで下さることを願っています。

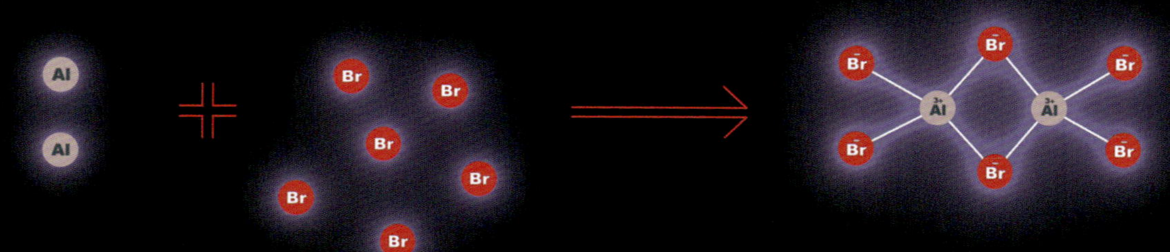

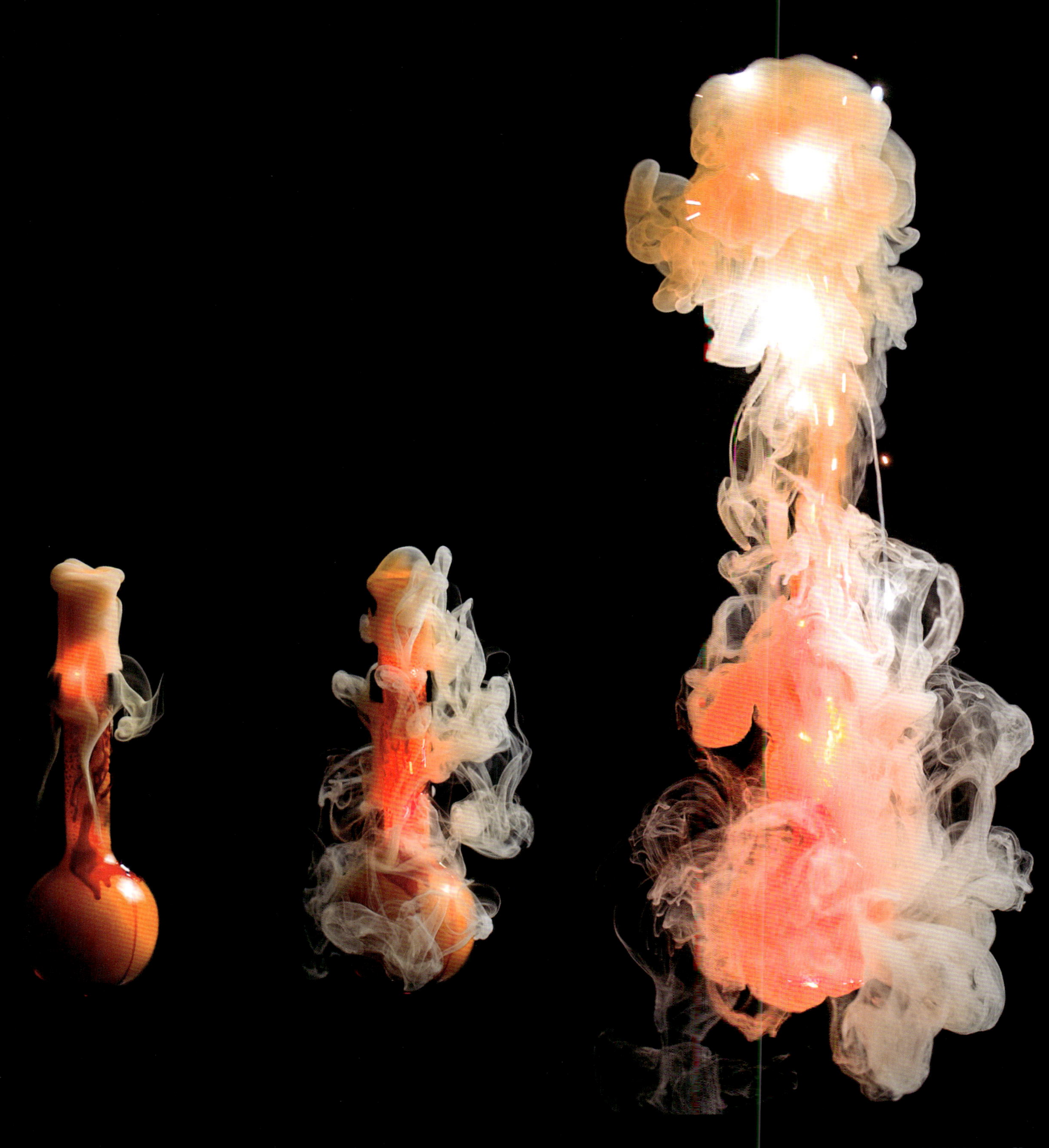

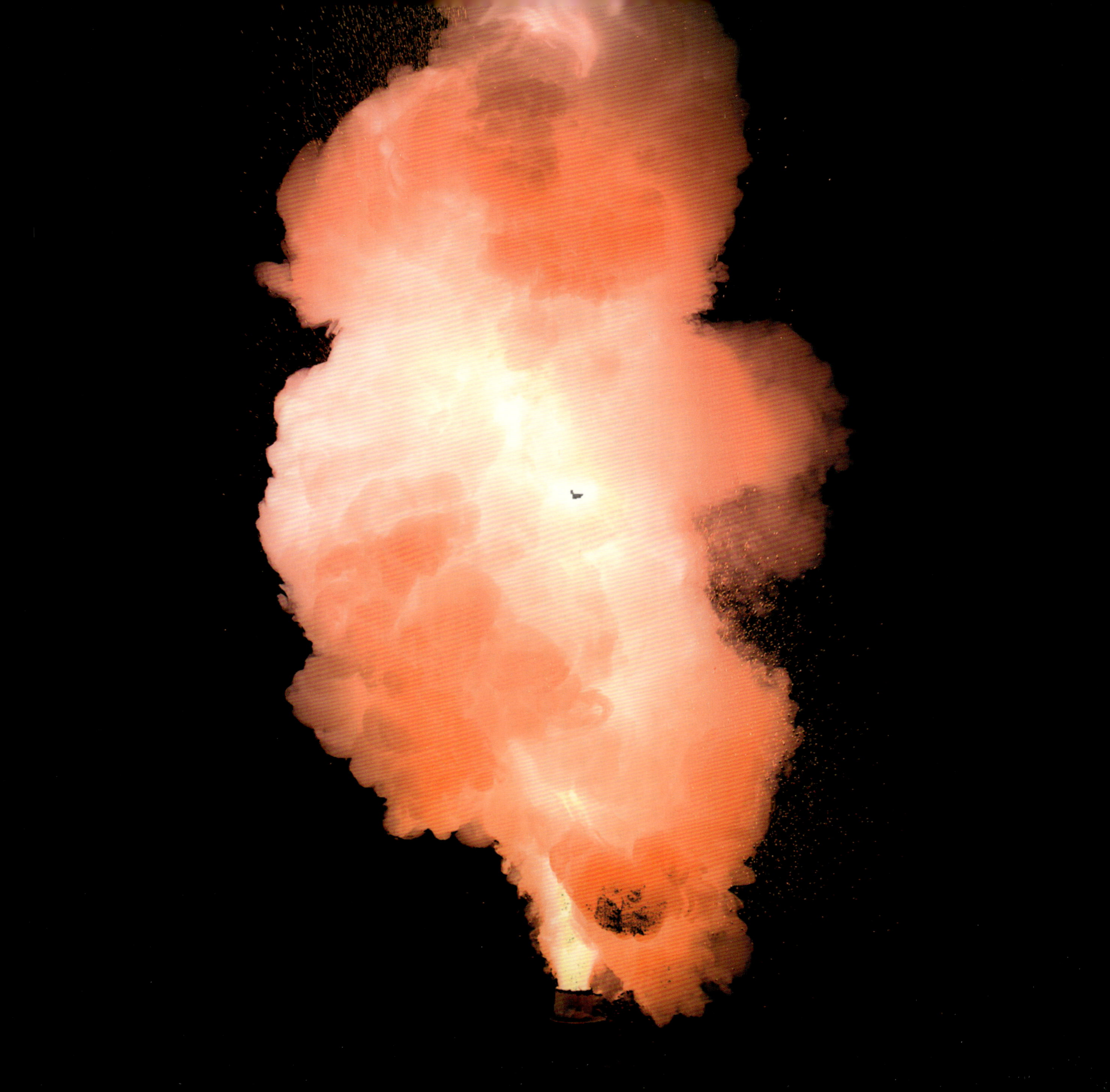

第1章

化学はマジック

Chemistry Is Magic

人類はこの世界のエネルギーや力のしくみを理解し、コントロールするすべを学んできました。だからこそ、自然に畏敬の念を抱くこと、自然界のエネルギーや力に目を見張り、心を動かされることは、とても大切です。

強力な磁石２個を互いに近づけて、目に見えない反発力を感じてみて下さい。そう、できるなら今すぐにでも。実際にやってみて、こんなことが実際に存在するんだという奇跡や不思議の感覚でいっぱいになり、磁石を１個でなく２個持っていてよかったと思いながら、この本に戻ってきて下さい。

磁石なんてそこらじゅうにあるという事実や、磁石の働く仕組みやいろいろな利用法の知識に惑わされてはいけません。磁石は、別の世界から来た物体です――ちょうど月の石や他の天体から来た隕石と同様に。そう、磁石はもといた世界の知識と力を携えて人間の世界にやって来た、異界からの訪問者なのです。

ただ、彼らの故郷は別の惑星ではなく、別の大きさの世界です。そこは恐ろしく微小な世界で、“住人”にあたるのは、物質とエネルギーの性質を支配している「量子力」です。

量子力学的磁力は、つねにすべての物質のなかに大量に存在していますが、通常はひとつひとつの小さな力がばらばらな方向に働いて、互いに打ち消しあっています。つまり、ふだんは姿を隠しています。けれども、強力な磁石を作るとものすごく大量の量子力が一斉に同じ方向に働いて、その驚異の力が私たちの世界に現出します。私たちは、自分の手が押されたり引っ張られたりするのを感じられるようになるのです。

微小な量子の世界は、化学の“故郷の世界”でもあります。私たちは火が燃えたり木の葉の色が変わるのを目にしますが、それは、無数の原子が私たちの想像を超えたところで協働して、人間の目に見えるスケールの現象を創り出しているからです。

さあ、これから本書でそうした世界を探索していきましょう。

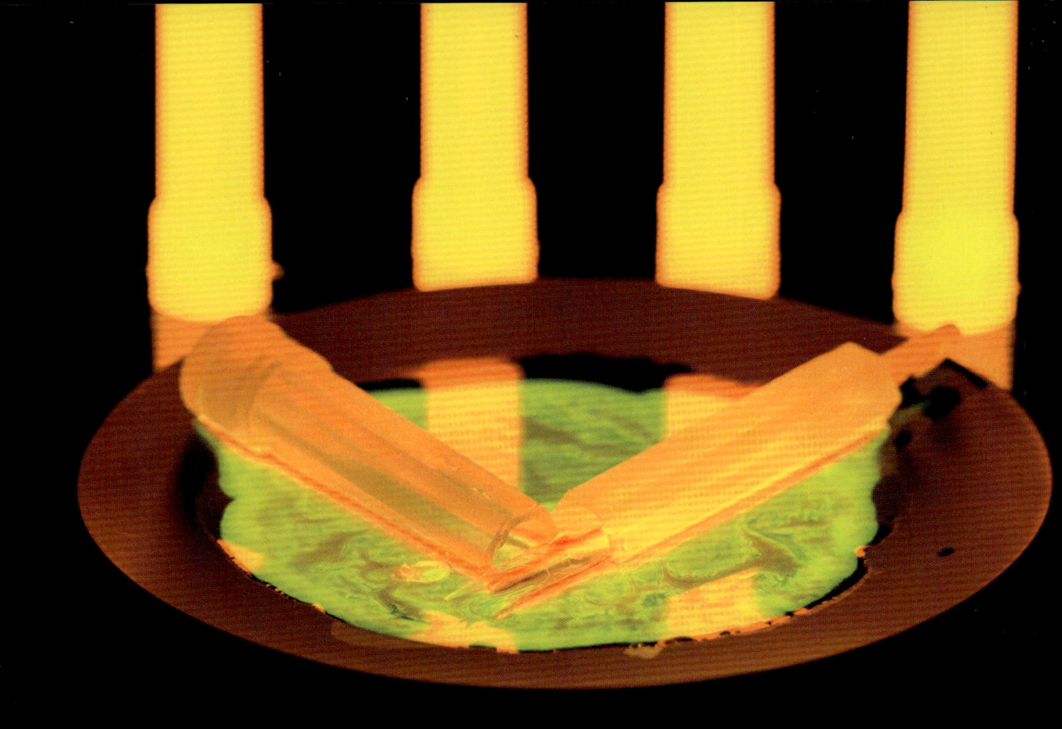

よくコンサートの観客がケミカルライト〔光る棒〕を振っていますね。ポキッと折って内部のカプセルを割ると、２種類の液体が混ざって突然明るく光り出す、あれです。いったいどうして光るんでしょう？　ケミカルライトは量販店や通販でミネラルウォーター１本より安く買えるというのに、摩訶不思議だと思いませんか？

光はどこから来るのでしょう？　光は数えきれないほど多数の光子（フォトン）で構成されています。光子は、空間内を光の速さで進むエネルギーの塊です。光子の作り方にはいろいろな方法がありますが、ケミカルライトで使われているのは最も複雑なやり方のひとつで、１個１個の光子が、１回使いきりの“化学マシン”で愛情をこめて手作りされます。

私たちはそれと同じ化学マシンを一から設計して作りました。だから、それがどういう仕組みなのか正確に知っていますし、説明することができます。説明の中ではなじみのない単語がいくつも出てくるでしょうが、心配はいりません。どれも、本書の後ろの方で取り上げています。

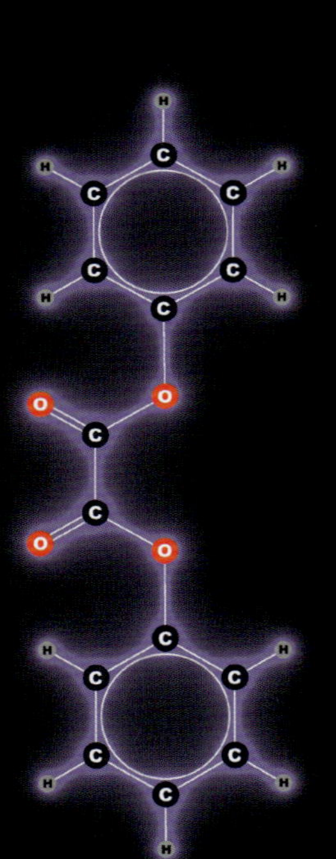

◀ ケミカルライトの発光メカニズムの出発点は、１個のシュウ酸ジフェニル分子です。この分子は４個の酸素原子が中央にあり、両側に鏡像のように左右対称な“翼”があるという珍しい構造です。ケミカルライトの内部は中心部と外側の二重構造で、シュウ酸ジフェニル分子をふんだんに含んだ液体は外側に入っています。

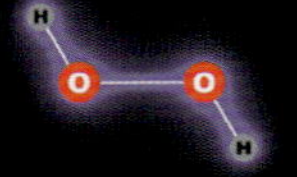

▲ 内側のカプセルが割れると、過酸化水素分子が出てきて、それよりずっと大きいシュウ酸ジフェニル分子と混ざり合います。

▲ 両方の分子が出会うと化学反応が起こり、過酸化水素は壊れてシュウ酸ジフェニルは２つに分かれます。

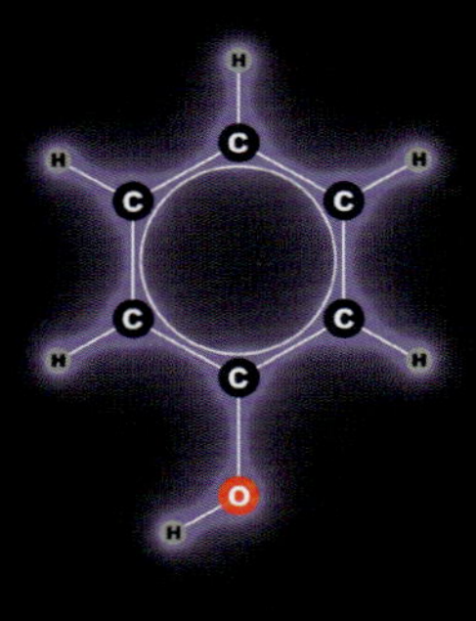

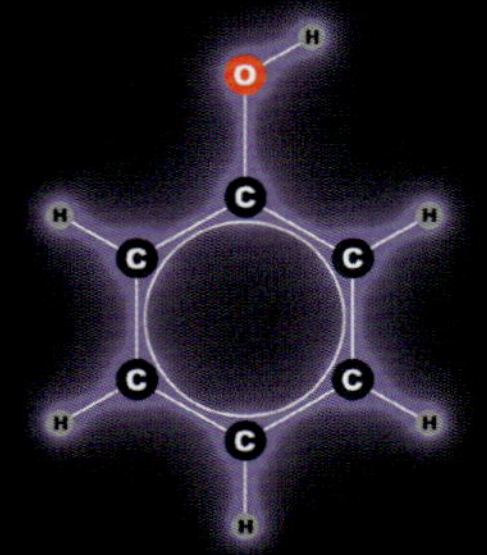

▲ シュウ酸ジフェニルの２つの“翼”は、フェノール分子２個になります。この分子は気にしなくてかまいません。

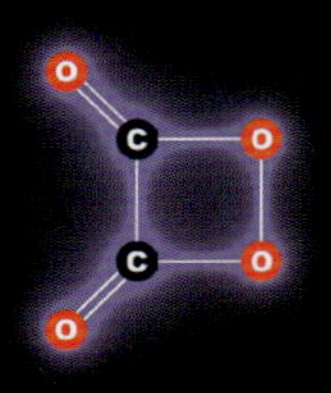

▲ 大事なのはまん中の部分からできる小さな分子、二酸化炭素分子がふたつ結びついたような1,2-ジオキセタンジオンです。これが作用を先へ進めます。この分子のうち４個の原子でできた四角い環（四員環）は普通の状態ではなく、強いストレスがかかっています。ちょうど、巻き上げたぜんまいバネがエネルギーを放出したくてたまらずにいるのと似た状態です。

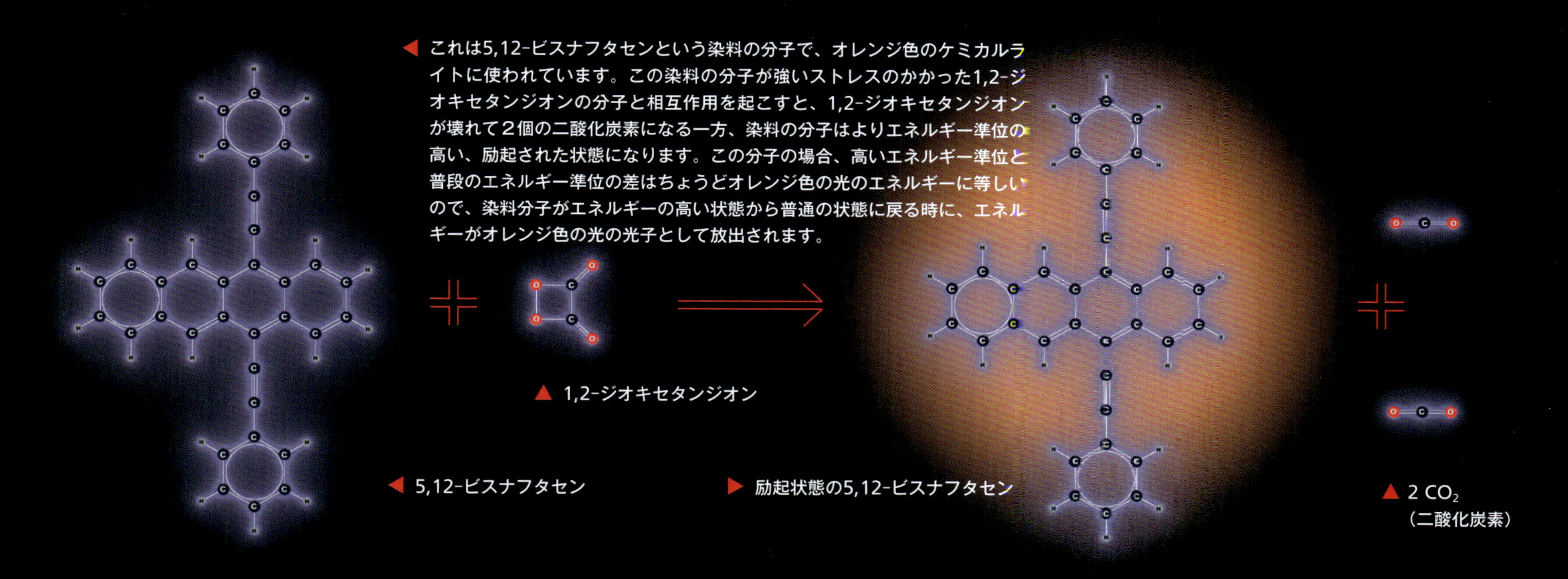

これは5,12-ビスナフタセンという染料の分子で、オレンジ色のケミカルライトに使われています。この染料の分子が強いストレスのかかった1,2-ジオキセタンジオンの分子と相互作用を起こすと、1,2-ジオキセタンジオンが壊れて２個の二酸化炭素になる一方、染料の分子はよりエネルギー準位の高い、励起された状態になります。この分子の場合、高いエネルギー準位と普段のエネルギー準位の差はちょうどオレンジ色の光のエネルギーに等しいので、染料分子がエネルギーの高い状態から普通の状態に戻る時に、エネルギーがオレンジ色の光の光子として放出されます。

化学的なメカニズムで光を出させるには、エネルギーを吸収して可視光領域のエネルギーを持つ光子を放出することのできる分子が必要です（エネルギーが小さすぎると赤外線になり、大きすぎると紫外線になってしまって、どちらも目に見えません）。

ケミカルライトのこの反応では、染料の分子は何回でも繰り返し使えますが、それ以外の分子は１度使ったらおしまいです。それらの分子が壊れることで、光子を生み出すのに必要なエネルギーが供給されるからです。この手の込んだ“マシン”のすべての作用は、光子を１個作ることに向かって進みます。もう１個光子を作りたければ、分子をもう１セット使わなければなりません。

一般的なケミカルライトは、こうした分子マシンを毎秒10,000,000,000,000,000個（１京個）も活性化しては破壊して、私たちが目にするあの光を放っています。

それって本当にマジック？

この章の見出しは、「化学はマジック」ですが、私は化学の“マジック”が実はどうなっているかの種明かしの一例を、つい今しがた皆さんにお話ししました。

私が使うマジックという言葉は、舞台で手品をやってみせるマジシャンが言うのと同じ意味です。マジックでは超自然的なことが起きているように見え、トリックが理解できない限りまるで魔法のようです。手品の種なんて知らない方が、不思議な現象だなあと感嘆して楽しめるという人たちもいます。でも私はいつだって、トリックを知ることの方に大きな満足を見出します。マジックの裏にある知恵とスキルは、マジックそのものよりずっと興味をそそります。

プロのマジシャンや昔の奇術師たちは、“企業秘密”であるトリックを注意深く秘匿（ひとく）してきました。みんなにトリックを知られてしまったら、商売あがったりです。科学者はその正反対で、ものすごく巧妙なトリック、たとえば一見不可能に見えることをたちまち可能にするような仕組みを発見すると、世界中にそれを伝えようとします。

私はまぎれもなく科学側の人間なので、皆さんのまわりで起こっている「目に見えない巧妙な化学マジック」のトリックをぜひとも明かしてみせたいと思っています。それを知ったとしても、化学マジックの不思議さが減ることはありません。ただ、あなたが誰かにトリックの仕組みを説明できるようになるだけです。今度ケミカルライトを振っている人に会ったら、光る棒の中で一度に１個の光子を作っている微小なマシンについて教えてあげられるということです。

▲ スマートフォン。これがどういう仕組みで機能しているのか、外から見ただけではわかりませんし、分解したところでたいして変わりません。

十分に進歩したテクノロジーは、
魔法（マジック）と見分けがつかない。

——アーサー・C・クラーク

100年くらい前の機械は、とてもわかりやすくできています。可動部品は実際に動きますし、目で見て理解できる部品を組み合わせて作られていて、分解も可能です。驚異的ではあっても、魔法のように不思議だとは言えません。しかし、もし蒸気機関の時代の人がスマートフォンを見たら、まるっきり魔法だと思うでしょう。

現代でさえスマートフォンは魔法のように感じられますが、その理由は、仕組みが目に見えないことにあります。動作が見える部品はありません。スマートフォンを分解しても、あるのは微細な金属ピンの付いた小さなプラスチックのブロックだけです。このチップをバラバラにしても、面白いものは出てきません。すべての動作は回路の中で行われていて、可視光線の波長より小さい——顕微鏡レベルどころではなく、光そのものよりも小さい——のです。

目に見えないほど小さい部品で構成された「魔法の」装置を人間が作るようになったのは現代になってからですが、化学は昔からずっとそれをやってきました。化学の作用メカニズムはまったく目に見えません。今の私たちは、化学は魔法のように思えるだけで、実際には魔法でないことを知っています。けれども、昔は化学がいったいどういう仕組みなのか誰にもわかりませんでしたから、突飛な超自然的解釈と真面目な研究の両方が熱心に行われました。

▶ 古き良き時代のうるわしいミシン。どの部品もすべて目で見ることができます。どういう仕組みで縫えるのかも、ただ見ているだけでほとんど理解できます。

▲シェイクスピアの戯曲『マクベス』に登場する3人の魔女。ダニエル・ガードナー画。

古代の魔法はたいてい化学

世の中には、古代の「秘密の知識」を大げさにふりかざして、「ファストフードとくだらないテレビ番組だらけの愚かな現代社会が失ってしまった偉大な力を解き放つ鍵」だとかなんだとか言い立てる人たちがいます。実際は、彼らの言う秘密の知識の大部分は、今の基準に照らせばしごく単純な原理か、でなければただのデタラメです。現代世界では、古代の秘密の書物ぜんぶを合わせたよりもずっと興味深い新知識が、１週間にひとつくらい発見されています。

私が面白いと思うのは、その昔に魔術や秘密の知識だとみなされていたものの多くが、実は化学だった——少なくとも化学の領域の試みだった——点です。そして、昔の魔術のうち実際に結果を出していたものは、すべて化学です。まじないや呪文には効き目はありませんでしたが、“秘薬”のいくつかには効果がありました。

効果のあった秘薬が、やがて現代の化学になりました。効果のない秘薬も、インチキ医薬品やホメオパシーのレメディや怪しげな「抗加齢」クリームとして生き残り、わが世の春を謳歌しています。

イモリの目玉、カエルの指、
コウモリの毛に犬のベロ、
マムシの舌、ヘビトカゲの牙、
トカゲの脚にフクロウの羽、
苦労と苦悩の呪いを込めて
地獄の雑炊煮えたぎれ。

——ウィリアム・シェイクスピア

〔『マクベス』（松岡和子訳、ちくま文庫）による〕

エキゾチックな響きを持つものをたくさん集めて混ぜ合わせてしばらく煮込みながら、まじないの本に書かれたわけのわからない言葉を唱え、強力な秘薬ができるよう期待するのは簡単です。しかし、イモリの目玉入りの“秘薬”は、どんなにひどい臭いがしようが、効果が宿るようどんなに熱心に闇の力に祈ろうが、望みどおりの効き目はあらわしません。

幸いなことに、秘薬を作ろうとした昔の人がことごとく夢想家だったわけではありませんでした。なかには、自然は気難し屋で、人間の願いなんて気にしないことを知っている人たちもいました。彼らは、実際に効く秘薬を作るためには、熱心に調べ、世界を研究し、幸運を逃さず、なにかしら興味深いものが得られる組み合わせを突き止めるまでにさまざまな実験を重ねなければならないことを理解していました。言い換えれば、「科学者」という呼び名が生まれるずっと前から、彼らは科学者だったのです。

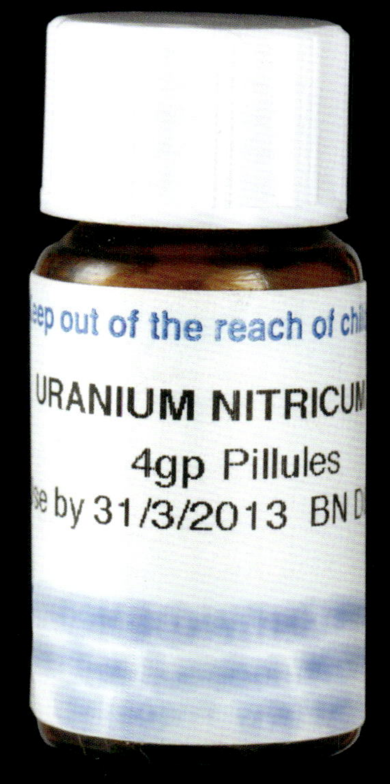

▶現在売られている「魔女の大鍋の煮汁」の一例が、ホメオパシー〔代替医療の一種で、ある症状を起こしうるものを極度に薄めて与えることで、その症状を治せると主張する〕の“薬”です。成分欄にはエキゾチックな名前が並んでいますが、実際はどれも含まれていません（この種の製品に嘘を書いてもよいとする馬鹿げた法律のおかげで、合法です）。こうした製品を「正しく」作るために、製造者は溶液の希釈を一定回数繰り返し、希釈のたびに液体を特定の方向に決まった回数だけ振ったり、軽く叩いたりします。まったくのナンセンス。これほど多くの人が騙されて、これほど高価で、これほど広範囲に売れていなければ、笑い話で済むのですが。〔写真はアメリカのホメオパシー製品。ラベルの「URANIUM NITRICUM」は、「硝酸ウラン（uranium nitrate）」を意味するようですが、化学用語ではありません。〕

黒色火薬の原料成分。木炭（黒）、硝石（硝酸カリウム、白）、硫黄（黄色）。

でたらめに３種類の粉末を選んで混ぜ合わせたら、特別な性質を持つものができた――なんていうことはほとんどありません。しかし、上の写真の３種類の粉末――特定の白い粉と黒い粉と黄色い粉――を選んで、適切な割合で混ぜれば、敵を屈服させ、地獄の業火で焼き尽くし、粉々に吹っ飛ばせる粉が出来上がります。

ありていに言えば、この３種類は黒色火薬の成分です。

黒色火薬は、巨大な力を生み出して驚くべきことをやってのけるという点で、魔法の秘薬――それも恐ろしく強力な薬――に似ています。しかし、混ぜ合わせる際に馬鹿げた呪文を唱える必要がない点と、正しく配合すればいつ誰が作っても同じ効果が生まれる点は、魔法の秘薬と異なります。

そこが鍵です。私たちが黒色火薬を「魔法」と呼ばないのは、実際に機能するからです。機能するから、使えます。黒色火薬は、花火や銃のような新しい発明へとつながります。昔も今も「魔女の鍋で作られたもの」は役に立たない行き止まりで終わりますが、黒色火薬は真の力を持つ発明品です。黒色火薬がどんなに美しい形で利用できるかはあとで出てきます（134ページ）。それから黒色火薬より優秀な代替品の話（148ページ）をして、最後に193ページで黒色火薬を火薬たらしめる化学反応を詳しくご説明しましょう。

できあがった黒色火薬。

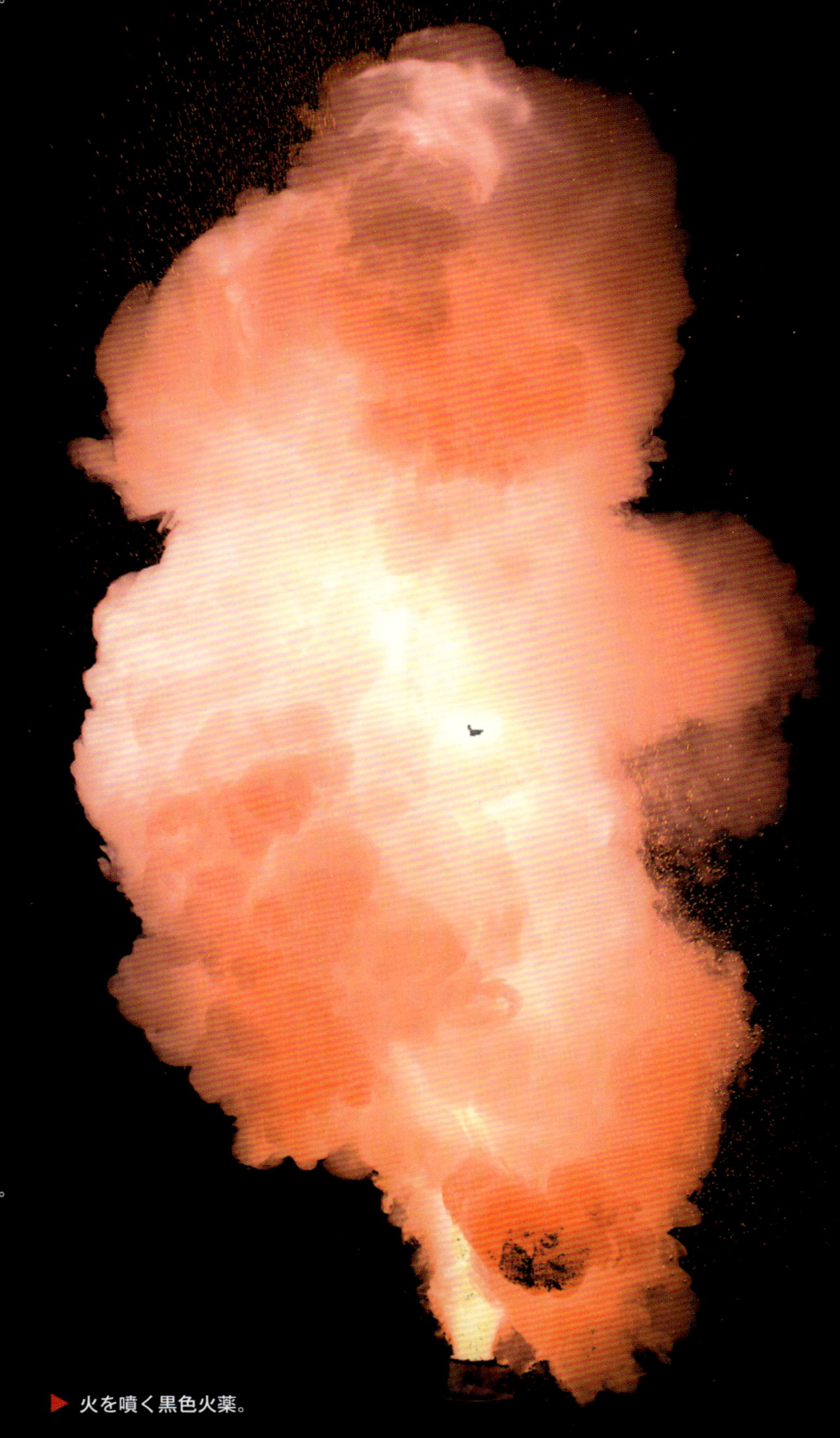

火を噴く黒色火薬。

現代人は昔の錬金術師をばかにして「鉛を金に変えたり不老不死の薬を見つけたりといった不可能なこと（今のわれわれが不可能だと知っていること）を実現しようと必死だった」と言うことがありますが、そういう非難はフェアではありませんし、錬金術師と神秘論者やペテン師をいっしょくたにしています。

錬金術師は、自らの目標を実現するために強力な物質――化学物質――を探し出して理解し、それらを組み合わせたり実験したりする作業に打ち込んでいました。化学変化がどういうものかを解き明かし、元素自体は変化しないという概念をもたらすうえで、彼らは大きな役割を果たしました（彼らが元素の不変性に関心を持ったのは、まさに卑金属から金を作るという例外を見つけたかったからです）。

彼らはたくさんの間違った説を唱えましたが、正しいこともたくさん見つけました。それ以上に重要なのは、彼らが現実に立脚して作業を進めたことです。着想を実験によって検証する――それは現代の科学的なやりかたとまったく変わりません。彼らは証拠と研究と立証に重きを置いていました。18世紀にしっかりした科学として登場した化学は、錬金術の土台の上に築かれたのです。

▲「錬金術師」。ニューウェル・コンヴァース・ワイエス画、1937年。

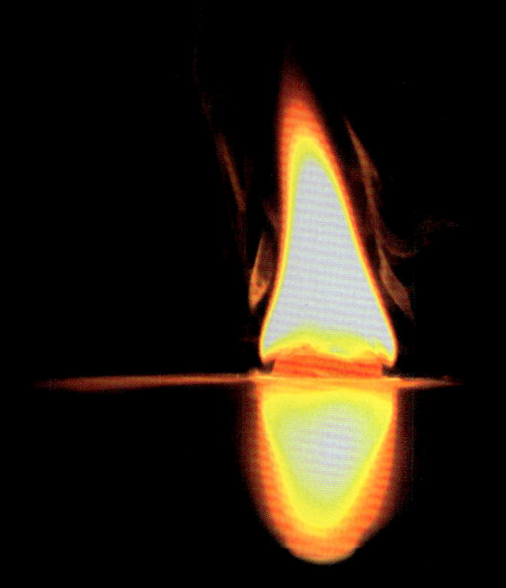

◀ 空気中で燃えるリン。

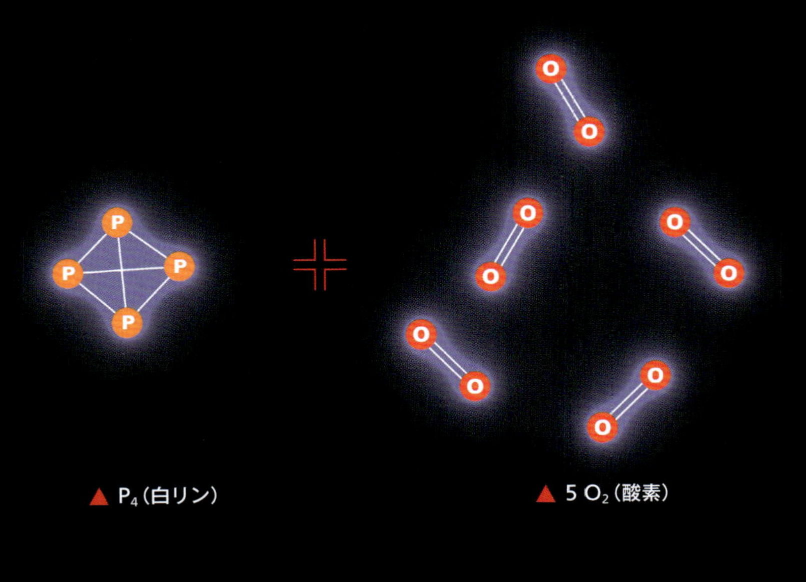

▲ P_4（白リン）

▲ 5 O_2（酸素）

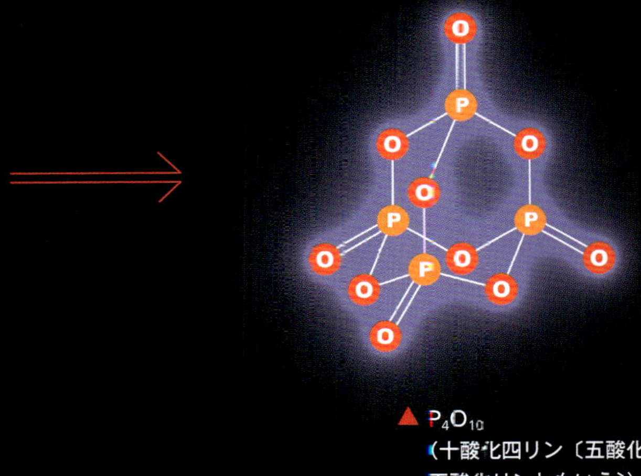

▲ P_4O_{10}
（十酸化四リン〔五酸化二リン、五酸化リンともいう〕）

▲ 白リンと（空気中の）酸素の反応で、チャーミングな立体的分子ができます。その分子は４個のリン原子と10個の酸素原子で構成されています。

錬金術師はいつだって光を放つ化学物質に魅了されました。1669年にヘニッヒ・ブラントがリンを発見したとき、彼はこれこそ金を作る鍵になる物質だと確信しました。なにしろ、彼は金と同じような黄色をした尿からリンを取り出したうえ、リンは暗い所で光るからです（彼はそれを、リンにもともと何らかの生命力が宿っている証拠だと考えました）。白リンが強力な物質だという点は彼の考え通りでした。白リンの力が、彼の期待していたものとはちょっと違っていただけです。

▼ 毒性が強くて自然発火性のある化学物質を多くの観客の前で扱うのが得意な人にとって、「リンの太陽」（酸素を満たしたボール型のガラス容器内に白リンの小さなかけらの入った容器を吊り下げて燃やす実験）はお気に入りの出し物のひとつです。写真は、怖いもの知らずのわが仲間、ハル・ソサボフスキ教授がリンの太陽を実演しているところです。

▶ ヘニッヒ・ブラントはドイツのハンブルクでリンを発見しました。右の写真は、その270年後のハンブルク――つまり、第２次世界大戦で連合軍が何千個もの爆弾を投下した後の様子です。爆弾の多くは白リンを主成分とする焼夷弾でした。「力」自体には善も悪もありません。リンの強い力を、植物を育てる肥料として使うか、都市を瓦礫の山にするために使うか、それは人間次第です。

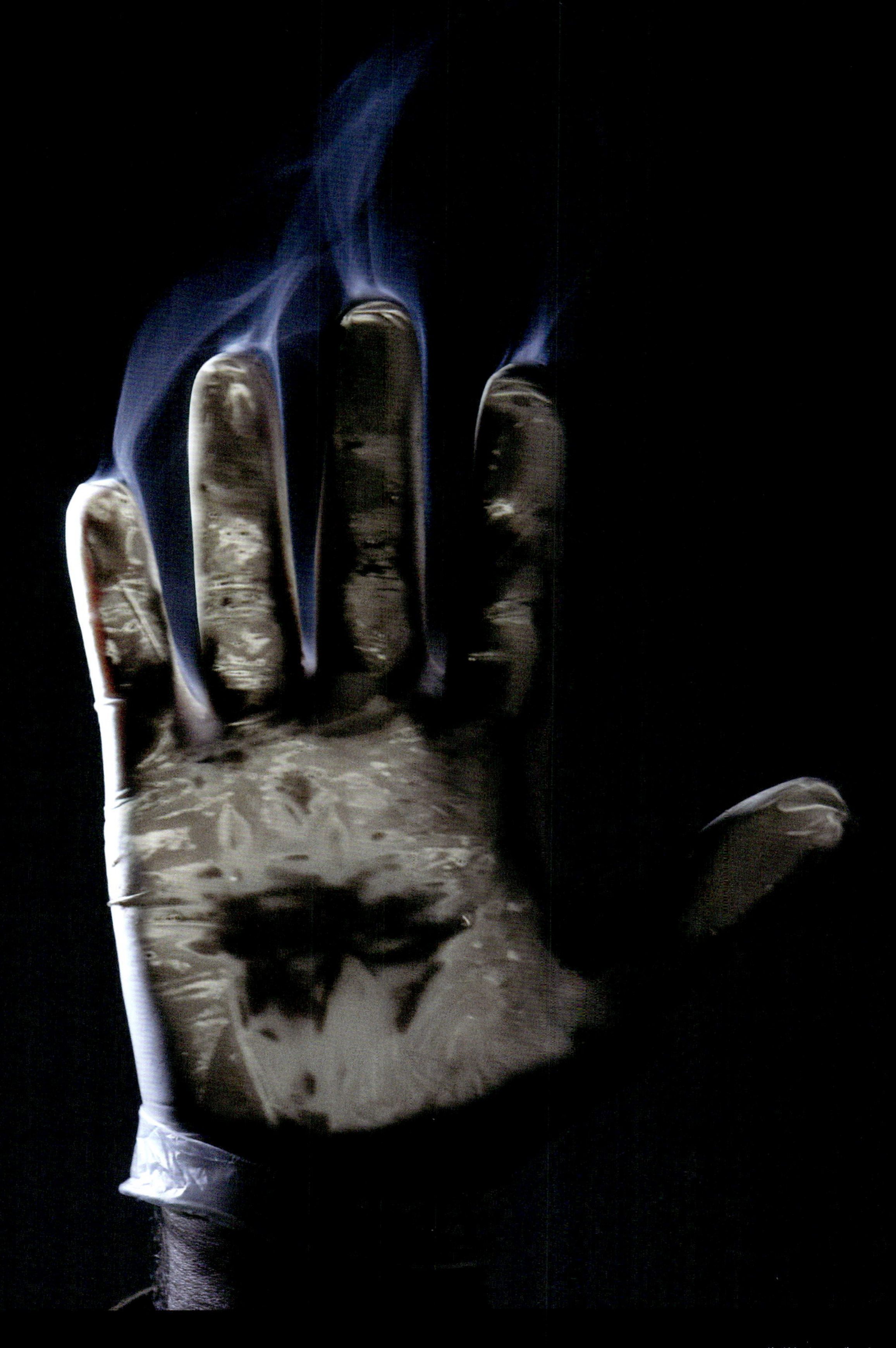

▶ 白リンは非常に毒性が強く、室温よりほんの数度高ければ空気中で自然発火します。また、リンの溶液を皮膚に（もしくは、最近では手袋を２枚重ねてはめた上に注意深く）付けると、不気味な光を放ちます。

石松子(せきしょうし)という粉末は、派手な見世物で人々の関心を引きたい、あるいは自分に自然を操る力があることを王様にアピールしたい錬金術師が愛用した粉です。ひとにぎりの石松子をロウソクの火に向かって投げると突然大きな火の玉が出現し、たちまち消えて、あとには煙すら残りません*。

空中に飛散させて点火するとまるで火薬のように燃えるこの石松子は、実は、ヒカゲノカズラというシダの一種の胞子です。つまり植物が作ったもので、人間が単純な化学薬品を混ぜたものではありません。体積に比べて表面積が驚くほど大きくて非常に急激に燃えるので、あたかも「化学薬品」のように見えます。

＊**監修者注：**本書の写真だけではわかりにくいので、石松子（lycopodium powder）が燃える様子を見たい方は、「lycopodium powder fire」という検索ワードで動画検索をしてみて下さい。その際には、検索設定を「日本語のページを検索」ではなく「ウェブ全体から検索」にすること。

▼石松子が実際に燃える場面を見たら、昔の人たちが「本物の魔法だ！」と信じたわけがあなたにもわかることでしょう。

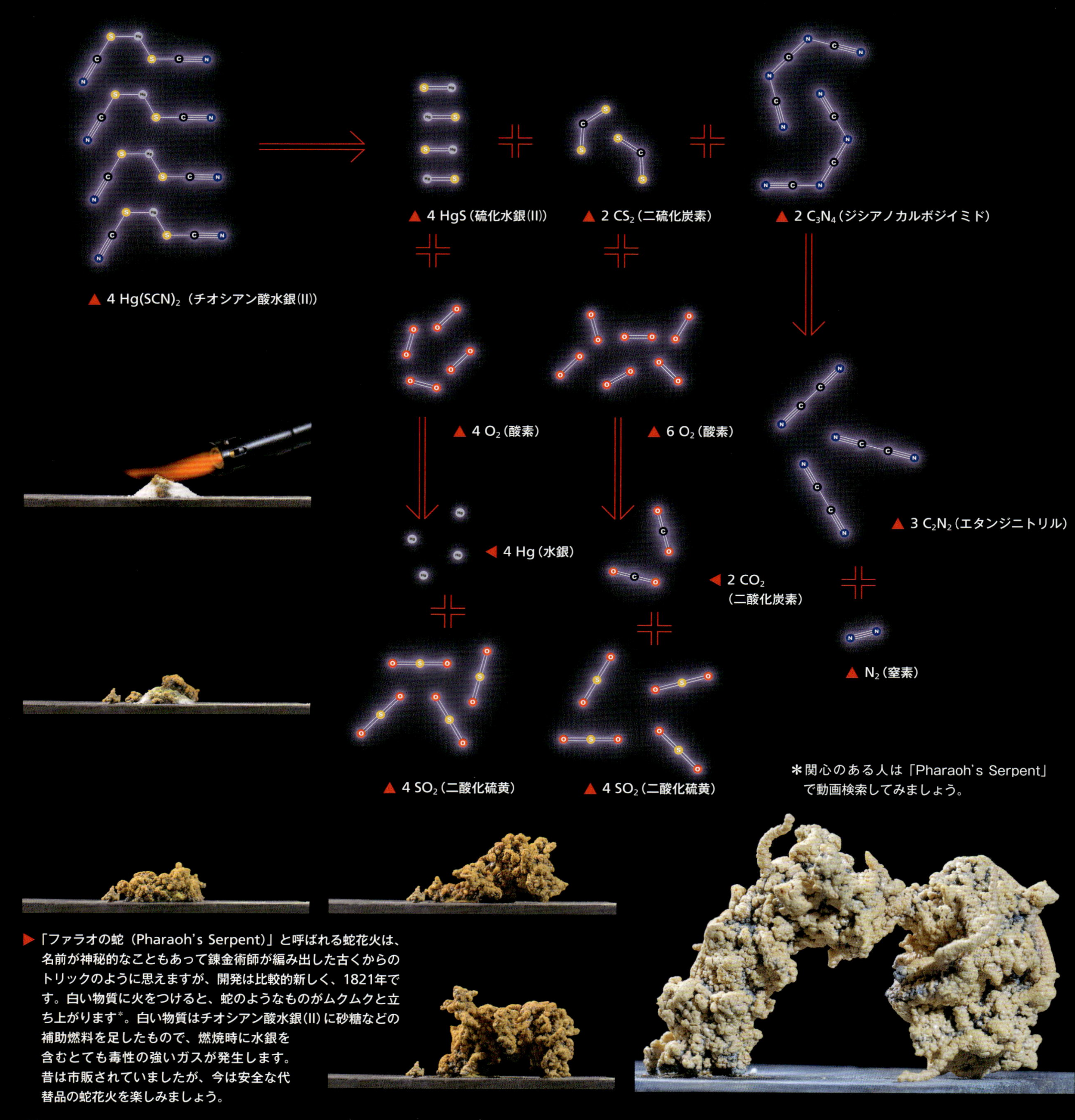

▶「ファラオの蛇（Pharaoh's Serpent）」と呼ばれる蛇花火は、名前が神秘的なこともあって錬金術師が編み出した古くからのトリックのように思えますが、開発は比較的新しく、1821年です。白い物質に火をつけると、蛇のようなものがムクムクと立ち上がります＊。白い物質はチオシアン酸水銀(II)に砂糖などの補助燃料を足したもので、燃焼時に水銀を含むとても毒性の強いガスが発生します。昔は市販されていましたが、今は安全な代替品の蛇花火を楽しみましょう。

手軽に買える子供向けの黒い蛇花火は、毒性をなくした形でファラオの蛇をうまく再現しています。市販品の成分は各社の企業秘密ですが、分解して炭素になる何か（亜麻仁油であることが多い）と、燃焼する何か（おそらくナフタレン）と、燃焼が速すぎず遅すぎず適度に進むような量の酸化剤（一般には硝酸カリウム）が含まれています。（普通は一度に1個の蛇花火に火をつけて楽しみますが、この写真撮影の時は地面に数百個を積み上げて着火しました。その方が壮観ですからね。）

私が子供だった頃の、思い出の化学反応

私は小さい頃から化学薬品が好きでした。理由は千年前の人たちと同じです。粘土の塊やイモリの目玉とは違って、しかるべき化学薬品を混ぜ合わせたら実際に何かが起こります。最初の錬金術師たちは“本当に使える”化学薬品を数種類見つけるために何百年も試行錯誤を繰り返しましたが、少年期から青年期の私は彼らの実験のすべてと、百科事典（インターネットはまだありませんでした）と、その後の大学教育を道しるべとして利用できました。

黒色火薬の成分のリスト（配合比付き！）を見つけた日は、本当にドキドキワクワクでした。昨日のことのように覚えています。本棚の高いところにあった百科事典の『G』の巻〔gunpowder（火薬）の項目が載っている〕を引っ張り出し、ページをめくって、さあ近づいてきた、あともう少し……。そうして、見つけたのです。「硝酸カリウム75%、木炭15%、硫黄10%」。

この比率はかなり柔軟です。歴史的に見ると、黒色火薬のそれぞれの成分はプラスマイナス10%かそれ以上の幅があります。比率の違いは燃焼速度の違いとなってあらわれ、用途に応じた使い分けができます。たとえば、ロケットエンジン用の火薬は少なくとも数秒は燃え続けなければならず、一方で銃弾の火薬はコンマ何秒かの間に燃焼しなければいけません（火薬の燃焼速度は193ページでもっと詳しく説明します）。

この配合比の柔軟性こそ、なぜ爆発するのかの理屈がわかるよりずっと前に中国で黒色火薬が発明された理由だと考えて間違いありません。興味深い現象を目にするために正確な比率で混ぜる必要はまったくありません。実際、必要なのは硝酸カリウムだけです。そこに何でもいいから燃えるもの（ただの紙でもかまいません）を加えれば、普通より激しく燃えるのが見られます。それは注意深い観察力の持ち主にとって、「硝酸カリウムはもっと調べるに値する」という明白なサインです。他の燃える物質に硝酸カリウムを混ぜてみるのに、そんなに発想の飛躍はいりません。たとえば木炭、硫黄、次はその両方を混ぜて——ビンゴ！　そこから先はもう、最適な比率を割り出すための体系的テストをするだけです。

◀ネタばらしをすると、実はこの写真は、硝酸カリウムではなく、それによく似た硝酸ストロンチウムを染み込ませた紙を燃やしたところです。理由は単に、その方が硝酸カリウムより魅力的な写真が撮れるからです。それに、どちらを使っても起こる現象は基本的に同じです。

▼ $(C_6H_{10}O_5)_5$（セルロース）　▼ 24 KNO_3（硝酸カリウム）　→　▼ 25 H_2O（水）　▼ 12 K_2CO_3（炭酸カリウム）　▼ 12 N_2（窒素）　▼ 18 CO_2（二酸化炭素）

$$(C_6H_{10}O_5)_5 + 24\,KNO_3 \longrightarrow 25\,H_2O + 12\,K_2CO_3 + 12\,N_2 + 18\,CO_2$$

▲黒色火薬作りで一番大変なのは、混合と微粉化です。まともに爆発する黒色火薬を作るには何時間もかけてすりつぶさなければならず、普通は電動式のボールミルという装置を使います（194ページ参照）。へまをすると、黒色火薬は混ぜている最中に爆発します。幸運なことに、少年時代の私が持っていたのは乳鉢と乳棒だけでしたし、長時間すりつぶしつづけるだけの根気もありませんでした。（「幸運なことに」と言ったのは、いいかげんにすりつぶした黒色火薬はそれほど危険なものにならないからです）

▶私が作ったような出来の悪い手作り黒色火薬は、爆発するほどの威力はなく、「激しく燃える」程度です。この写真のように円錐の形にして火をつけて派手に燃やすにはぴったりですが、大砲には向きません。昔の人が初めて偶然にこの成分の組み合わせを見つけたときの燃え方は、きっとこの程度だったろうと思います。爆発ではなく、はっきりと何かの役に立つわけではないが、面白い――そんな燃え方です。けれどもそれは人々の注意を引き、もっと実験をしようと思わせたことでしょう。どうすればこの粉末を改良できるかの研究が進むにつれて、徐々に黒色火薬はロケットや大砲に使えるものになっていきました。

　市販の花火で火薬がどんなふうに使われているかは第４章でお話しします。火薬の燃焼速度の話は第６章までお待ち下さい。

▶右の四角い枠内の髑髏（どくろ）マークは、私が子供時代に作った閃光粉（せんこうふん）ロケットの写真の代わりです。写真がないのは、もう作る気になれないからです。あれは危険すぎます。昔私がやったのは（そして二度とやりたくないのは）、特殊効果用の閃光粉（アルミニウムの粉と過塩素酸カリウムの混合物）を、しっかりした厚紙でできた工作用紙筒に詰め込むことでした。いったいどうしてそんなことを思いついたのかは忘れましたが、その仕組みはうまく働きました。細い管にきっちり詰めた閃光粉は、閃光を出すかわりに急速に燃えて紙筒に推進力を与え、ロケットは６～９メートルの高さまで飛びました。時には、さらにド派手にしたくて、端に爆竹をくっつけることもしました。まったく馬鹿をやったものです。その当時も馬鹿げているのはわかっていましたが、子供というのはそういう阿呆なものなのです。閃光粉を詰めている時にロケットが私の顔めがけて暴発する危険はいくらでもありましたが、幸いにも事故は起きませんでした。今に至るまで私が化学薬品の扱いに慎重な理由のひとつは、あの時の自分を振り返ると胃が痛くなるからです。少年の私はダイニングルームのテーブルの前に座り、蓋を取った閃光粉の瓶を前に紙筒と太い釘を持ち、窓の外を眺めながら、こんなことを考えていました。「僕はなんで筒の中に閃光粉を入れては釘で押し込んでるのかな。摩擦で閃光粉に火が付いてもおかしくないし、それが危険だってこともわかってるのに」。子供というのは時に、冗談抜きでおバカさんです。もしこれを読んでいる君がかつての私みたいな子供なら、よく覚えておいて下さい――君もいずれは賢くなるでしょうが、それまでの間に自分で自分を吹っ飛ばすことのないよう気をつけて！〔監修者より：著者のいうように、これはたいへん危険な実験ですので、決してまねをしないで下さい。〕

これは私の大好きなモノです！　透明な液体に特殊なあるものを数滴たらし、型に入れて1時間置くと、見た目は変わらないのに、透明な固体になっています。まさにマジック！　中にいろいろなものを埋め込んでおくと楽しさが倍増します。これはレジンキャスト用のポリエステル樹脂で、ホビーショップで工作用として売られています。付属品の「特殊なあるもの」はcatalyst（触媒）と呼ばれています〔日本では「硬化剤」といっています〕が、言葉の本来の意味からすると、これを触媒と呼ぶのは間違いです。正しくはラジカル重合開始剤で、連鎖反応を始めさせる物質です。反応の連鎖は最後には全体に及び、最初は無数の小さな分子だったものが互いに結びついて、少数の巨大な分子になります。巨大な分子のあらゆる部分が網目のように架橋されるため、出来上がった物質は硬くて強靭な固体です。

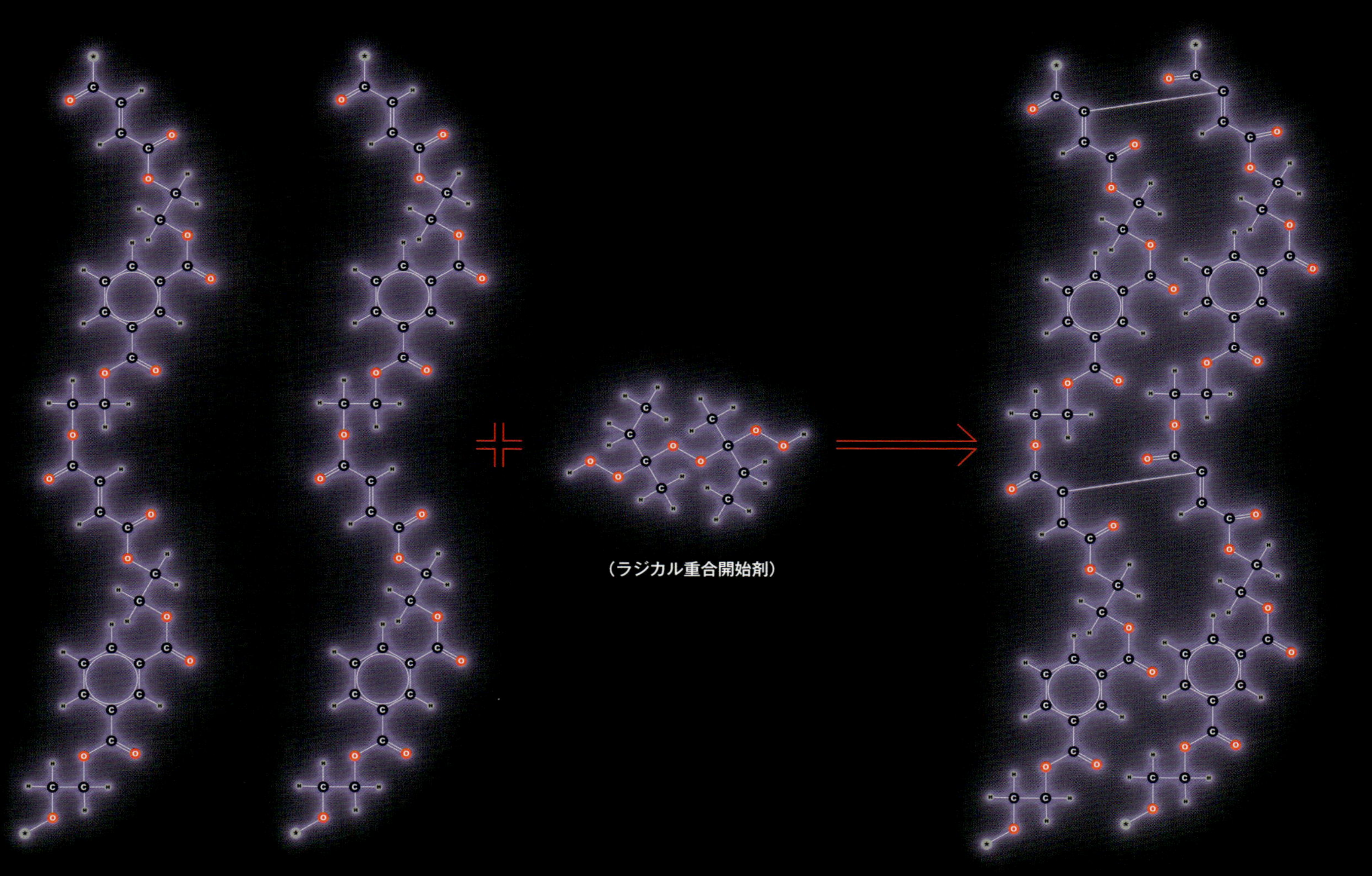

私たちは、日々の経験の中で出会う物体は「ただそれを見ただけで変化することはない」という基本原則に従っているはずだと考えます。ところがここで紹介するもの、つまりある種の光硬化型エポキシ接着剤（エポキシの化学については155ページを参照）は、青色光か紫外線をちょっとあてるだけで、数秒のうちに岩のように硬くなります！　暗所に置いてある間は液体です。強い光の下で見ようとすると、たちまち固体に変わります。（通常の室内照明の下であればかなり中間状態が保たれ、接着作業ができます。必要な時に硬化させられるよう、チューブ入り接着剤と青色／紫外線のLEDフラッシュライトがセットになった便利な製品が売られています。）

▶ 光硬化型接着剤は数十年前からありましたが、小売店でパッケージ販売されて入手しやすくなったのは最近です。待った甲斐はありました（それに、かなり高価ですがそれだけの価値はあります）。

「塩酸＋水酸化ナトリウムの水溶液」というありきたりな方法ではなく、純粋な塩素とナトリウムから食塩を作りたい。長年そう願った末に、とうとう夢をかなえることができました。どういうわけか写真を撮り直すことになりましたが（めったにないことです）、２度目もやはり恐ろしくて震えがくるものです。

それでも、私はこの実験が好きです。なぜなら、基本的な化学反応が起こる現場を見られる、いちばんのデモンストレーションですから。やり方はこうです。単体である塩素ガス（これを吸い込むと苦しみのたうちながらたちまち死んでしまいます）を、単体である金属ナトリウム（水に入れると爆発します）に吹き付けます。すると炎が上がり、煙が出ます。この煙が食塩（塩化ナトリウム、NaCl）です。

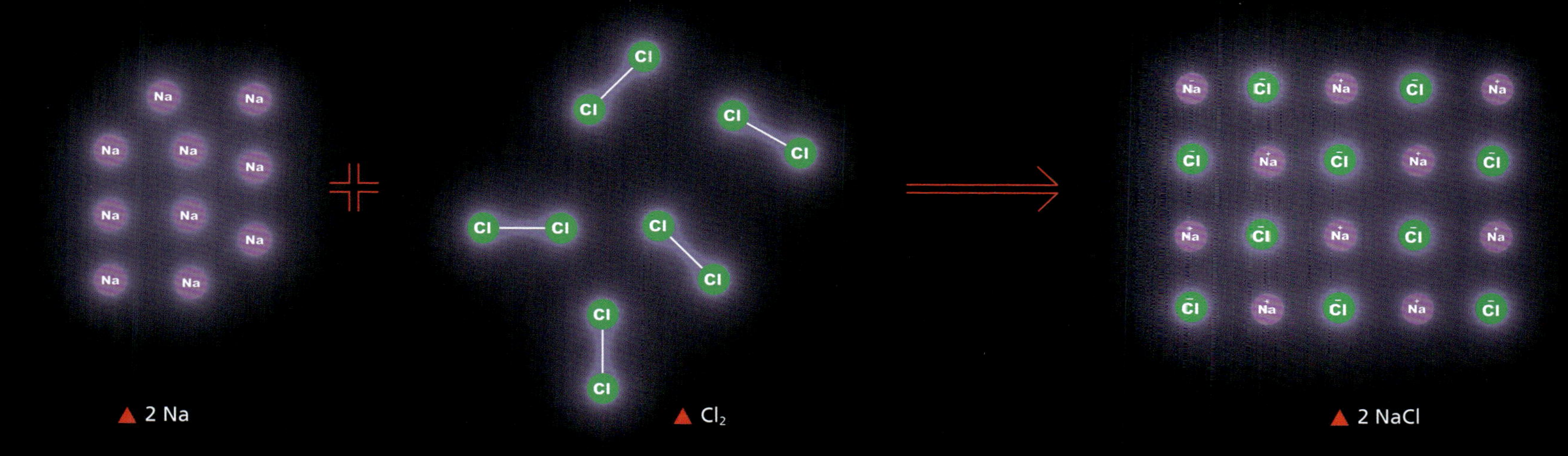

▲ 2 Na　▲ Cl_2　▲ 2 NaCl

▲ 本書では時々、化学反応の図の中に必要な数よりも多くの原子や分子が描かれています。一方、本文中では正しい比率を示す最小の数で説明しています。このページの例でいえば、２個のナトリウム原子（2Na）と１個の塩素分子（Cl_2）が反応するのですが、上の図には10個のナトリウム原子と５個の塩素分子（含まれる塩素原子は10個）が描かれています。数は違っても２：１という比率は同じで、ここが肝心な点です。このページでナトリウムと塩素の数を増やしたのは、反応で生成した食塩（NaCl）をそれなりのサイズのブロックにしたかったからです。実際の化学反応では１兆のそのまた何兆倍もの数の原子と分子が反応していますが、比率はつねに同じです。

▲ 初めてこの実験をした時は、（左ページの写真のポップコーンではなく）パスタに塩味をつけました。

◀ 塩素ガスのボンベ

右の写真の一番上は、大昔のレトルト（蒸留器）です。これよりさらに古いアランビックという蒸留器が進化したもので、1700年代に作られました。錬金術師が研究のために設計した道具類の一例です。ヘニッヒ・ブラントがリンを発見した際（7ページ参照）にも使われました。

多くの人が「化学実験室」と聞いて思い浮かべる風景の中にあるのは、レトルトの“直系の子孫”にあたるガラスの器具類でしょう。もしも中世の錬金術師にこれらの器具を見せたら、彼らは吹きガラス職人の腕前には驚くでしょうが、それぞれの器具を何のためにどう使うかについてひどく戸惑うことはないでしょう。液体を入れて沸騰させるフラスコ、凝縮用のカラム、蒸留で得られた液体を受ける容器など、ちゃんと理解するはずです。彼らがいちばん驚く点は、デザインの巧妙な進歩と、驚異的なほど精密な製造技術だろうと思います。そして、自分たちが発明したアランビックやレトルトがこれらのすばらしい用具のもとになったことを知ったら、誇りに思うでしょう。（このごろはめったに使われませんが、ガラス製の現代版レトルトもあります。）

化学の道に踏み込んだ学生は、こうした道具類を通じて古典化学に出会います。もし化学に黄金時代があったとすれば、それは間違いなく19世紀末から20世紀半ばにかけてでしょう。その時代に、有機合成化学の世界では数えきれないほどの発見と技術進歩がありました。今では、好きな原子を選び、化学的に可能なほとんどすべての組み合わせで、一から分子を作れるようになっています。それが可能になったのは、何世代もの化学者が研究を重ね、ある分子をちょっと違う分子（あるいはまったく違う分子）に変化させるために使える何千種類もの化学反応を解明してくれたおかげなのです。

▶ ガラス製レトルト

▲ すり合わせ連結管

▲ ガラス濾過器（ろか）

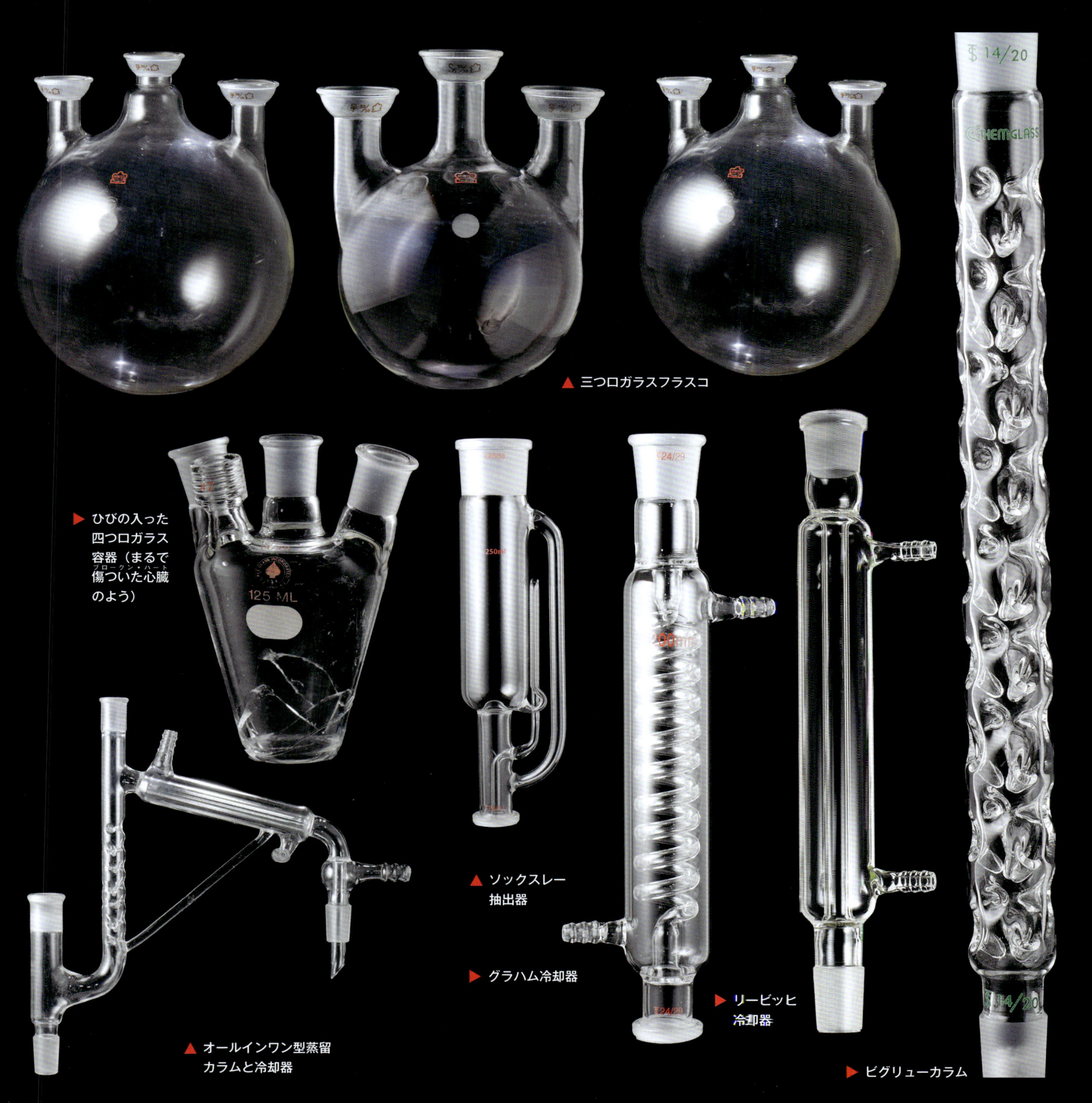

▲ 三つ口ガラスフラスコ

▶ ひびの入った四つ口ガラス容器（まるで傷ついた心臓（ブロークン・ハート）のよう）

▲ ソックスレー抽出器

▶ グラハム冷却器

▶ リービッヒ冷却器

▶ ビグリューカラム

▲ オールインワン型蒸留カラムと冷却器

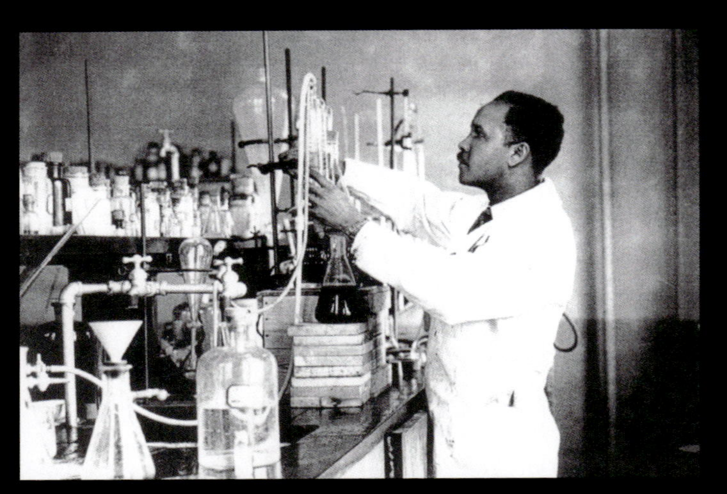

この人はパーシー・ジュリアンといい、24 ～ 25ページに彼が作ったフィゾスチグミンという分子が（彼が1935年に発見した、それを基本的分子から合成するための手順とともに）紹介されています。フィゾスチグミンの全合成〔できるだけ安価で入手しやすい出発物質から合成すること〕は非常に重要な意味を持ち、かつとても難しかったので、ジュリアンは一躍有名になって工業化学者としての長いキャリアを歩みはじめ、金銭的にも大成功を収めました。（大学に誰かの名前を冠した建物があれば、その誰かはきっとたいそうなお金持ちです。一般に、大学は建築資金を寄付してくれた人の名前を建物に付けますから。）

リンの発見への道を手探りで進んだ錬金術師たちからこのような複雑な分子を合成するジュリアンの体系的工学への飛躍は、オーヴィルとウィルバーのライト兄弟の自転車店から人類の月面着陸への飛躍にも比すべき、大きな進歩でした。

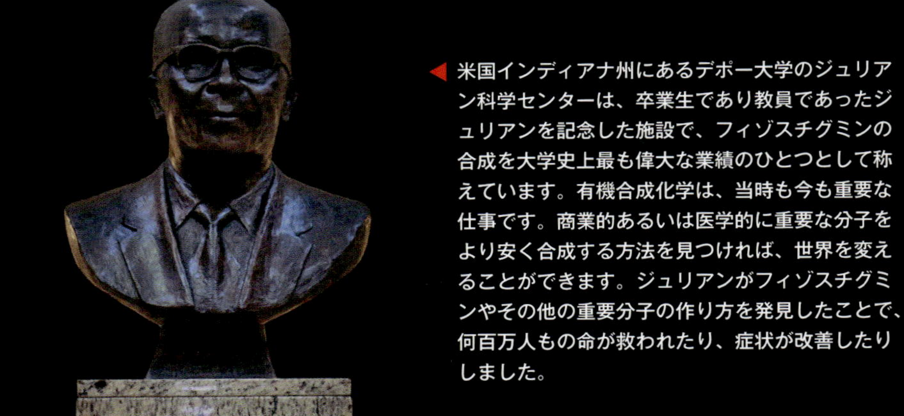

◀ 米国インディアナ州にあるデポー大学のジュリアン科学センターは、卒業生であり教員であったジュリアンを記念した施設で、フィゾスチグミンの合成を大学史上最も偉大な業績のひとつとして称えています。有機合成化学は、当時も今も重要な仕事です。商業的あるいは医学的に重要な分子をより安く合成する方法を見つければ、世界を変えることができます。ジュリアンがフィゾスチグミンやその他の重要分子の作り方を発見したことで、何百万人もの命が救われたり、症状が改善したりしました。

▼ わが友マックス・ホイットビー（右）と私は、2003年にデポー大学のジュリアン科学センターに周期表の展示物を設置しました。インディアナ州の小さな町グリーンキャッスルでは、この周期表が一種の観光名所になっています。そんなわけで、とても間接的な形ではありますが、マックスと私もジュリアンの発見の恩恵に浴していると言えます。

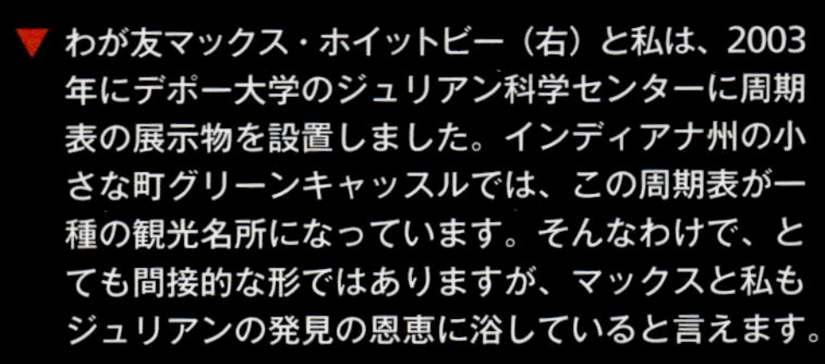

◀▼ グリーンキャッスルのもうひとつの観光名所は、町の広場に展示された（ひどく場違いな）ドイツのV-1飛行爆弾です。第２次大戦中にロンドン空爆に使われたナチスの無差別爆撃兵器が、いったいどういうわけでインディアナ州の片田舎の町の郡庁舎の正面に誇らしげに展示されることになったのか、見当もつきません。きっと数奇な物語があるのでしょう。

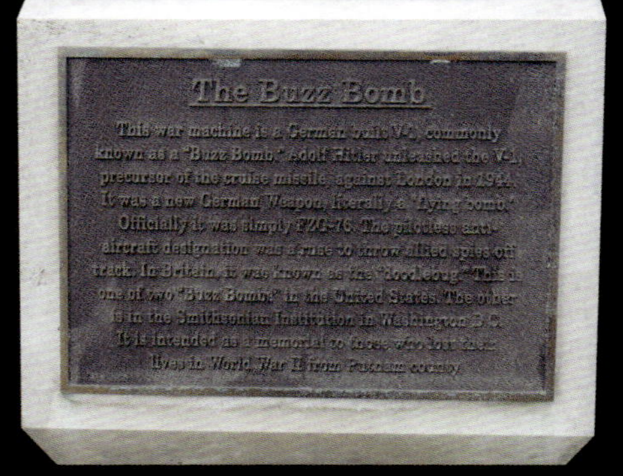

▶ デポー大学に私たちが設置した周期表には、それぞれの元素の見た目や用途がジオラマのように展示されています。左上から時計回りに、酸素、アルミニウム、ニオブ、銅。

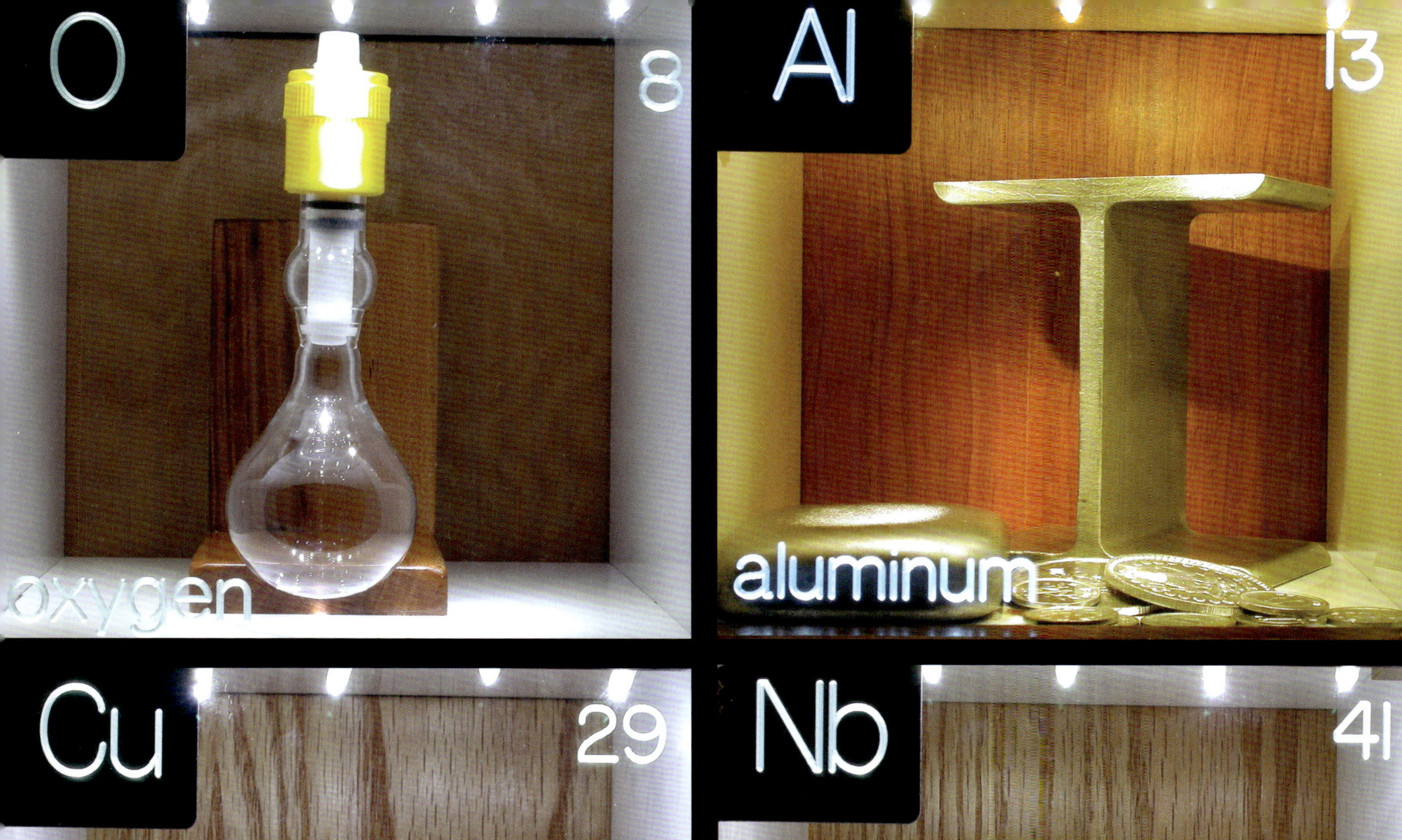
O
8
oxygen
Al
13
aluminum

Cu
29
copper

Nb
41
niobium

フィゾスチグミンの全合成

「全合成」とは、ジュリアン博士が目的のフィゾスチグミン分子を基本的な分子から作り上げる（この場合は、原油を材料にして大量に入手できる単純な分子であるフェノールから作る）ための一連の反応手順を発見したという意味です。フェナセチンまでの最初の４ステップは、彼よりも前の研究者たちが見つけていました。ジュリアンが手掛けたのはそのあとの部分です。

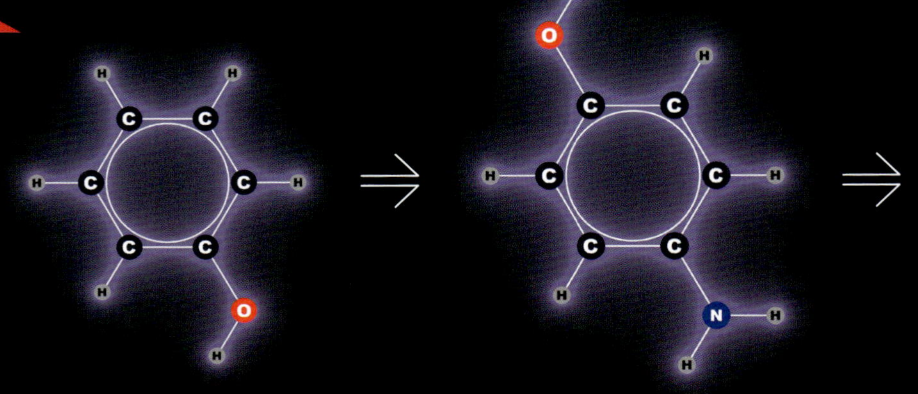

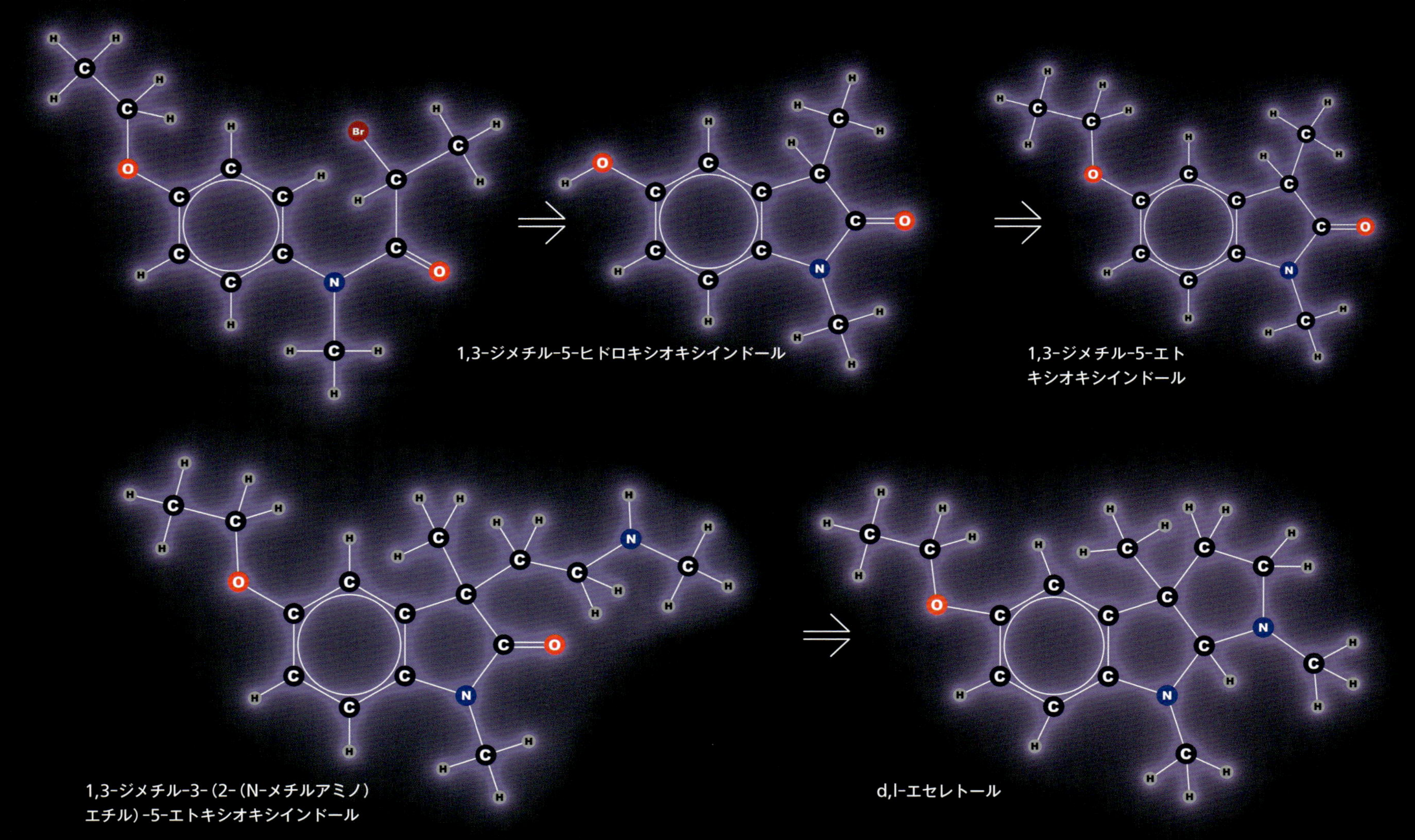

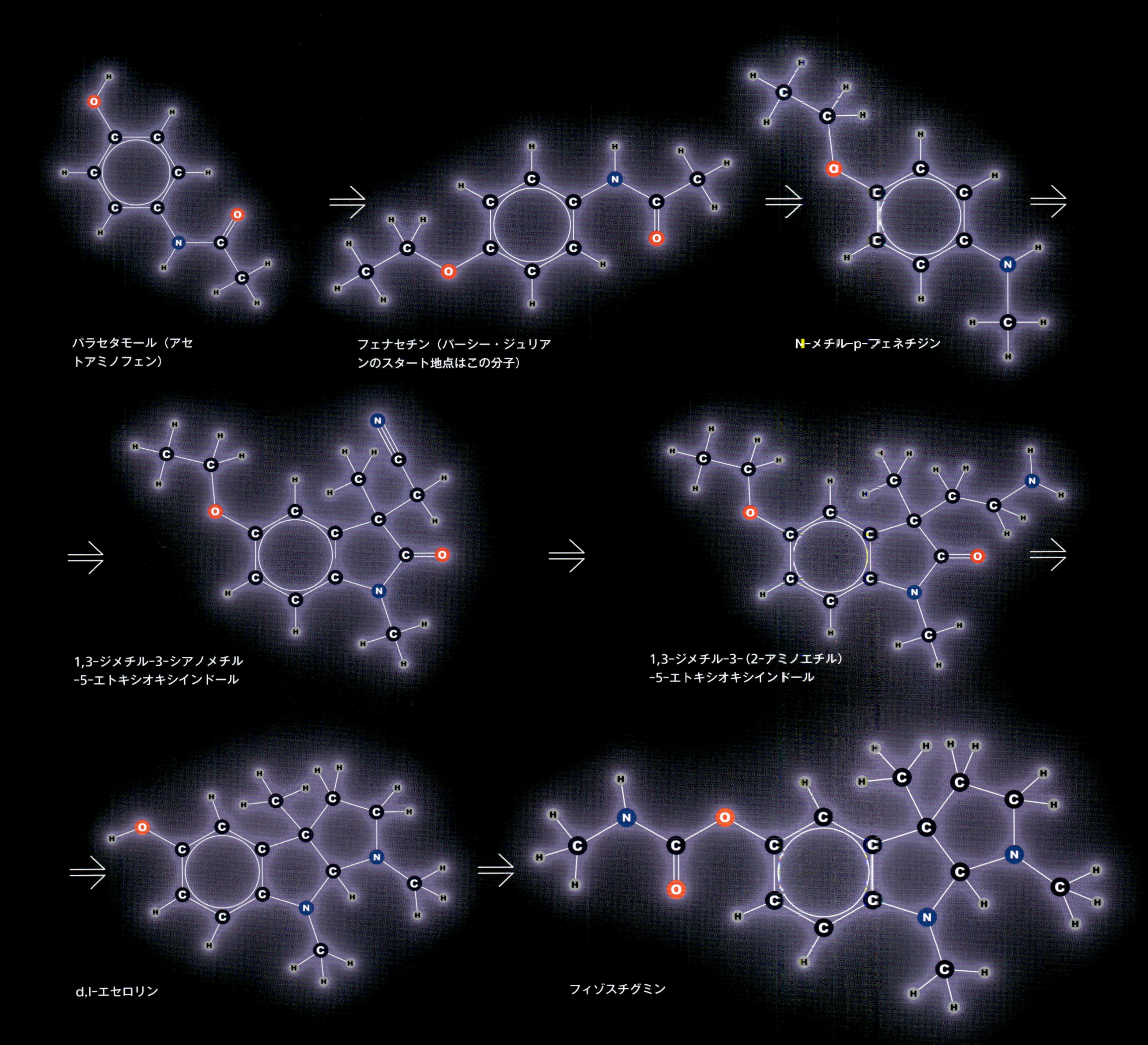
パラセタモール（アセトアミノフェン）
フェナセチン（パーシー・ジュリアンのスタート地点はこの分子）
N-メチル-p-フェネチジン
1,3-ジメチル-3-シアノメチル-5-エトキシオキシインドール
1,3-ジメチル-3-（2-アミノエチル）-5-エトキシオキシインドール
d,l-エセロリン
フィゾスチグミン

私が有機化学の上級実験クラス（物見遊山の学生と未来の化学者を振り分けるためのクラス）を受講した時、ストックルーム〔化学薬品や実験器具を常備した部屋〕の管理をしていたかなり高齢の係員から、古き良き時代の話をいろいろ聞きました。そう、「安全」やら「学生が毒にさらされないようにすること」が金科玉条になる前の時代の話を。

ある実習の話を聞いた時は、冗談だと思いました。とある化学薬品を受講生全員に一定量飲ませ、その晩のオシッコを採取させます。翌日の授業で、学生たちは前日に飲んだ前駆物質をもとに自分の体が合成した反応生成物を蒸留・抽出したというのです。

何年も経って、ようやく私は事実をつかみました。彼の話は本当でした。馬尿酸の生合成（生きた生物の体内で行われる化学合成）は、実際に長年にわたって学生たちによって（学生たちを使って、と言ったほうがいいでしょうか？）行われていました。自分でもやってみたい気に駆られたのですが、手順が非常に複雑なうえ、摂取する物質がひどい味らしいのであきらめ、1935年に出版された本の、すこぶるまじめくさった説明文のページを写真に撮って載せることにします*。

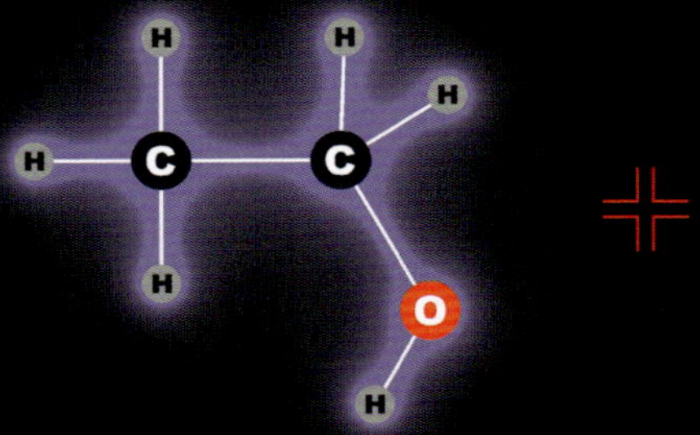

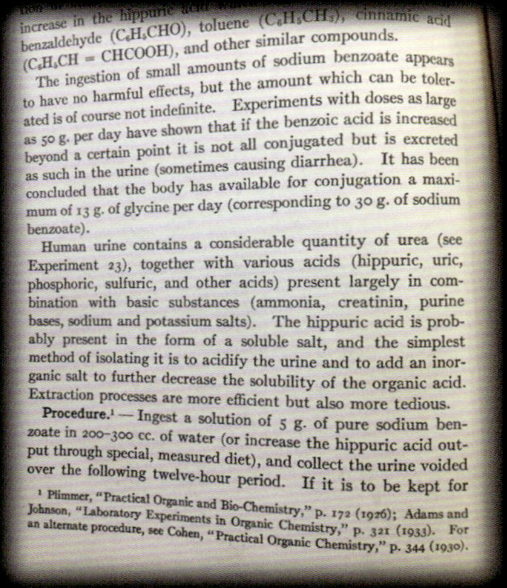

increase in the hippuric acid ... cinnamic acid benzaldehyde (C_6H_5CHO), toluene ($C_6H_5CH_3$), cinnamic acid ($C_6H_5CH = CHCOOH$), and other similar compounds.

The ingestion of small amounts of sodium benzoate appears to have no harmful effects, but the amount which can be tolerated is of course not indefinite. Experiments with doses as large as 50 g. per day have shown that if the benzoic acid is increased beyond a certain point it is not all conjugated but is excreted as such in the urine (sometimes causing diarrhea). It has been concluded that the body has available for conjugation a maximum of 13 g. of glycine per day (corresponding to 30 g. of sodium benzoate).

Human urine contains a considerable quantity of urea (see Experiment 23), together with various acids (hippuric, uric, phosphoric, sulfuric, and other acids) present largely in combination with basic substances (ammonia, creatinin, purine bases, sodium and potassium salts). The hippuric acid is probably present in the form of a soluble salt, and the simplest method of isolating it is to acidify the urine and to add an inorganic salt to further decrease the solubility of the organic acid. Extraction processes are more efficient but also more tedious.

Procedure.[1] — Ingest a solution of 5 g. of pure sodium benzoate in 200–300 cc. of water (or increase the hippuric acid output through special, measured diet), and collect the urine voided over the following twelve-hour period. If it is to be kept for

[1] Plimmer, "Practical Organic and Bio-Chemistry," p. 172 (1926); Adams and Johnson, "Laboratory Experiments in Organic Chemistry," p. 321 (1933). For an alternate procedure, see Cohen, "Practical Organic Chemistry," p. 344 (1930).

▶ ルイス・F・フィーザー『有機化学実験』（Louis F. Fieser, *Experiments in Organic Chemistry*, D.C. Heath and Company, 1935）

なぜ私が有機合成や複雑な実験用ガラス器具についてこんなに熱心に語るのかって？　それは、あの実験クラスで、私は有機化学者になりたくないと思ったからです。オシッコがどうこうではなく、自分が好きなのは化学薬品そのものではなく、その物質の名前——物質の構造をあらわす、美しい数学的論理に貫かれた物質名——の方だということに気付いたからです。誤解されないよう言っておきますが、私は化学薬品も大好きです！　けれども、実験室で働く真面目な化学者は、面白い化学薬品で遊んだり、何かを爆発で吹っ飛ばしたりできません。それに、クラス内での私の成績もそんなに良くありませんでした。慎重な測定や計量作業が多すぎました。

私は別の道に進みましたが、そのおかげで、湿式化学の技術と科学をこれほど高いレベルまで発達させた先人たちの能力と献身に素直に驚嘆できるようになりました。

H H H H H H
C C
O
+
O O O O O O

▲ C_2H_6O（エタノール、別名エチルアルコール）

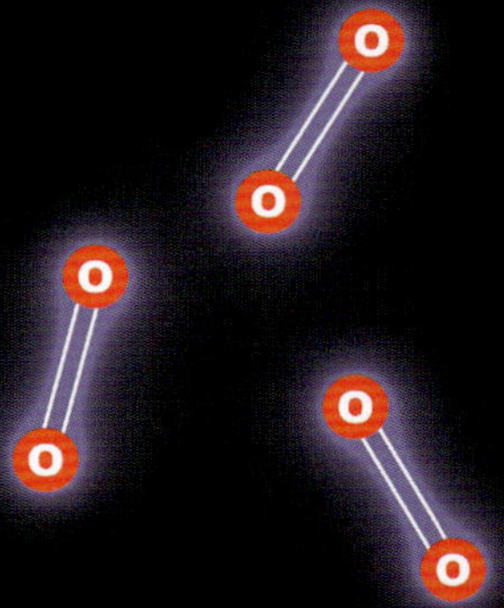

▲ 3 O_2（酸素）

＊**監修者注:** 安息香酸が体内で代謝されると馬尿酸が生成し、尿と一緒に排出されます。左の図版のページには、安息香酸ナトリウム5gを200 ~ 300ミリリットルの水に溶かして飲ませ、その後12時間に出る尿中の馬尿酸を定量する、という実験手順が書かれています。

▲ 2 CO_2（二酸化炭素）

▲ 3 H_2O（水）

▼本節の見出しは「私が子供だった頃の、思い出の化学反応」です。でも、正直に白状すると、ここで紹介する化学反応は覚えていません。子供の頃にやったことがないからです。ただ、もし私が190歳くらいだったら、覚えていると言えたことでしょう。19世紀のイングランドでは、スナップドラゴンという遊びが人気でした（今からでも人気を再燃させるだけの価値はあると思いますね！）

　このゲームはまず温めた皿にレーズンやプラムなどのドライフルーツを乗せ、そこに温めたブランデーをたっぷり注いで、火をつけます。そして、やけどしないように素早く火の中からドライフルーツをつまんで食べるのです。フルーツを口に入れてしまえば、酸素が供給されなくなるから火は消えます。おじけづいてぐずぐずしたら負けです。

　ブランデーはほの明るい青い炎を立ててきれいに燃えるので、このゲームは暗い部屋の中、燃えない素材のテーブルの上で遊ぶのがいちばんです。ブランデーがこぼれたら、たちまち手の上が大火事になります。

第2章

原子、元素、分子、化学反応

Atoms, Elements, Molecules, Reactions

世界のすべての物質は元素からできています――銅、コバルト、カルシウム、その他もろもろ。すべての元素は、それぞれ特定の原子からできています。鉄は鉄原子でできていて、炭素は炭素原子で、という具合です。これは過去から現在までずっと変わりません。

原子ははるかな昔から存在し、ほとんどは変化せず、永遠といっていいくらい長持ちします。重い原子の原子核は緩衝材(かんしょうざい)に覆われた部屋の中にいるようなもので、何十個もの電子が存在する空間に包まれていて、宇宙がまだ幼かった頃からずっとそうしています。この穏やかで静かな原子核は外の世界のことなど何も感じません。核が感じるのは、周囲で何が起きているかを伝えてくるぼんやりしたささやきのような磁力だけです。

しかし、原子の内奥のこの静かな世界を囲んでいるのは、てんやわんやの大渦巻きです。外殻電子〔原子核から離れた外側付近にいる電子〕は、私たちの日常的時間の千兆倍ものタイムスケールでつねに流れるように行ったり来たりし、互いに場所をやりとりし、集まったり散らばったりしています。これが、化学反応の世界です。

元素と、元素が結合してできる分子は、物理的な世界における「名詞」です。あなたや私やその他あらゆるものを作っているのが元素と分子です。

それに対して、化学反応はこの世界における「動詞」、活動をあらわす単語です。この世界で起こる興味深いこと――植物が育つ、火が燃える、生命が誕生するなど――の大部分は、化学反応の結果です。

私がこの文章を書くのに使っているコンピューターは、だいたいにおいて化学反応なしで動いています。コンピューターは電気で動く道具です。しかし、この文章を今読んでいる――そしてもしかしたら内容を疑っている――あなたの知的精神は、化学反応の複雑なダンスにほかなりません。あなたの頭の中で形成される思考は、化学反応によって完全に制御され形づくられる、手の込んだ電気信号のパターン、波、パルスです。

あなたを作るには、化学反応が必要です。化学反応が起きるには、分子が必要です。分子ができるためには、原子が必要です。

では原子とは正確にはどういうもので、どこから来たのでしょう？

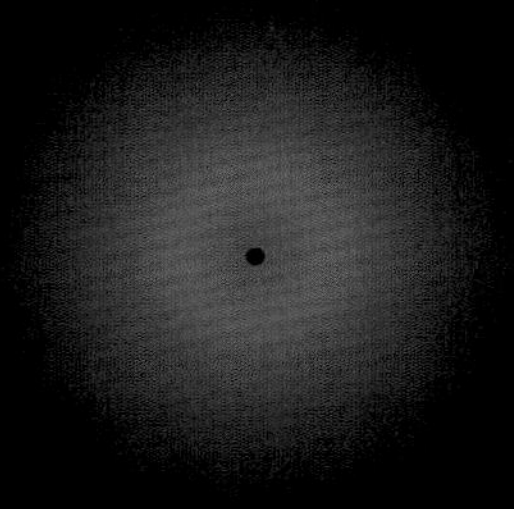

原子は目に見えません。少なくとも、伝統的な意味での「見える、見えない」でいえば見えません。原子は光よりもずっと小さいからです。このごろは最先端の装置のおかげで個々の原子の解像も可能になりましたが、そんな今でも、原子を理解するのに一番いい方法は原子を図式化したこのような絵を見ることです。

どの原子も、中心には原子核があり、原子核には陽子と中性子が含まれています（陽子や中性子は原子よりも小さいので、亜原子粒子と呼ばれます）。小さな原子核の周囲には、電子（やはり亜原子粒子）の“雲”があります。時々、原子核のまわりを電子が惑星のように回っている絵を見かけますが、あの図は正しくありません。原子の内部の電子はどこか１ヵ所にあるのではなく、核のまわりの空間を満たす確率の波のようなものとして存在していると言った方が正確です。私は電子を描く時は雲のように表現します。

これから見ていくように、電子に関して最も重要な点は、それがどこにあるかや、どんな見かけかではなく、電子の位置のエネルギーです。

▲ 宇宙に存在する原子の90%は水素原子です。水素原子は1個の陽子のまわりに1個の電子があります。水素原子のほぼすべてはビッグバンの直後に生成しました。それ以来、ほとんどの水素原子は、たまに宇宙の深奥で互いに出会って電子をやりとりする以外、何も変化していません。恒星の一部になることも、雨となって降ることも、DNA分子を作る手伝いをすることもなく、宇宙にただ存在しています。化学反応というわくわくした出来事に参加できるのは、宇宙ではめったに得られない特権なのです。

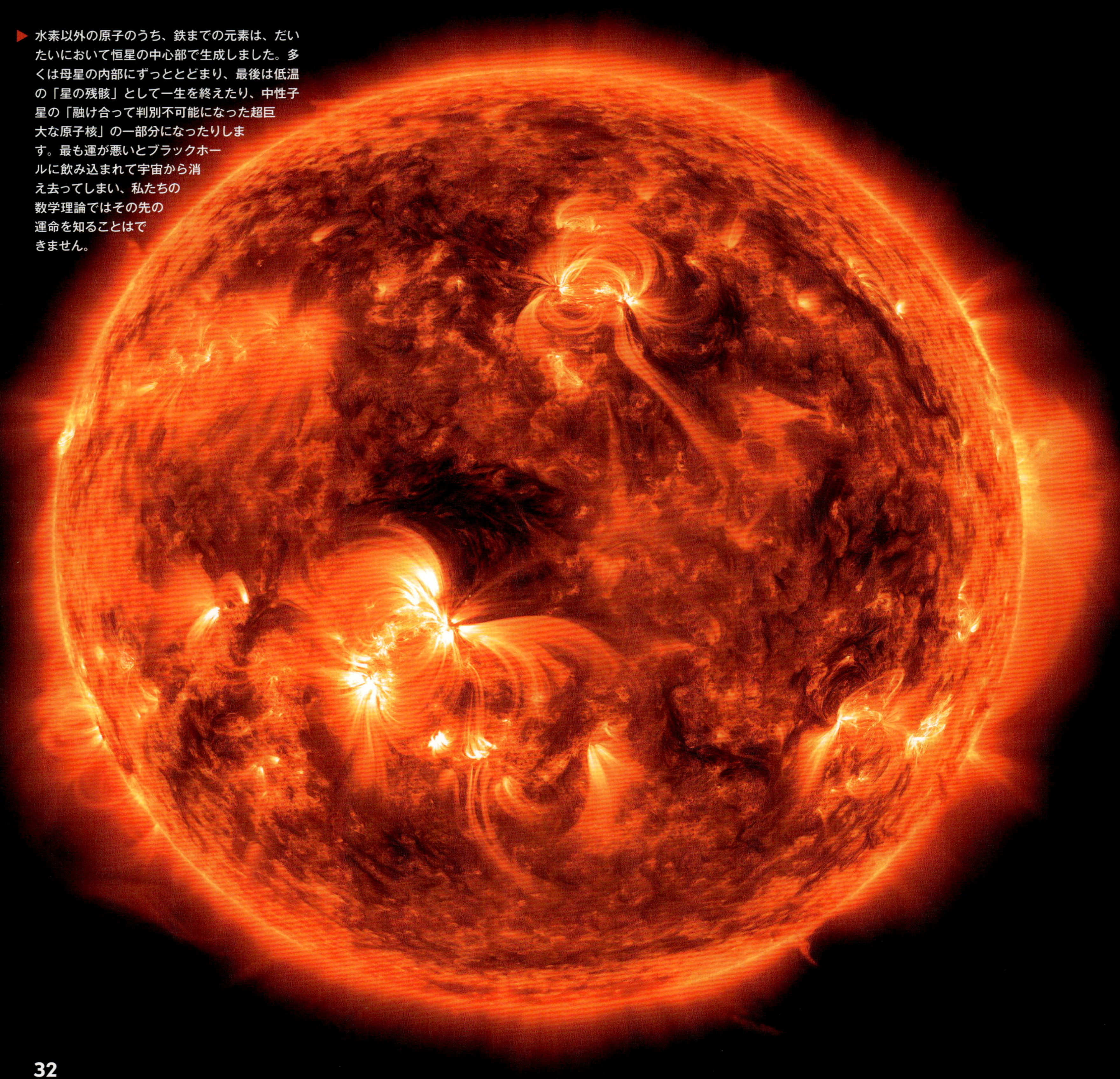

水素以外の原子のうち、鉄までの元素は、だいたいにおいて恒星の中心部で生成しました。多くは母星の内部にずっととどまり、最後は低温の「星の残骸」として一生を終えたり、中性子星の「融け合って判別不可能になった超巨大な原子核」の一部分になったりします。最も運が悪いとブラックホールに飲み込まれて宇宙から消え去ってしまい、私たちの数学理論ではその先の運命を知ることはできません。

▶一部の幸運な原子は、恒星の内部で生成した後、言葉ではとても表せないような巨大スケールの超新星爆発で宇宙へ吹き飛ばされます。この写真は「かに星雲」と呼ばれる星雲で、１個の超新星が吐き出した煙のひと吹きでしかありませんが、光速（毎秒30万km）で旅しても端から端まで５年半かかります。

▲ 超新星から放出された物質は、何か面白いことをする2度目のチャンスを与えられます。ヘリウム、炭素、酸素、ナトリウム、カルシウムといった原子たちは、その後新たな恒星作りに参加したり、恒星の周囲を回る惑星の材料になったりします。恒星の周りにできた降着円盤の中で物質が徐々に融合して惑星を形づくり、星屑たちは高温の核（コア）や岩石質の地殻、うねる大海や青い空、そして奇妙な生き物たちになります。自分の手を見て下さい。星々が死んだから、あなたが作られました。それを忘れてはいけません。

主星である恒星からちょうどいい距離にちょうどいい条件で惑星ができると、そこで生命が進化する可能性が生まれます。地球ではないどこかの惑星に住む生命体が賢くて勤勉なら、やがて物質の性質や来歴を解明し、おおもとのカタログを作るでしょう。それが元素の周期表です。惑星ごとに周期表の細部は少し違うかもしれませんが、表の基本形とロジックは宇宙のどこでも同じはずです。なぜなら、物理法則はどこでも同じだからです。

元素はそれぞれ特定の形のレゴブロックのようなもので、他のブロックとは決まった方式でだけ結合します。周期表のそれぞれの縦列は、形の似たレゴブロックのグループにたとえることができるでしょう。たとえば、左端の列のブロック（元素）は、右から2列目のどのブロックとも必ず結合できます。他の列は、中央の列に近づくにしたがってルールがどんどん複雑で微妙になっていきます。本書は教科書ではありませんからルールの詳細には立ち入りませんが、ルールが存在し、それを学べるということだけ覚えておいて下さい。どの元素も、原子のふるまいかたに神秘的な点はひとつもありません。そのかわり、ものすごく多様なふるまいかたがあって、勤勉な学生は努力のしがいがあります。

元素一般や個々の元素についてもっと知りたい方のためには、私が以前書いた『世界で一番美しい元素図鑑』という本があります。この本は、各元素を2ページの見開きで紹介しています。（ただし101番元素から118番元素までは別です。これらの元素は実物をコレクションに加えられないから嫌いです。）

ですから元素について長々と話すのはやめて、原子と原子を組み合わせて分子を作る際に何が起きているかの話題に移りましょう。

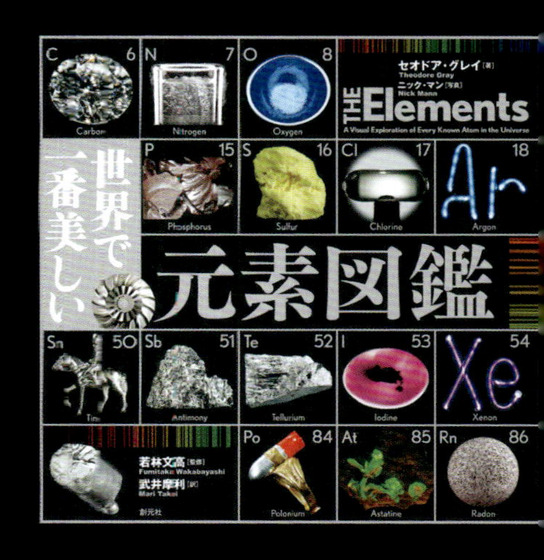

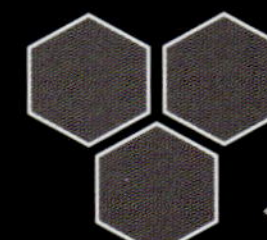

分子とは？

分子は、２個以上の原子が互いに化学結合で結びついてできています。最も小さく最も単純な分子はH_2（水素分子）で、２個の水素原子が単結合で結びついています。よく知られた重要な分子の多くはわずか数個から数十個の原子で作られています。たとえば砂糖の分子は45個の原子――炭素原子12個、水素原子22個、酸素原子11個――が右の図のように結合しています。

このページの４点の写真はどれも、単体〔１種類の元素だけでできている物質〕の例です。

うち3つは、ものすごく危険です。

▶ たいていの場合、分子の性質は、その分子を構成する純粋な元素、すなわち「単体」の性質とはまったく異なります。

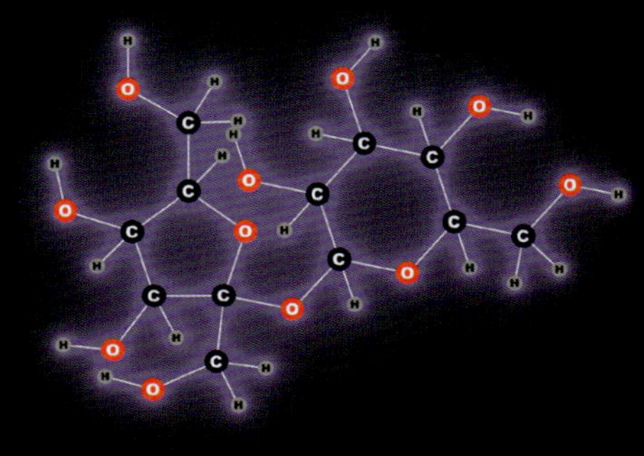

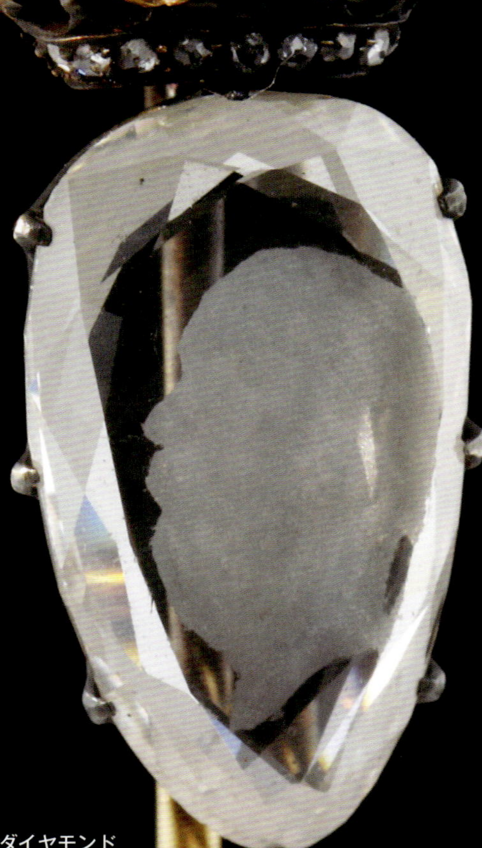

▶ 王様の顔が彫られたダイヤモンドは、純粋な炭素です。

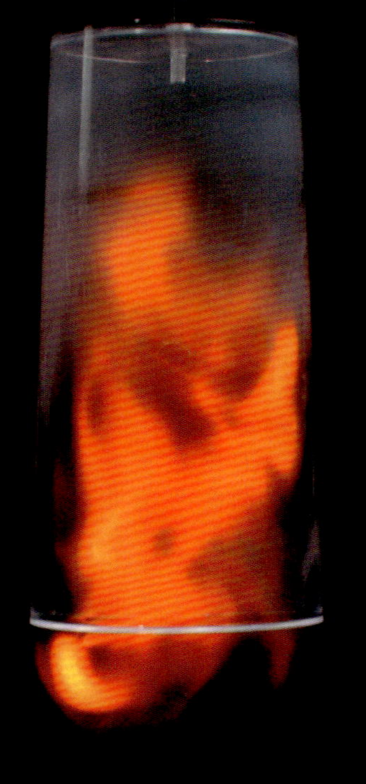

◀ 水素をためるには、容器を逆さにしないといけません。空気より軽い水素は上にあがっていくからです。水素は、火をつけると燃えます（燃え方については72 - 73ページ参照）。

▼ 金属ナトリウムを水をはったボウルに放り込むと、見事に爆発します。

▼ 塩素ガスを液体窒素で冷却したコイル管に通すと、凝縮して淡い黄色の液体になります。

▼ 左ページで紹介した４つの元素の組み合わせで、驚くほど多様な化合物ができます。化合物の性質は、もとの元素の単体の性質とまったく違います。ここで紹介する例はそのほんの一部です。

▲ 炭素と水素の化合物は、炭化水素と総称される巨大なグループを形成しています。ガソリンからプラスチックまで、さまざまなものが炭素と水素の組み合わせでできています。

▲ しかるべきやりかたで炭素と水素と酸素の原子を組み合わせて塩素原子３個を足すと、私の好きな人工甘味料、スクラロースが生まれます。スクラロースの甘さは砂糖のおよそ600倍です。

▲ 水素と塩素の原子が結合すると塩酸ができます。塩酸は、何かを化学的に破壊したい時にうってつけです。写真は、塩酸が石灰石を溶かしているところです。

▲ ４種類のうち最も危険なふたつであるナトリウムと塩素を化合させると、塩（食塩）になります。写真は岩塩の大きなブロックで、不純物が混じって色がついているからより健康的だと称して売られています。そうは言っても、ほとんどすべての成分はナトリウムと塩素が結合した塩化ナトリウム――すなわち普通の食塩です。

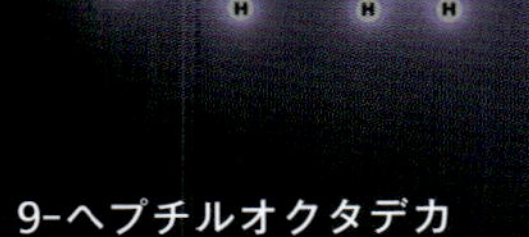

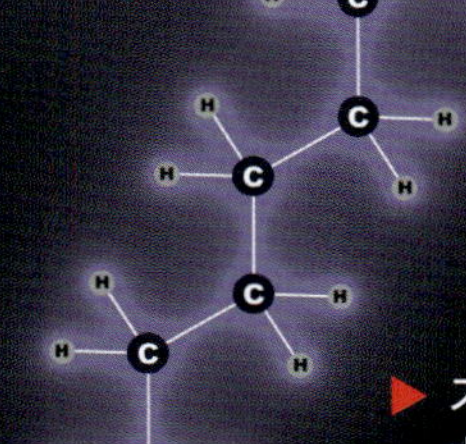

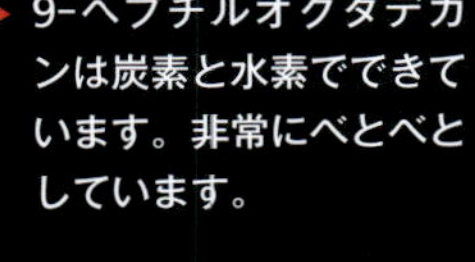

▶ 9-ヘプチルオクタデカンは炭素と水素でできています。非常にべとべとしています。

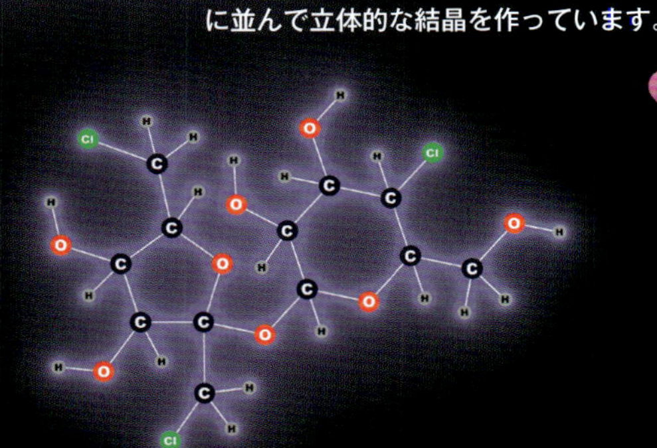

▶ スクラロースは炭素、水素、酸素、塩素でできています。めちゃくちゃな甘さです。

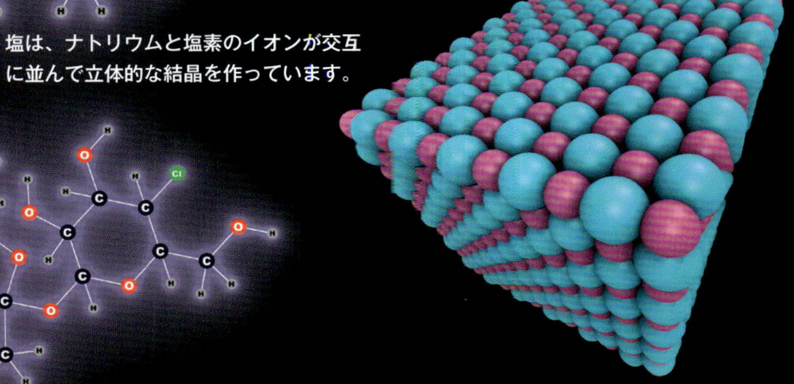

▶ 塩は、ナトリウムと塩素のイオンが交互に並んで立体的な結晶を作っています。

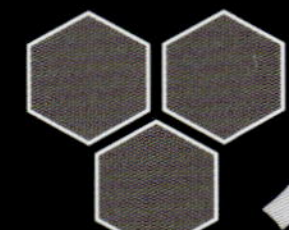

分子を結合させているのはどんな力？

分子構造図で原子同士をつないでいる線はいったい何なのでしょう？　答えは、「それぞれの線は化学結合をあらわす」です。結合は、電荷と電荷の間に働く力がもたらした結果です。ですから、結合を理解するには、電荷について知らなければなりません。

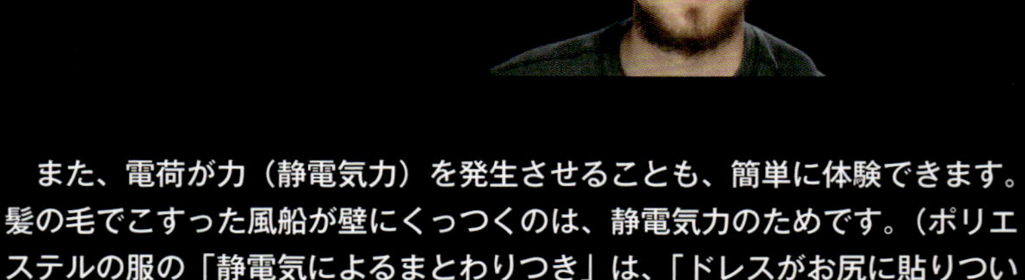

あらゆるものは電気を持っています。そのことを知る手掛かりは簡単に見つかります。じゅうたんの上を歩くだけで、それが引き金となって電気が発生します。じゅうたんの上をすり足で歩いたり、髪の毛を風船でこすったりすると、電子と呼ばれる荷電粒子（電気を帯びた粒子）が身体または風船に移動して、そこにたまります。これがいわゆる静電気です。

静電気の「静」は、「動かない」という意味です。バケツの中の水が静水（静止した水）で、川を流れているのが流水であるように、身体にたまった電子は静電気で、電線の中を流れる電子が電流の正体です（ただし電子の動く向きは電流の向きの逆です）。身体に静電気がたまった状態でドアノブにさわるとバチッとなるのは、電子が身体からドアノブに一気に移動して、瞬間的に電流が流れるからです。

また、電荷が力（静電気力）を発生させることも、簡単に体験できます。髪の毛でこすった風船が壁にくっつくのは、静電気力のためです。（ポリエステルの服の「静電気によるまとわりつき」は、「ドレスがお尻に貼りついたみたいにしてしまう静電気力」を上品に言ったものにほかなりません。）

電荷には、プラス（正）とマイナス（負）の２種類があります。同じ符号の電荷同士（＋と＋、－と－）は反発します（静電反発力）。異なる符号（＋と－）の電荷は引き合います（静電引力）。風船が壁にくっつくのは、風船の表面のマイナスの電荷が、すぐそばのプラスの電荷、つまり壁の中にある電荷と引き合うからです。

▶ すべての原子の原子核には１個以上の陽子が含まれていて、陽子はプラスの電荷を持っています。核の外側にある電子はマイナスの電荷を持っています。電子のマイナス電荷と原子核中の陽子のプラス電荷の間に引力が働くので、電子は核の近くにとどまっています。

通常の「電気的に中性の」原子では、核の中の陽子と外側の電子は同数です。１個の電子は１個の陽子とちょうど同じ大きさの電荷を持っていますから、原子全体では正と負が打ち消しあって、電気的に中性になっているのです。

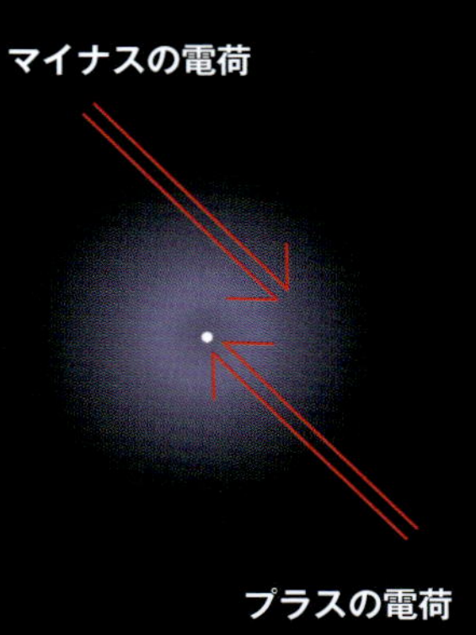

プラスとマイナスの力がどう組み合わさって化学結合が生まれるのでしょう？
そこには実に巧妙な仕組みがあります。

▼ ２個のプラス電荷を、少し距離をとって置いたとします。プラス同士は反発しあうので、放っておけばどちらも相手と反対方向に飛んでいってしまいます。

▼ では、その２個のプラス電荷の間にマイナス電荷を１個置いたらどうなるでしょう？　左にあるプラスの電荷は中央のマイナスの電荷に引っぱられ、右にあるプラスの電荷も同様に引っぱられます。プラスとマイナスの間の距離の方がプラス同士の距離よりも小さいため、引き合うふたつの力は、２個のプラス同士が反発する力よりも大きくなります。このような電荷の集合体が、全体として、飛び散るのではなくひとつにまとまる形で引き合います。

化学結合はこういう仕組みで形成されると言ってほぼ間違いありません。

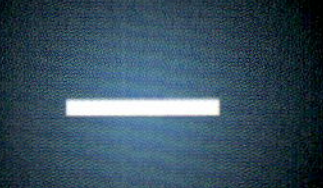

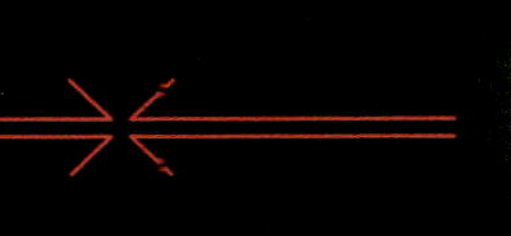

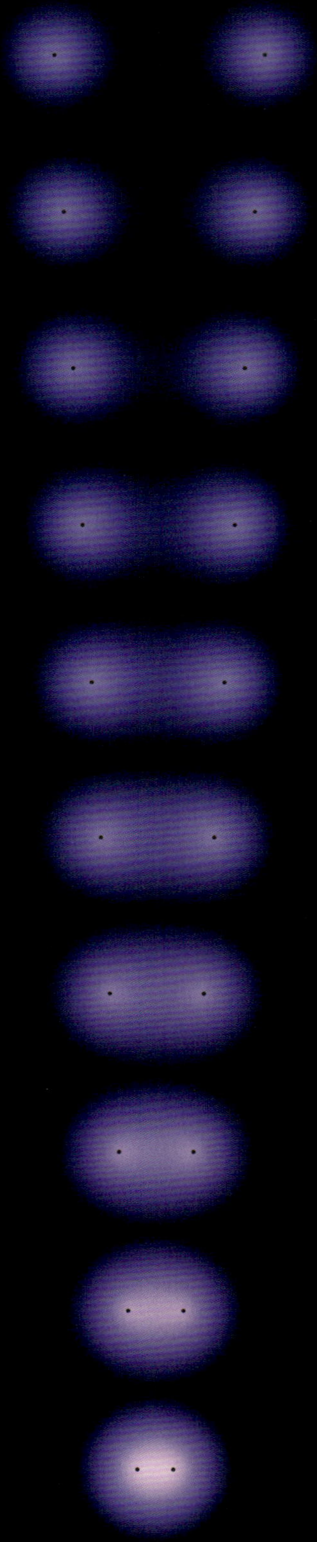

任意の２個の原子を非常に近い位置に置くと、両者の間に結合ができるか、押しのけあうかのどちらかになります。どちらになるかを決めるのは、それが何の元素の原子かと、その原子がすでに他の原子と結合しているかどうかです。

◀▶ ２個の原子が互いに少し離れているとします。どちらの原子も全体の電荷はゼロですから、引き合いもしなければ反発もしません。原子同士の間には何の力も働きません。

◀▶ 原子同士が近づくと、次のうちどちらかが起こります。すなわち、２個の原子の間の空間に電子が集まって、前ページの図のように原子同士を結び付けようとするか、それとも電子同士が互いに反発して中央から遠い方に集まり、原子を互いに相手から離れさせようとするかです。

◀ 左側の絵は、２個の水素原子が近づいた時にどうなるかをあらわしています。電子は、２個の水素原子核の間に、マイナスの電荷の「たまり場」（薄紫色に光っているように描かれた部分）を形成します。この粒子の集まり全体を水素分子（H_2）と呼びます。これは安定した分子です。

▶ 右側の絵は、２個のヘリウム原子が近づいたところです。２個ペアの原子核の左側と右側に、紫の輝きが横に広がっているのが見えますね？　これは原子同士を引き離そうとするマイナスの電荷です。２個のヘリウム原子は結合を作らず、互いを弾き飛ばすようにして離れてしまいます。

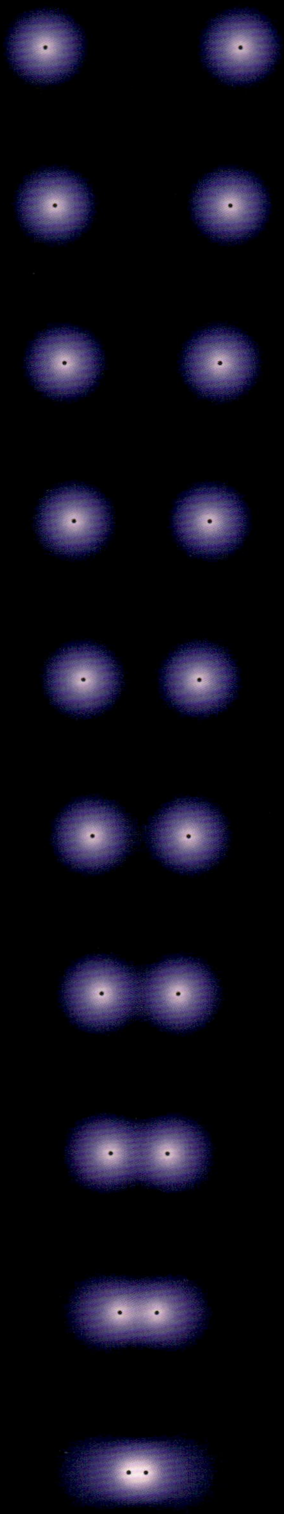

結合ができるかできないかは、化学で習う内容の大きな部分を占めています。結合の仕組みはこの本で説明できるレベルよりずっと複雑ですが、心配はいりません。結合の原理を知ることは可能ですし、すべての結合法則の根底にある量子力学を学べば、ちゃんと筋の通った形で理解できます。

（「複雑です」なんて言いたくはないのですが、正直言って、実際に複雑なので仕方ありません。こんなふうに考えて下さい――これは、私が１冊の本に詰め込めるよりもはるかに多くのことをあなたが自分で学ぶチャンスなのだと。陽子と電子の相互作用について現在どのくらい多くの内容が判明していることか。それはもう感嘆に値します。知るべきことがたくさんあるという事実からは逃げられませんし、学ぶにはそれなりに時間がかかります。けれども、もし、なにもかも１冊の本で説明できてしまったら、この世界はどれだけ味気ない場所になることか！）

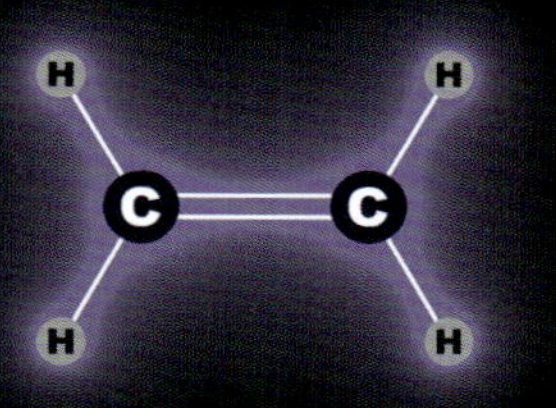

◀ このエチレン分子を例に、私が本書で分子をどのように描いているかを説明しましょう。エチレン分子は２個の炭素原子（Cと書いた丸）と４個の水素原子（Hと書いた丸）で構成されています。白い直線は、化学結合にかかわる１対の電子をあらわしています。それらの電子が静電気力で２個の原子を引っ張って結び付けているのです。図から、それぞれの水素原子が炭素原子と２個の電子（電子１対＝直線１本）で結合しているのがわかります。２個の炭素原子は、４個の電子（２対＝線２本）で互いに結合しており、これは二重結合と呼ばれます。極めてまれに、三重結合（６個の電子がかかわる）もあります。また、６個の炭素原子が六角形を作り、その内側に円が描かれている形も目にするでしょうが、この円は全部で６個の電子が６個の炭素原子に均等に共有されていることをあらわしています。ただ、本書を読む上ではそうした細かいことはあまり気にしなくて大丈夫です。

私は、分子の形成にかかわる電子によるマイナスの電荷を表現するために、ぼんやりした薄紫色の輝きのように見えるグラデーションを使っています。左ページの水素原子同士やヘリウム原子同士が近づいた時の図では、ぼんやりした輝きの光り具合は数学的に正しく描かれています――原子がその位置にある時の、原子核の周囲の「電子密度」を正確に計算して描いたからです。

しかし、それ以外のページ（および私の他の本）の分子構造図では、ぼんやりした輝きは単なる象徴的表現です。主にデザイン上美しく見えることを目的に、単純化した式で計算して描いています。（現実の分子は平面ではないのですから、平面図で電子密度を本物通りに描こうとしても無意味です。）このぼんやりした輝きがあるのは、私が紫色を好きなことと、黒い丸であらわした炭素原子が黒い背景の上でくっきり見えるようにしたいからです。それに、この輝きは、分子全体の周囲に――なかでも特に原子の中心に近いところや結合している原子同士の間に――ぼやっとした電子の雲が広がっていることをやんわりと意識させてくれます。

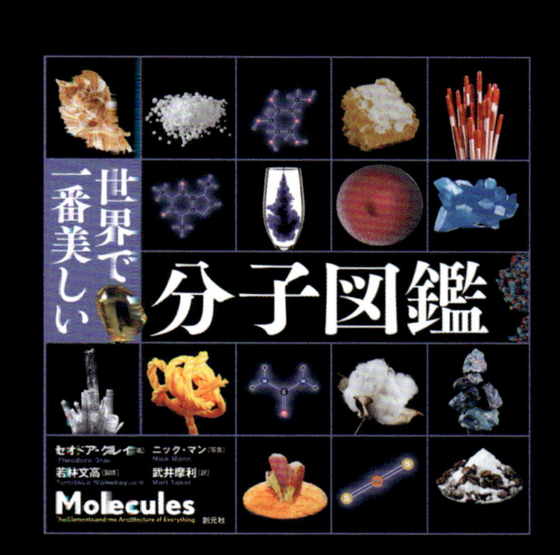

▲ 原子がさまざまな形で集まって分子を形成することに興味がある方は、私が書いた『世界で一番美しい分子図鑑』をお読み下さい。この本には数百種類の分子が紹介されており、その分子からなるさまざまなモノの写真と、原子同士がどう結合しているかがわかる分子構造図が載っています。

では、分子そのものに時間を割くのはこのくらいにして、分子をどのように一緒にすれば化学反応の引き金が引かれるかという話題に入りましょう。

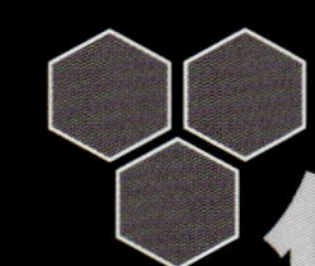

化学反応とは？

化学反応は、化学結合が生成する時か壊れる時に起こります。結合は電子によって作られているので、別の言い方をすれば、化学反応とは、「新しい結合の機会を見出した電子が、それまでとは別の原子の組み合わせに移動すること」になります。

早い話が、化学反応は「ただいま電子が移動中」ということです。

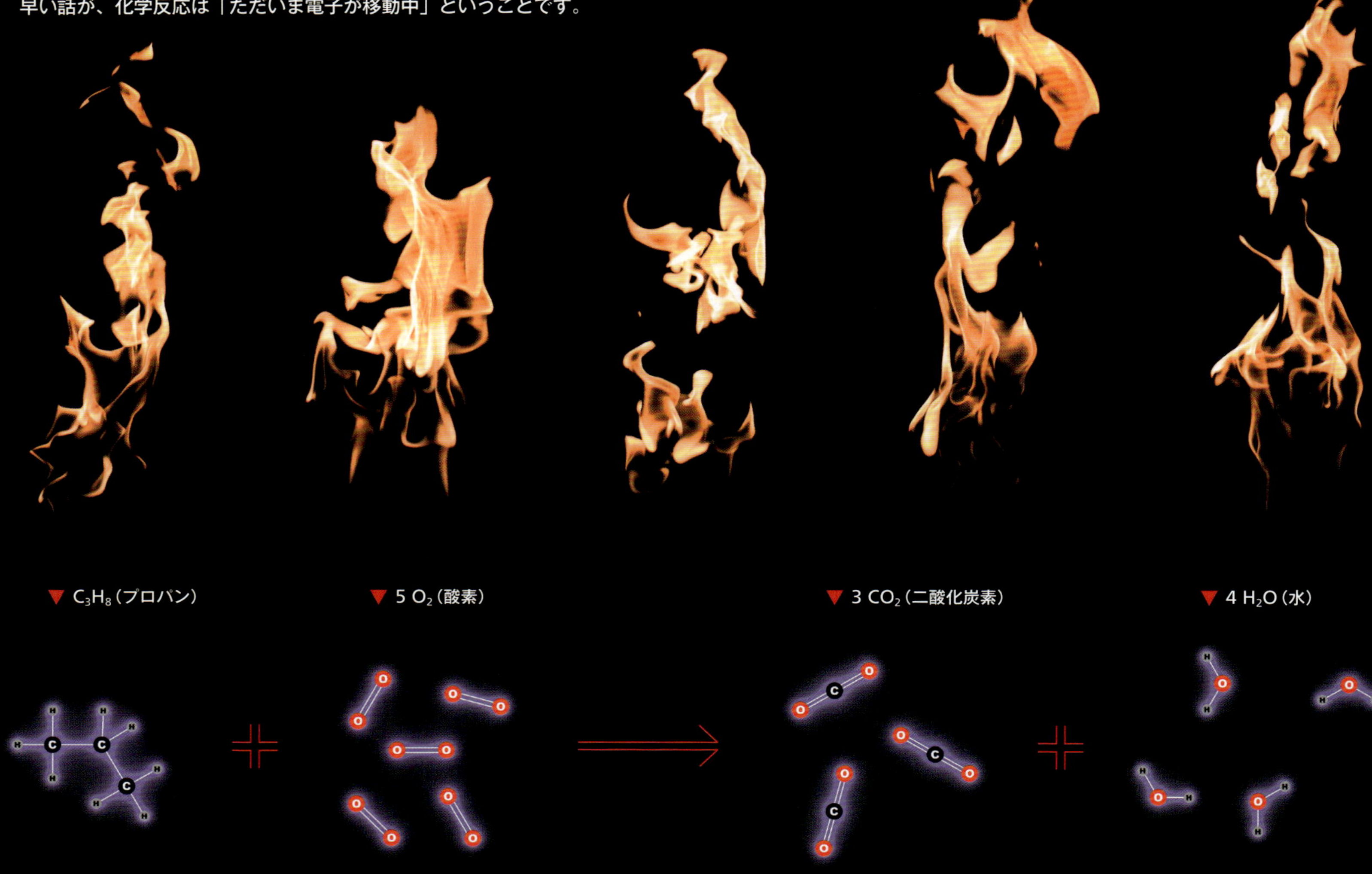

化学反応の式は、左から右へ読みます。矢印の左側は「反応物」で、それらの分子から反応がスタートします。右側は「生成物」で、反応の結果できたものです。間にある矢印は、反応物から生成物へと至るプロセスを示します。つまり、この矢印が化学反応をあらわしています。

（普通、化学反応は文字と数字の化学式で書かれます。たとえば、プロパンはC_3H_8です。炭素原子３個と水素原子８個でできているからです。ですから、上の反応を式で書くと $C_3H_8 + 5O_2 \rightarrow 3CO_2 + 4H_2O$ になります。しかし本書では必ず分子の絵を添えています。なぜならその方がわかりやすくてリアルで見た目がいいですし、本書の出版社は紙を余分に使ってもかまわないと言ってくれていますから。）

▲ この「反応の図」は、キャンプ場のコンロや地方の家でよく使われているプロパン（C_3H_8）が空気中で燃焼して酸素（O_2）と結合し、二酸化炭素（CO_2）と水（H_2O）になる反応をあらわしています。

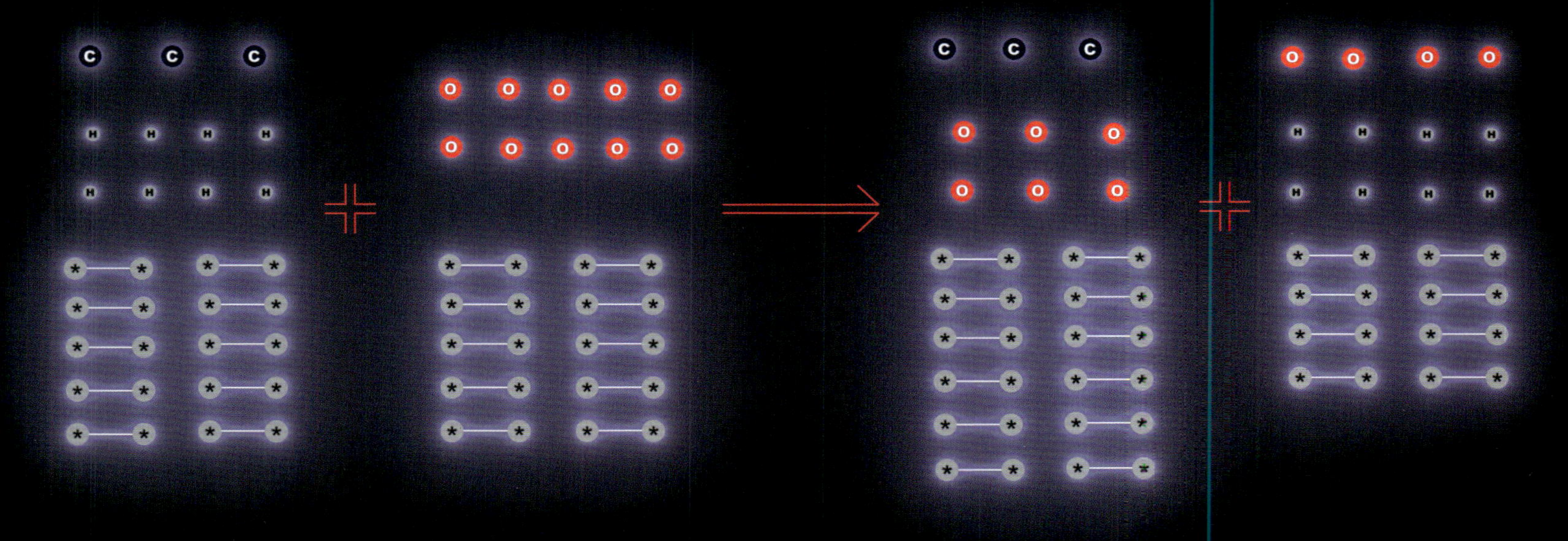

反応式の左側と右側にある原子の数をそれぞれ数えると、原子の種類も数も完全に等しいことがわかります。左ページの式で言えば、炭素原子３個、酸素原子10個、水素原子8個です。すべての化学反応式で、必ず左右の原子の数は同じです。例外はありません。原子は物質で、化学反応によって原子が生成したり破壊されたりすることはありません。（原子の合成や破壊を起こすには、核反応が必要です。これは化学反応とはまったく別種のもので、それだけで本が１冊書けてしまいます。）

原子同士を結んでいる線の数を数えると、それも左側と右側で等しいことがわかるでしょう。どちらの側も、20本です。１本の線は電子１対（２個）による結合をあらわしていますから、反応の前も後も、分子を結合させる仕事に40個の電子がかかわっていることになります。こちらの法則は常に成立するわけではありませんが、多くの場合にあてはまります。

このふたつの法則――原子の種類と数は同じで線の数も一定――は、どんな化学反応なら起こることができ、どんな反応は起こりえないかについて多くのことを教えてくれます。ただし、このふたつだけでは不十分です。

▼ プロパン燃焼の「馬鹿げていて、ありえない」例

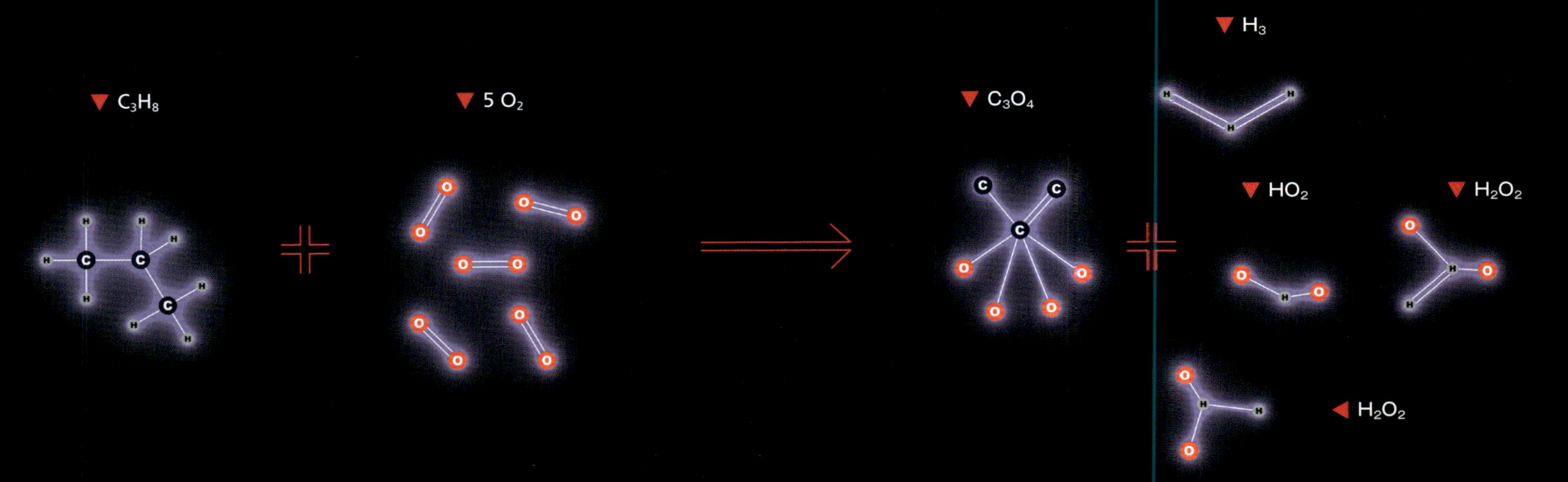

上の反応の図は今述べた法則に従っていますが、これを見た化学者は絶望的なほどのガッカリ感に襲われます。右側にある分子は全部、まったくのデタラメです。いろいろな面でめちゃくちゃです。

描かれている原子を20本の線で結ぶやり方はとてもたくさんあります。では、なぜプロパンが燃焼する時に必ず自発的に１通りの結合になり、それ以外の結合のしかたは非現実的すぎて化学者の失笑を買うだけになるのでしょう？　そのわけを理解するには、この世界における変化を生じさせる２種類の力を理解する必要があります。すなわち、エネルギーとエントロピーを。

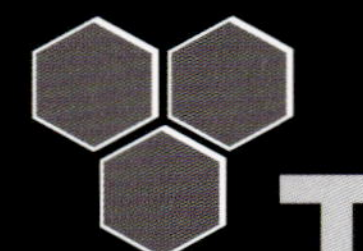

エネルギー

エネルギーは、たとえるなら落ち着きのなさ、宇宙にとって掻きむしらずにいられない痒みのようなものだと言えるでしょう。エネルギーを持っているものは、どっしり構えていられません。動いているか（運動エネルギーと呼ばれます）、押し縮められたバネのように緊張して待機しているか、山の岩棚の上でどうにかバランスを保っている岩のような状態にあるか（ポテンシャルエネルギー〔別名は位置エネルギー〕といいます）のいずれかです。

エネルギーは「保存」されます。つまり、私たちが知る限り、エネルギーを無から創出したり、消滅させたりすることはできず、ただエネルギーを移動させたり、ある種類のエネルギーを別の種類に変えたりできるだけ、ということです。（それ以外に、物質の形にしてエネルギーを隠しておくこともできますが、これは核反応の領域に属します。）この原理を、「エネルギー保存の法則」といいます。

よく、ビジネスや政治や犯罪の世界で起きていることを理解したければ「カネの流れを追え」と言われます。自然界で起きていることを理解したければ、カネではなくエネルギーの流れを追うのが得策です。エネルギーの動きと変化なしで何かが起こることは、あまりありません。

▲ 高い場所にある岩は、（高いところにあるので）たくさんのポテンシャルエネルギーを持っていますが、（動いていないので）運動エネルギーは持っていません。

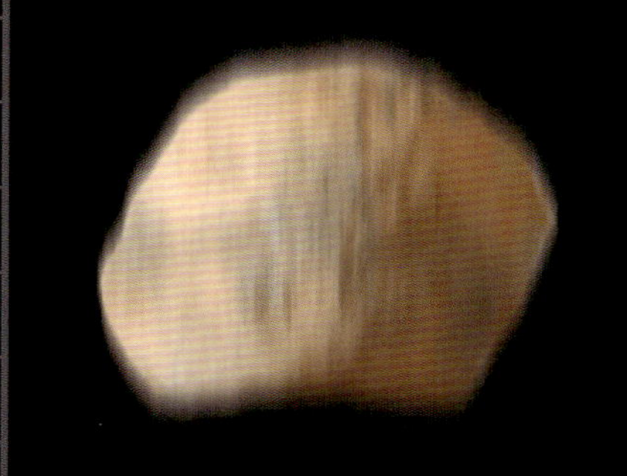

▼ 落下中の岩が持っているポテンシャルエネルギーは（前より低い位置へ落ちている最中なので）さっきより小さくなっていますが、運動エネルギーは（高速で動いているので）大きくなっています。ポテンシャルエネルギーが運動エネルギーに変わったのです。

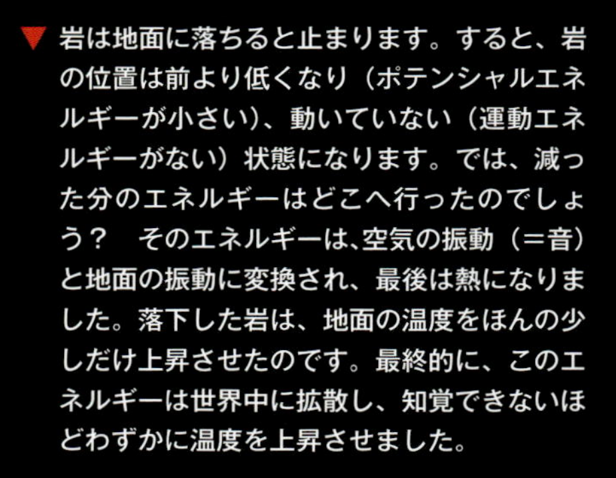

▼ 岩は地面に落ちると止まります。すると、岩の位置は前より低くなり（ポテンシャルエネルギーが小さい）、動いていない（運動エネルギーがない）状態になります。では、減った分のエネルギーはどこへ行ったのでしょう？　そのエネルギーは、空気の振動（＝音）と地面の振動に変換され、最後は熱になりました。落下した岩は、地面の温度をほんの少しだけ上昇させたのです。最終的に、このエネルギーは世界中に拡散し、知覚できないほどわずかに温度を上昇させました。

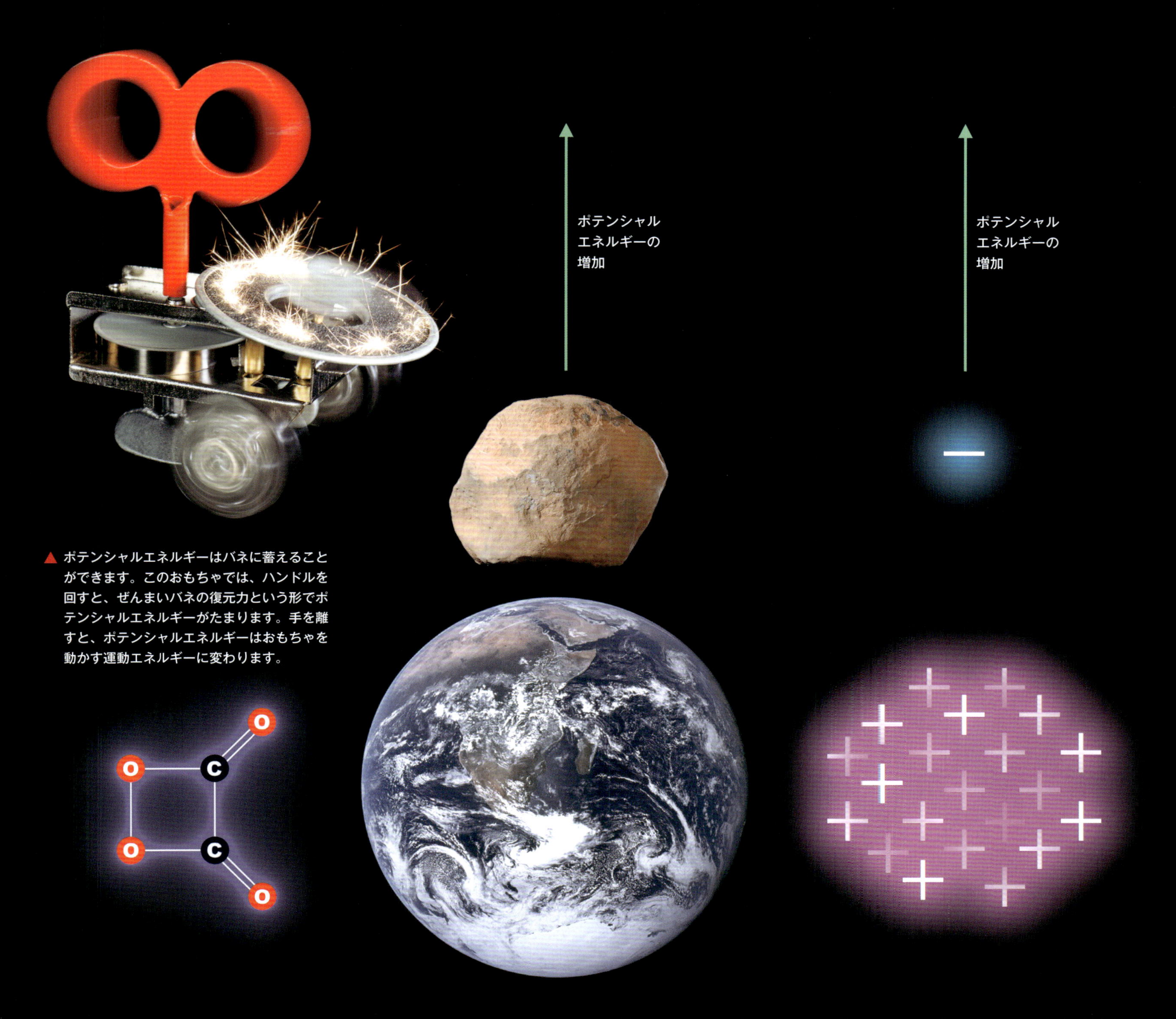

▲ ポテンシャルエネルギーはバネに蓄えることができます。このおもちゃでは、ハンドルを回すと、ぜんまいバネの復元力という形でポテンシャルエネルギーがたまります。手を離すと、ポテンシャルエネルギーはおもちゃを動かす運動エネルギーに変わります。

▲ これは、前の章（2 - 3ページ）で出てきた1,2-ジオキセタンジオンの分子です。この分子も、巻き上げたぜんまいバネと似て、結合部分に“ネジを巻かれて力がかかったような”状態のポテンシャルエネルギーを持っています。あらゆる化学結合は、ちょっとバネに似ています。バネのように振動することができますし、引っ張ったり縮めたり曲げたりするとポテンシャルエネルギーがたまり、エネルギーが解放されると、化学結合で結ばれている原子が運動します。

▲ 化学結合の化学的ポテンシャルエネルギーは、力が加えられた時に蓄えられるだけでなく、結合内の電子のポテンシャルエネルギーによっても獲得されます。岩が地球の中心に向かって引き寄せられるのと同様に、電子は原子の中心にある原子核のプラスの電荷に引き寄せられます。岩を高い場所に持ち上げて地球の中心から遠ざければ、岩はより大きなポテンシャルエネルギーを持ちます。同様に、電子が原子核から遠ざかれば、それだけポテンシャルエネルギーが大きくなります。岩が地面に向かって落ちると、ポテンシャルエネルギーは解放されます。電子が原子核の近くへ向かって落ちると、やはりポテンシャルエネルギーが解放されます。

地面に掘った深い穴（井戸）の底に岩があるとしましょう。この岩が持つポテンシャルエネルギーは低いです。岩を地表まで引き上げるのはとても大変な作業です。なぜなら、地面の高さまで持ち上げるために、岩にたくさんのポテンシャルエネルギーを与えなければいけないからです。もっと浅い穴の中の岩なら、深い穴の岩に比べて最初に持っているポテンシャルエネルギーが大きいので、地面まで引き上げるために必要な労力は比較的少なくて済みます。

電子についてもこれとまったく同じ原理があてはまります。原子核の近くにある電子は、深い「ポテンシャルエネルギー井戸」の中にあるという言いかたをします。この電子を原子核の遠くへ引っ張るには大きな作業量が要ります。原子核から遠い位置にある電子は、もっと簡単に引き離すことができます。最初に持っているポテンシャルエネルギーのレベルが高いからです。

ある化学結合が別の化学結合よりも強かったり弱かったりするのは、これが原因です。

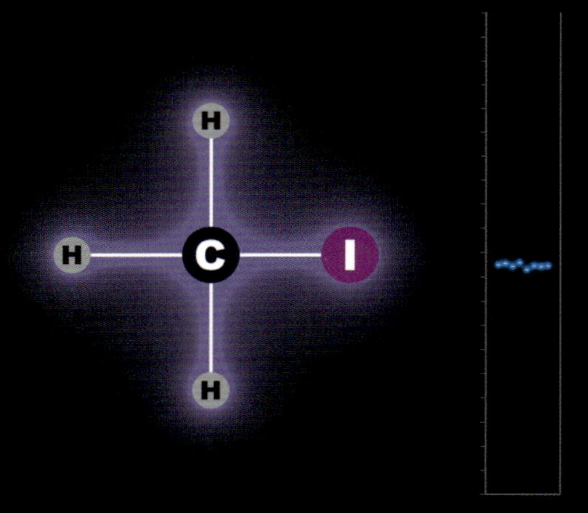

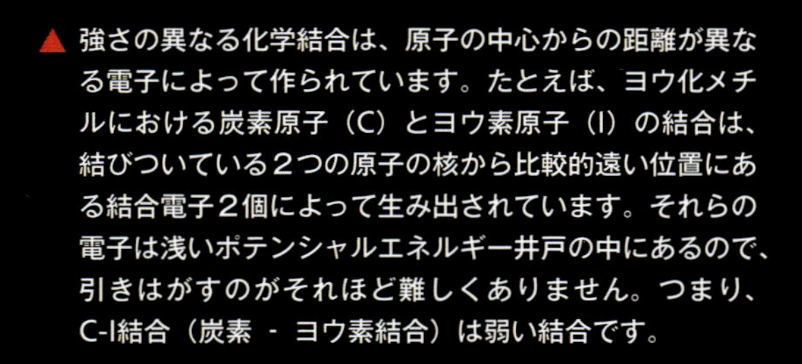
▲ 強さの異なる化学結合は、原子の中心からの距離が異なる電子によって作られています。たとえば、ヨウ化メチルにおける炭素原子（C）とヨウ素原子（I）の結合は、結びついている２つの原子の核から比較的遠い位置にある結合電子２個によって生み出されています。それらの電子は浅いポテンシャルエネルギー井戸の中にあるので、引きはがすのがそれほど難しくありません。つまり、C-I結合（炭素 - ヨウ素結合）は弱い結合です。

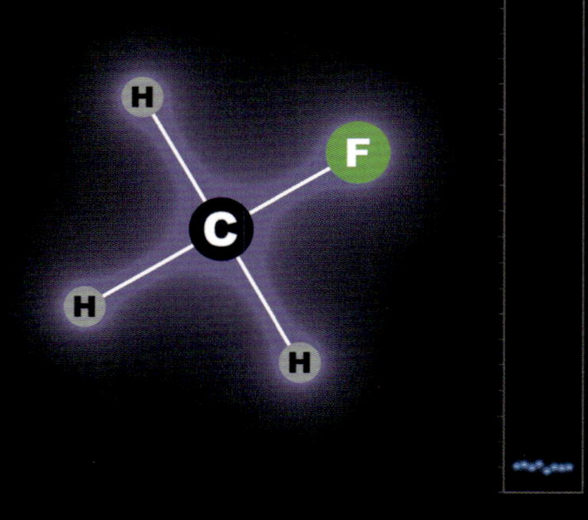

▲ それに対して、フッ化メチルの分子で炭素とフッ素（F）をつないでいる電子は、それぞれの原子核のすぐ近くにあります。深い井戸の底にあって、ポテンシャルエネルギーが小さいと言えます。ですから、ポテンシャルエネルギーが低い電子で作られたC-F結合（炭素 - フッ素結合）は、C-I結合よりもずっと強力です。フッ化メチル分子からフッ素原子を引きはがすのに必要なエネルギーは、ヨウ化メチル分子からヨウ素原子を引きはがす時のほぼ２倍です。

化学反応が起きる際には、いくつかの結合が壊れて新しい結合が作られます。反応前の結合と反応後の結合で、「ポテンシャルエネルギーの深さ」が異なっていることがあります。これが、強力な化学反応――燃焼、爆発など――の際や、あなたの体内で熱や力を生成する反応の際に放出されるエネルギーの源です。ポテンシャルエネルギーが高い結合から低い結合へと電子が“落ちる”時に、その差の分のエネルギーが解放され、運動エネルギーとして放出されます。ちょうど、岩が高い場所から低い場所へ（または浅い井戸から深い井戸へ）落ちるのと同じです。

この原理がどのように働いているかを見てみましょう。化学反応で熱を発生させる方法のひとつで、シンプルで役に立つ、メタン（天然ガス）の燃焼を例にとります。

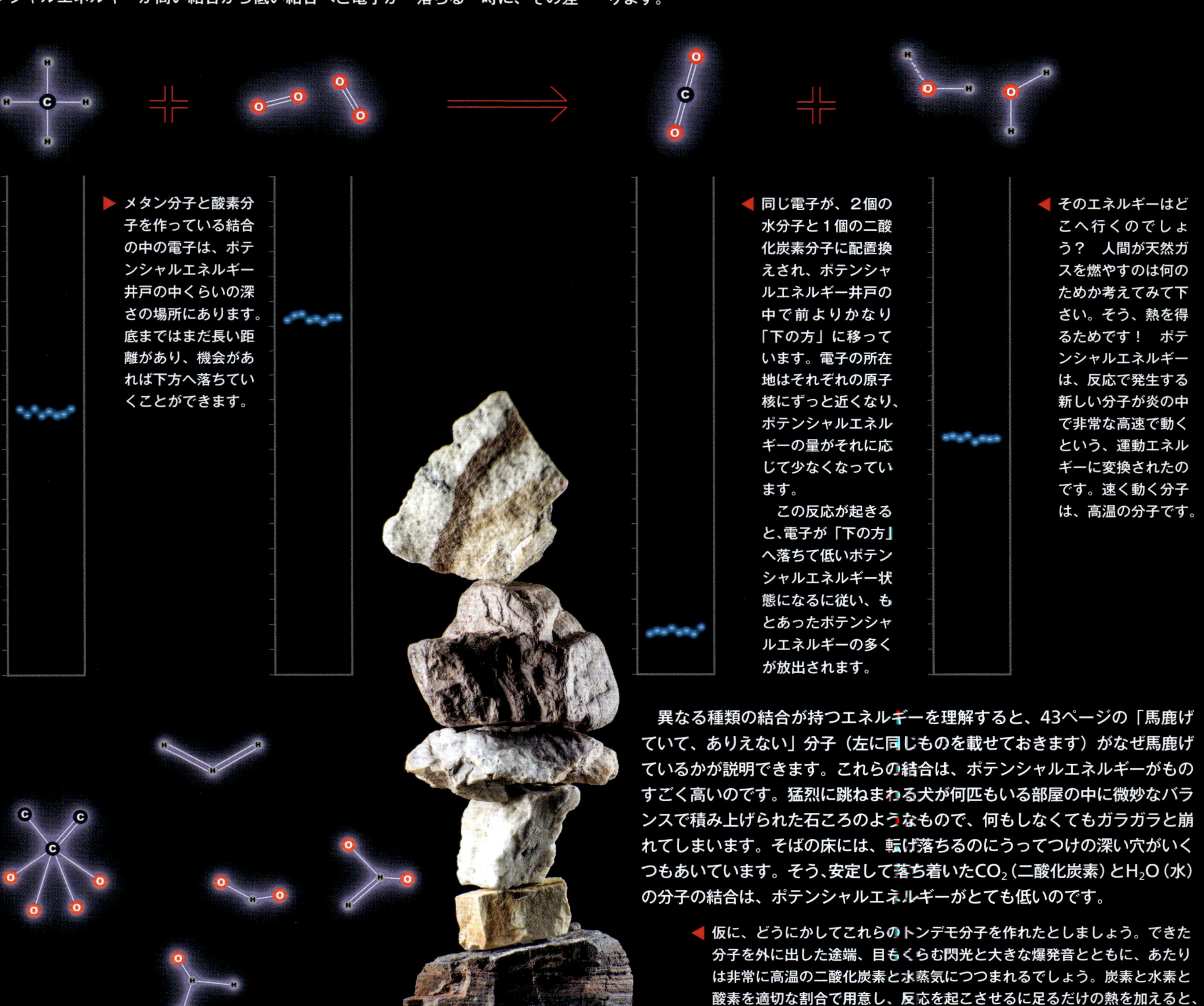

▶メタン分子と酸素分子を作っている結合の中の電子は、ポテンシャルエネルギー井戸の中くらいの深さの場所にあります。底まではまだ長い距離があり、機会があれば下方へ落ちていくことができます。

◀同じ電子が、2個の水分子と1個の二酸化炭素分子に配置換えされ、ポテンシャルエネルギー井戸の中で前よりかなり「下の方」に移っています。電子の所在地はそれぞれの原子核にずっと近くなり、ポテンシャルエネルギーの量がそれに応じて少なくなっています。

この反応が起きると、電子が「下の方」へ落ちて低いポテンシャルエネルギー状態になるに従い、もとあったポテンシャルエネルギーの多くが放出されます。

◀そのエネルギーはどこへ行くのでしょう？　人間が天然ガスを燃やすのは何のためか考えてみて下さい。そう、熱を得るためです！　ポテンシャルエネルギーは、反応で発生する新しい分子が炎の中で非常な高速で動くという、運動エネルギーに変換されたのです。速く動く分子は、高温の分子です。

異なる種類の結合が持つエネルギーを理解すると、43ページの「馬鹿げていて、ありえない」分子（左に同じものを載せておきます）がなぜ馬鹿げているかが説明できます。これらの結合は、ポテンシャルエネルギーがものすごく高いのです。猛烈に跳ねまわる犬が何匹もいる部屋の中に微妙なバランスで積み上げられた石ころのようなもので、何もしなくてもガラガラと崩れてしまいます。そばの床には、転げ落ちるのにうってつけの深い穴がいくつもあいています。そう、安定して落ち着いたCO_2（二酸化炭素）とH_2O（水）の分子の結合は、ポテンシャルエネルギーがとても低いのです。

◀仮に、どうにかしてこれらのトンデモ分子を作れたとしましょう。できた分子を外に出した途端、目もくらむ閃光と大きな爆発音とともに、あたりは非常に高温の二酸化炭素と水蒸気につつまれるでしょう。炭素と水素と酸素を適切な割合で用意し、反応を起こさせるに足るだけの熱を加えると、最後は必ず二酸化炭素と水の分子になって終わります。

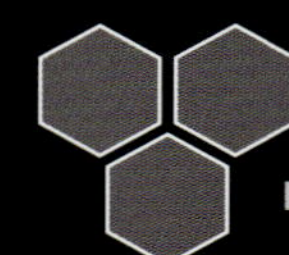

エネルギーの流れを追え

どうすれば「エネルギーの流れを追う」ことができるでしょう？車にガソリンを入れて走らせる例でたどってみましょう。

ガソリンは、先ほど取り上げたメタンとプロパンによく似ています。ガソリンも炭化水素（炭素原子と水素原子のみで構成される化合物）ですが、ガソリンの分子はメタンやプロパンよりも大きく、そのため室温で液体の状態を保つことができます。メタンがCH_4、プロパンがC_3H_8なのに対して、ガソリンはペンタン（C_5H_{12}）、ヘキサン（C_6H_{14}）、ヘプタン（C_7H_{16}）、オクタン（C_8H_{18}）およびそれらに関連したさまざまな化合物が混ざっています。炭素原子の数が増えるほど、分子は大きく重くなり、沸点が高くなります。

メタンの場合と同様に、そうした大きな炭化水素でも電子は比較的高いポテンシャルエネルギーを持っています。ということは、空気中の酸素と組み合わせればエネルギーを放出して二酸化炭素と水にすることができます。しかし、そもそも、どうして炭化水素の電子はそんなに高いポテンシャルエネルギーを持っているのでしょう？　それを知るには、ちょっと遡（さかのぼ）らなければなりません。

▶ 地球に届いた太陽光線の一部は、うまくいけば、右ページに描かれたクロロフィル（葉緑素）の分子のどれかひとつに当たります。クロロフィル分子の集合体はタンパク質でできた骨組に結合して配置されています。原始的な細菌ではクロロフィルは環状に配置されていますが、高等植物ではもっと込み入った配置です。光がこれらの分子に当たると、光のエネルギーが複雑な（しかし驚くほどよく解明されている）電気的・化学的メカニズムに従って運ばれ、最終的にはATP（アデノシン三リン酸）と呼ばれる分子の中で高エネルギーの化学結合を形成します。

クロロフィルは、ある意味で、本書の最初で紹介したケミカルライト（2ページ）の逆をやっています。ケミカルライトは化学エネルギーを光に変えます。クロロフィルは、光を化学エネルギーに変えます。

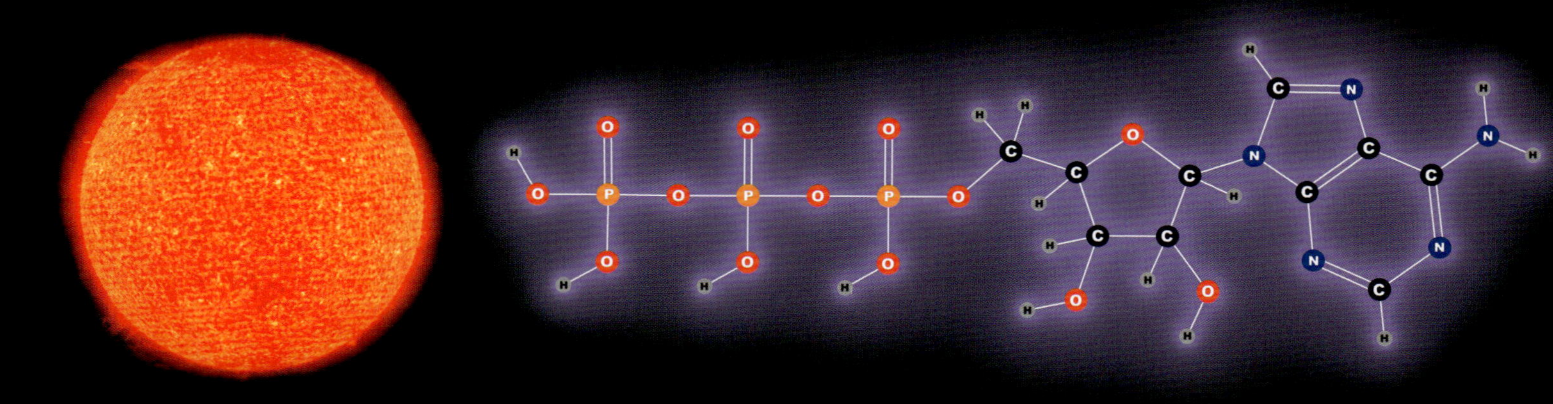

▲ ATP（アデノシン三リン酸）は、あらゆる生物の内部で化学エネルギーを運ぶ、ほぼ普遍的な「運び屋」です。

地球上の化学的なポテンシャルエネルギーはすべて、突き詰めれば同じ源から来ています。同じ源――それは太陽です。太陽の奥深くで、核反応によって水素がヘリウムに変わります。１個のヘリウム原子は、材料になった水素原子４個よりも、ほんのわずかだけ軽くなっています。この減った分の質量は、アインシュタインの有名な$E=mc^2$の式に従って、運動エネルギーと電磁（光）エネルギーとして放出されます（Eはエネルギー、mは質量、c^2は光の速度の２乗）。

こうして放出されたエネルギーのうちほんの一部が、太陽光線の形で私たちのもとに届きます（残りのエネルギーは、他の惑星に当たらなければ、宇宙をずっと旅していきます。もしかしたら、はるか遠くのどこかの惑星で異星人の目に“夜空の星のひとつ”として認識されることもあるかもしれません。）

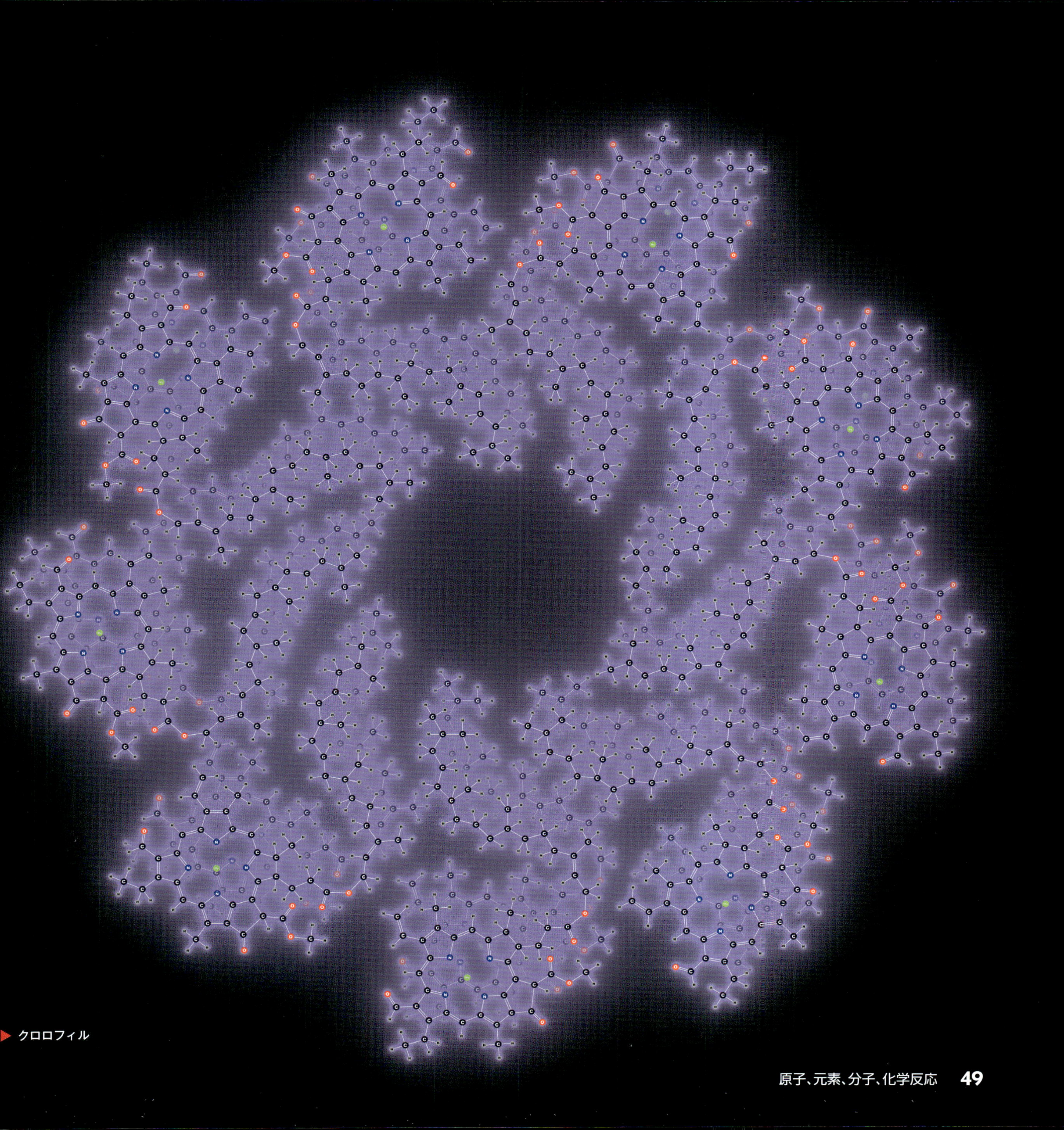

▶ クロロフィル

クロロフィルが環状に配置された、
クロロフィル―タンパク質複合体

上から見たところ

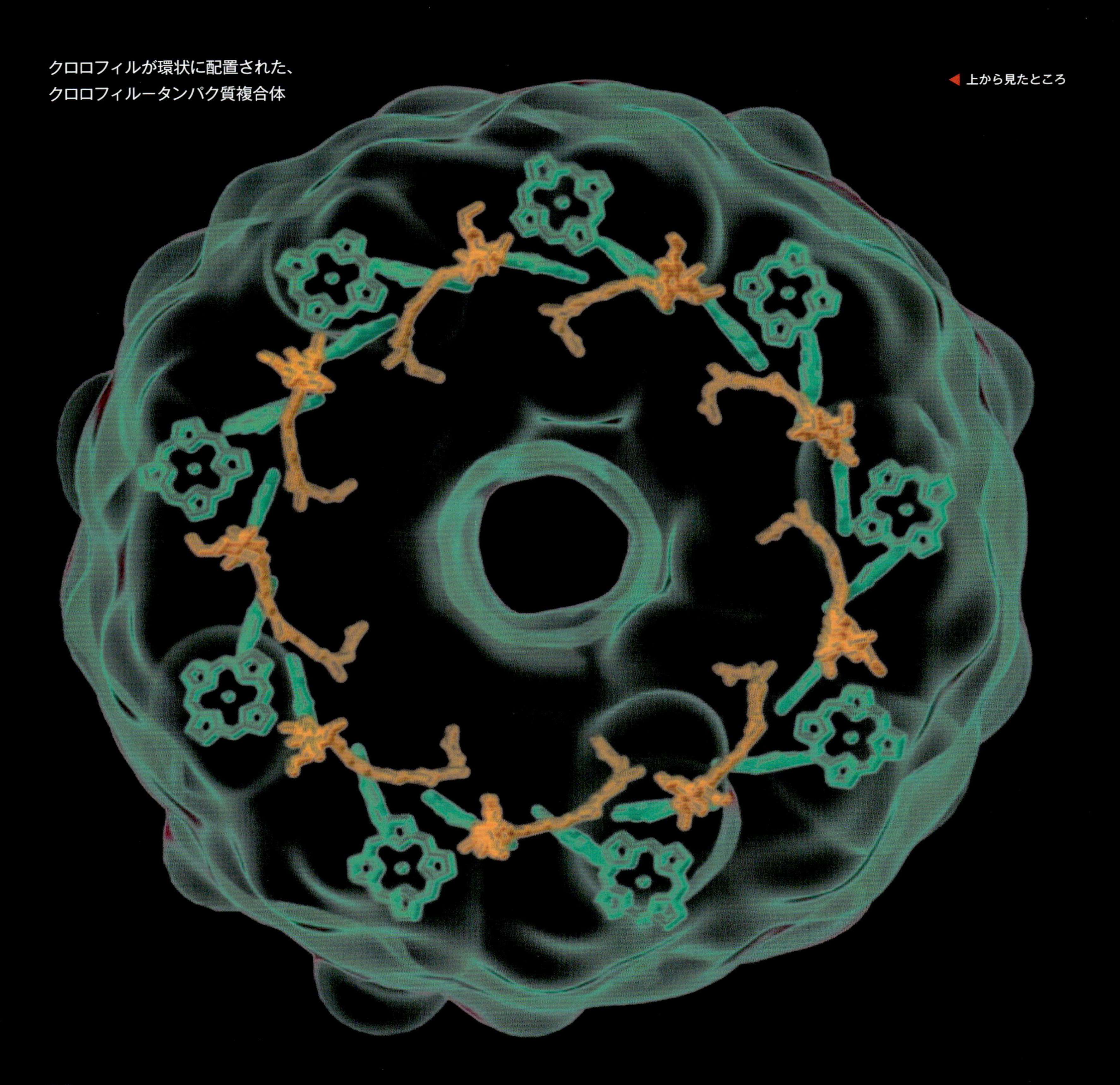

▶ 横から見たところ

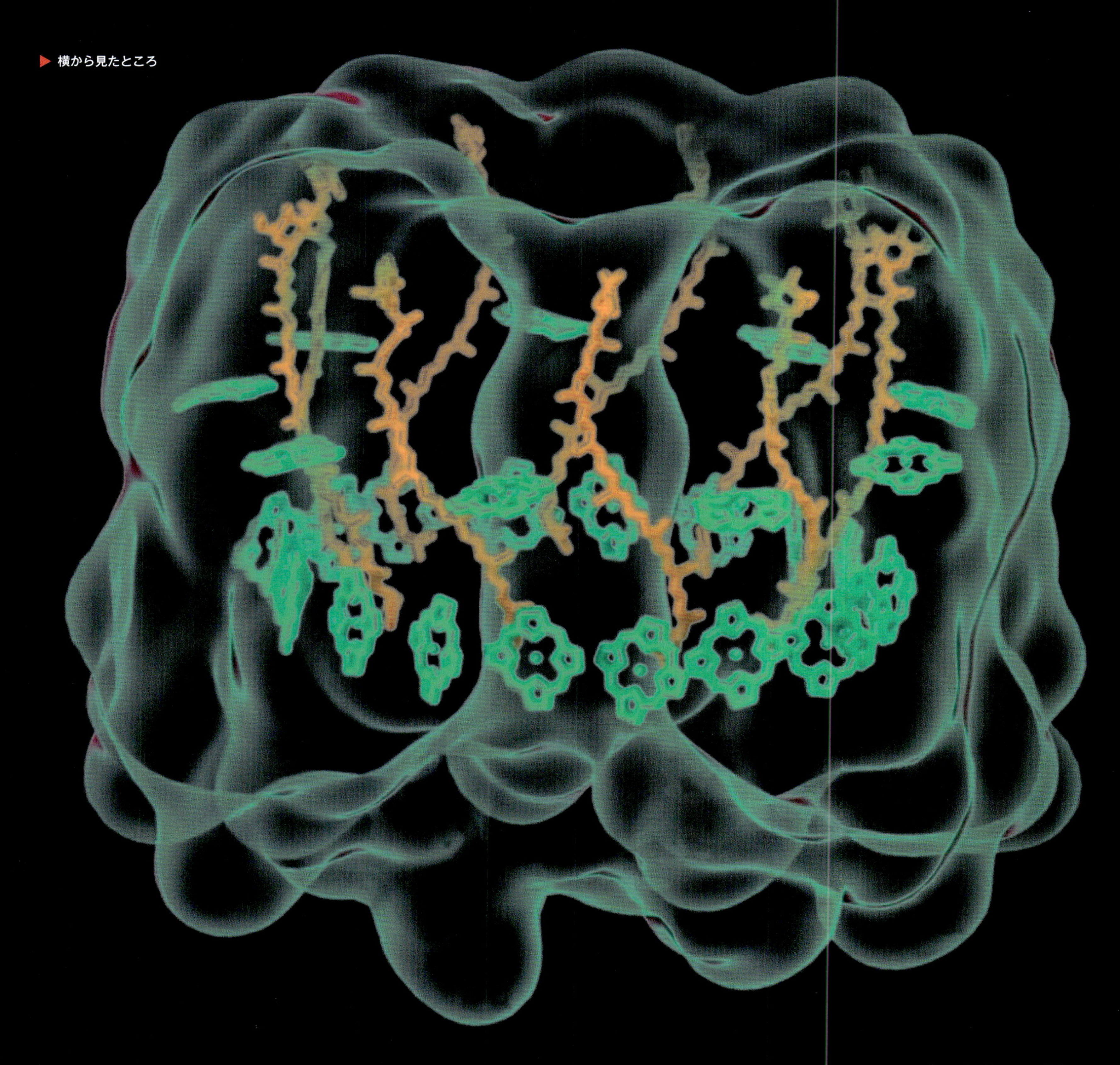

▶ 細菌の色素胞。このモデルの色素胞は、多数のクロロフィル－タンパク質複合体からできています。

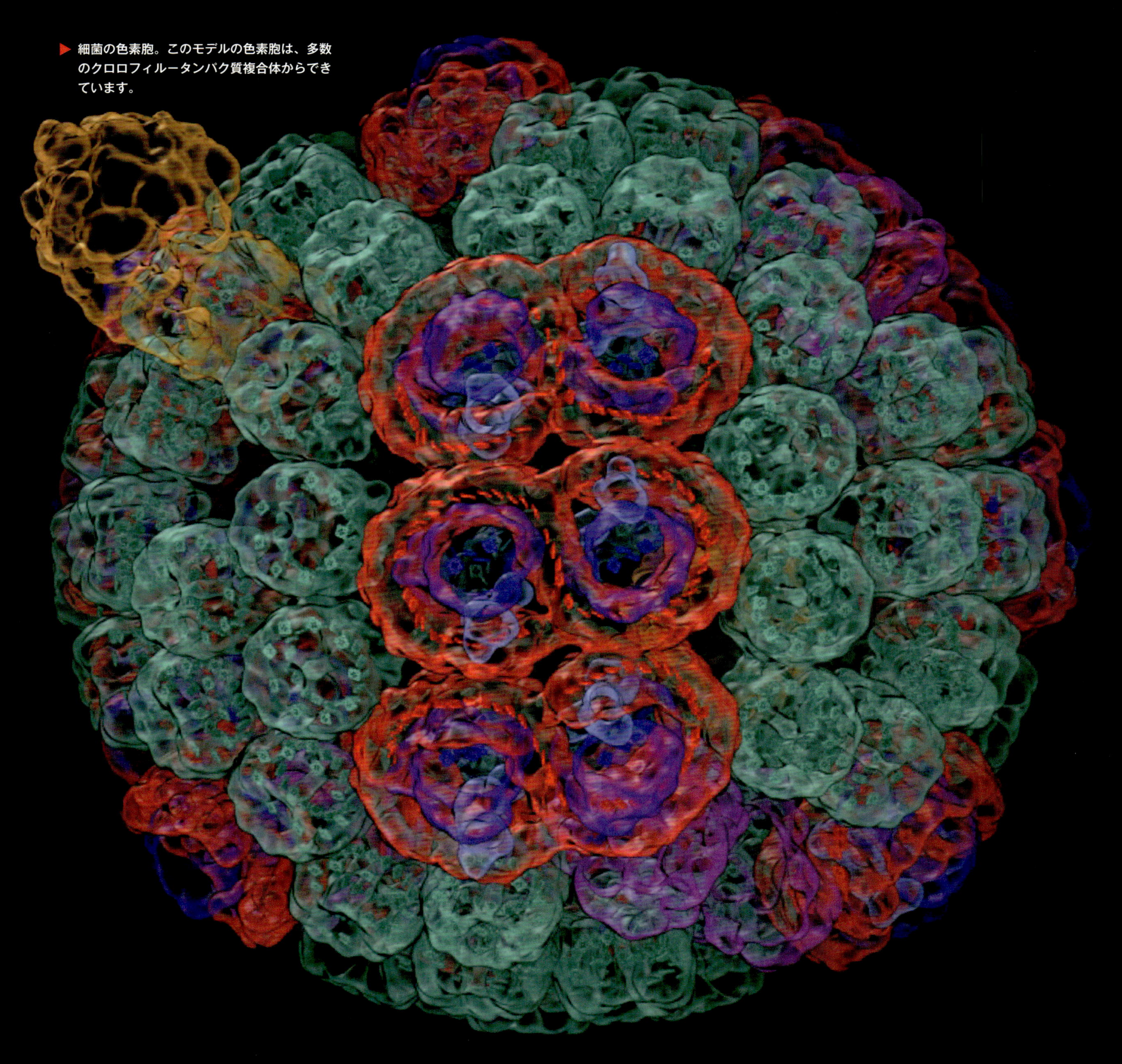

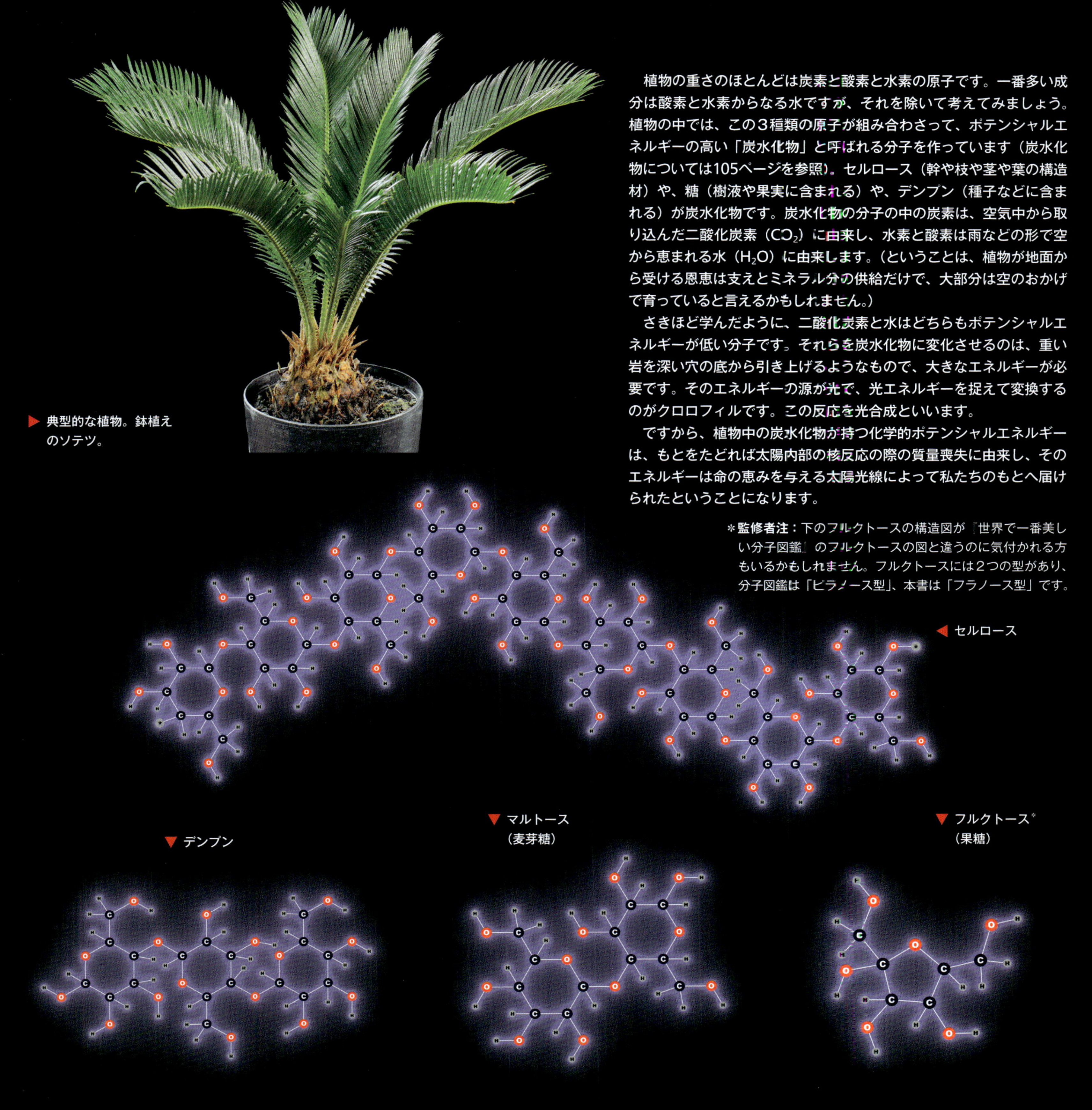

▶ 典型的な植物。鉢植えのソテツ。

植物の重さのほとんどは炭素と酸素と水素の原子です。一番多い成分は酸素と水素からなる水ですが、それを除いて考えてみましょう。植物の中では、この３種類の原子が組み合わさって、ポテンシャルエネルギーの高い「炭水化物」と呼ばれる分子を作っています（炭水化物については105ページを参照）。セルロース（幹や枝や茎や葉の構造材）や、糖（樹液や果実に含まれる）や、デンプン（種子などに含まれる）が炭水化物です。炭水化物の分子の中の炭素は、空気中から取り込んだ二酸化炭素（CO_2）に由来し、水素と酸素は雨などの形で空から恵まれる水（H_2O）に由来します。（ということは、植物が地面から受ける恩恵は支えとミネラル分の供給だけで、大部分は空のおかげで育っていると言えるかもしれません。）

さきほど学んだように、二酸化炭素と水はどちらもポテンシャルエネルギーが低い分子です。それらを炭水化物に変化させるのは、重い岩を深い穴の底から引き上げるようなもので、大きなエネルギーが必要です。そのエネルギーの源が光で、光エネルギーを捉えて変換するのがクロロフィルです。この反応を光合成といいます。

ですから、植物中の炭水化物が持つ化学的ポテンシャルエネルギーは、もとをたどれば太陽内部の核反応の際の質量喪失に由来し、そのエネルギーは命の恵みを与える太陽光線によって私たちのもとへ届けられたということになります。

＊**監修者注：**下のフルクトースの構造図が『世界で一番美しい分子図鑑』のフルクトースの図と違うのに気付かれる方もいるかもしれません。フルクトースには２つの型があり、分子図鑑は「ピラノース型」、本書は「フラノース型」です。

◀ セルロース

▼ デンプン

▼ マルトース（麦芽糖）

▼ フルクトース＊（果糖）

時に、枯れた植物が大量に地中に埋まり、長期間そのままとどまることがあります。何十年かすると、それはピートモスに似た姿になります。数千年後には、泥炭地の埋もれ木に似た黒いものになりますが、まだ、昔は植物だったことがはっきりわかります。さらに何百万年も経過して熱と圧力の作用を受けると、植物を構成していた物質は石炭へと変化します。褐炭（かったん）（亜炭）は一番“新鮮な”石炭です（何百万年もかけてできたものを新鮮と言うのも変な話ですが）。さらに圧縮されて、植物性炭水化物（炭素、水素、酸素）から炭化水素（炭素と水素のみ）へと変化が進むにつれ、瀝青炭（れきせいたん）を経て無煙炭になっていきます。

◀ 埋もれ木

▶ ピートモス

▼ 褐炭

▼ 瀝青炭

▼ 無煙炭

▲ 典型的な石炭の分子

石炭生成の過程で、石油がしぼり出されることがあります。人間はこの原油を汲み上げ、精製してガソリンその他を作ります。

もし石炭が採掘されずに地下でさらに高い熱と圧力を受けながら過ごすと、黒鉛（グラファイト）、つまり純粋な炭素になり、最終的にはダイヤモンドになることもあります（ダイヤも純粋な炭素ですが、“より大きなカネになる”配列で原子が並んでいます）。

第３章（90ページ）に、原油をガソリンに変える工場（製油所）の写真があります。原油からガソリンへの精製は、全体としてはエネルギーの井戸を降りていくプロセスです。実際、エネルギーの一部は製油所の運転に使われます。しかし、ガソリンは、原油そのものより化学的ポテンシャルエネルギーが高くなります（精製の際に、その分以上にポテンシャルエネルギーの低い重油もできます）。

というわけで、ガソリンに含まれるエネルギーは完全に太陽光線のエネルギーに由来します。ただし、太古の太陽光線に、ですが。

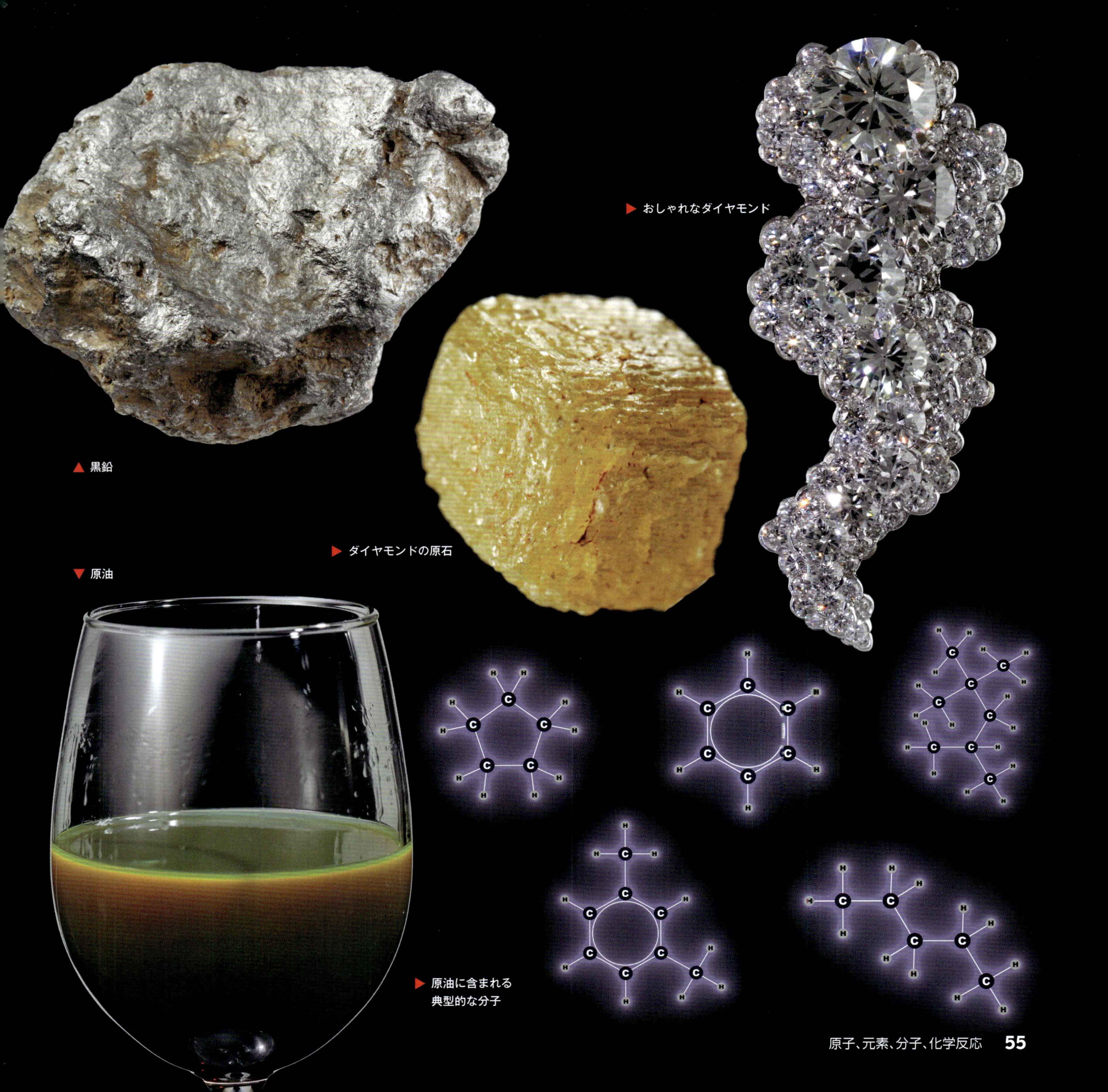

▲ 黒鉛

▶ ダイヤモンドの原石

▶ おしゃれなダイヤモンド

▼ 原油

▶ 原油に含まれる典型的な分子

▼ C_7H_{16}（ヘプタン）　▼ 11 O_2（酸素）

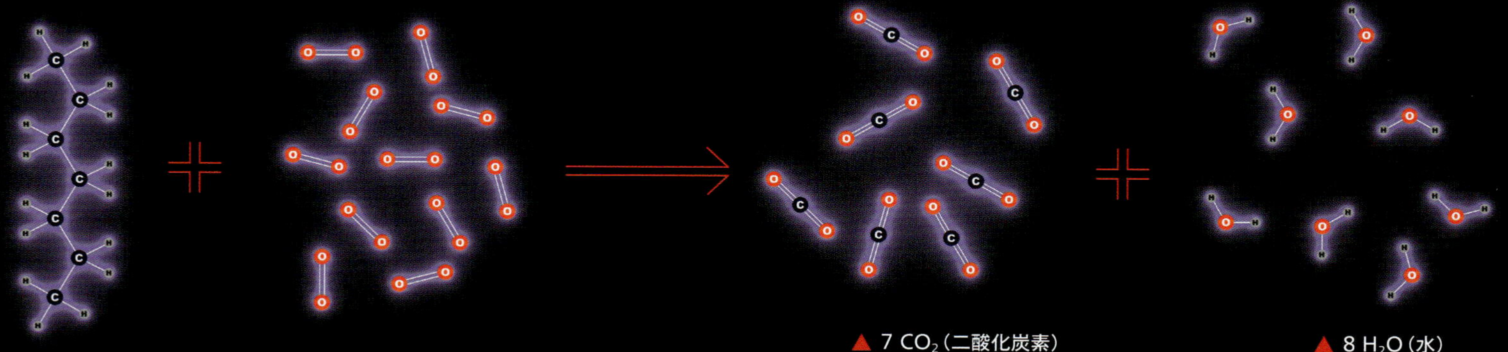

▲ 7 CO_2（二酸化炭素）　▲ 8 H_2O（水）

さて、車に１ガロン（約3.8リットル）のガソリンを入れ、その１ガロンがなくなるまでドライブすると、何が起こるかを考えてみましょう。

車が走る時には、ガソリンが酸素と結合して燃焼し、蓄えられていた太陽のエネルギーを放出して、ポテンシャルエネルギーの低い分子（二酸化炭素と水）に変わります。化学的なポテンシャルエネルギーは、自動車の運動エネルギーに変化します。スピードを出すほど運動エネルギーは大きくなります。しかし、やがてガソリンのポテンシャルエネルギーは使い果たされ、車は止まって、走行の運動エネルギーがなくなります。では、エネルギーはどこへ行ったのでしょう？

岩を地面に落とした時と同じで、すべてのエネルギーは熱エネルギーとなって道路と周囲の空気の温度を少しだけ上昇させた、というのが答えです。

熱の一部は高温の排ガスとして排気管の中に残っています。別の一部はエンジンからラジエーター経由で車の周りの空気に排熱されました。車を止める時にブレーキが熱くなるのは、車から運動エネルギーを奪って熱に変えるからで、その熱もやはり車の周囲の空気に逃がされます。

ガソリンが燃焼する時には、若かった地球を暖めた古代の太陽エネルギーの一部が、再び地球を暖めています。

エネルギー保存の法則により、自動車から放出された熱の合計は、ガソリン（およびそれを燃やすために使われた酸素）が持っていたポテンシャルエネルギーから、燃焼の最終生成物である二酸化炭素と水のポテンシャルエネルギーを引いたものに等しくなります。

あらゆる反応の最終結果は、周囲に熱が放出されて広く拡散していくことだとおわかりになるでしょう。役に立つ働きをしてくれる機械はすべて、必ず熱を放出しています。何かが転がったり、スライドしたり、落ちたり、飛んだり、どんな形にせよ動いたりする時、それが止まれば、その動きに含まれていた運動エネルギーは熱に変換されて流れ出ていきます。すべての生物は（冷血動物〔変温動物〕も含めて）、動くことによってつねに周囲の環境に熱を垂れ流しています。

なぜ、実質的に世界のあらゆる活動の最終結果が熱なのでしょうか？　熱のどこが特別なのでしょう？　その答えは、時間の進む向きが決まっている理由と密接に関係しています。

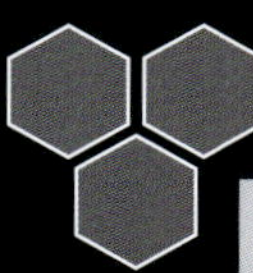

時間の矢印の向き

これまで挙げた例で、説明の際にあまりにも明白なので言いもしなかったことがひとつあります。それは、プロセスのすべてのステップは決して逆戻りしないということです。石炭は植物には戻りませんし、自動車の走行を逆に巻き戻したらガソリンが出てくることもありません。ビデオを逆再生すると、見ている私たちは「ありえないことが起きている」とはっきり気づきます。私たちには時間が流れる向きを感知する直感的な感覚があるからです。多くのものごとは、自然に、かつ自発的に、一方向に向かって起こります。

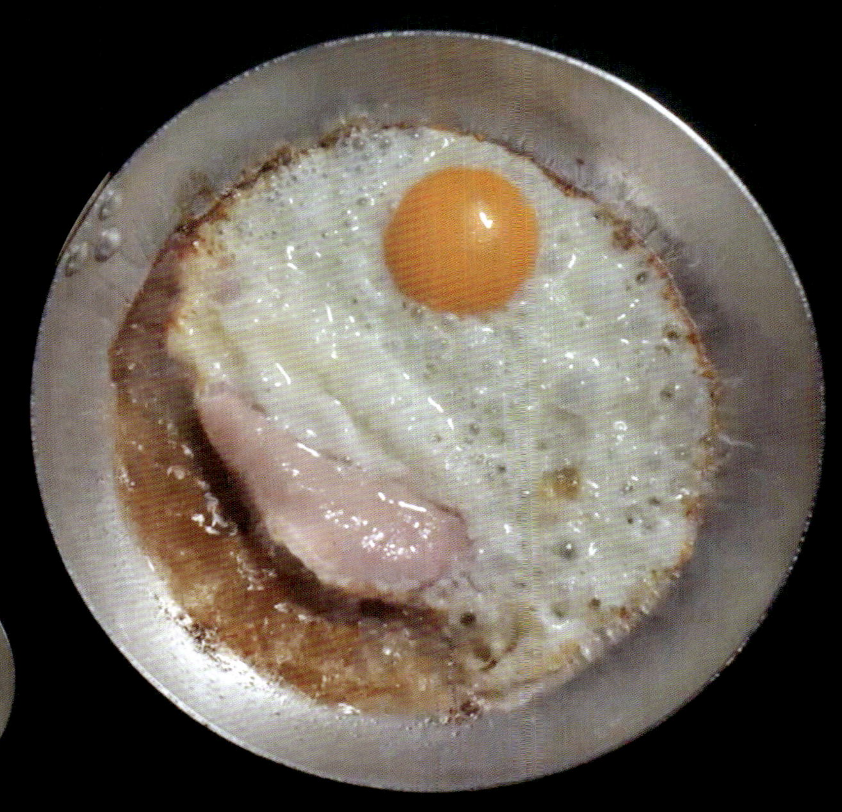

燃焼を逆戻りさせてガソリンを生み出すことはできませんし、目玉焼きを生卵に戻すことも不可能です。なぜ？　ものごとを自発的に進行させる「時間の矢印の向き」は、どんな原理によって決められているのでしょう？　この疑問に、「化学反応は化学結合からポテンシャルエネルギーを放出する方向にしか進まないから」と答えると、なかなか魅力的に聞こえます。この答えは、岩は下に落ちるという経験に合っているように思えます。

岩について私たちが知っている事実は、岩は必ず下に落ちる、ひとりでに上に浮き上がったりしない、ということです。重いものはすべて、下に行こうとします。言い方を変えると、「岩はポテンシャルエネルギーが低い方向へ向かって動く」となります。ポテンシャルエネルギーが高い方へ岩を動かそうと思ったら、持ち上げるという仕事をしなければいけません。

電子もそれと同様、いつでもポテンシャルエネルギーがより低い状態になろうとする――と考えるのは、たしかにわかりやすいです。この考え方は、もし化学反応でポテンシャルエネルギーが放出されるなら、その反応は自発的に起こり、そうでなければ自発的には起こらないということをあらわします。多くの場合、これはそんなに悪くない経験則です。岩が落ちるのと同じように、ポテンシャルエネルギーが低い結合ができる方向に電子が導かれ、自発的な反応が起きてエネルギーが放出される例はよく見られます。

しかし、実は、逆向きに進む反応もたくさんあります。電子が自発的に「上にあがって」、ポテンシャルエネルギーがより高い状態になることがあるのです。まるで岩が坂を転がり登ったり、ひとりでに井戸から跳び出してくるようなものです。

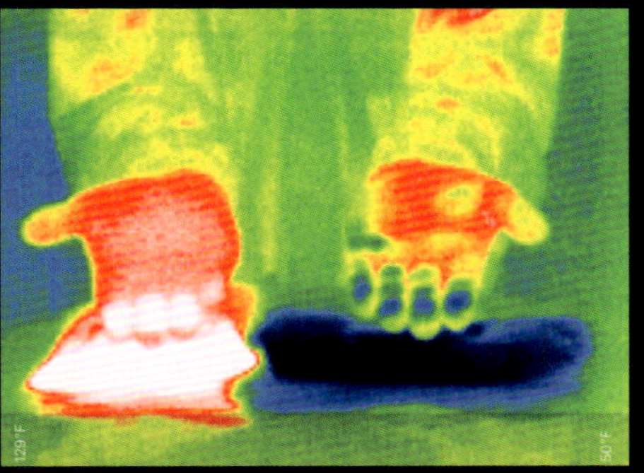

▲ サーモグラフィカメラで、8℃の冷却パックから55℃の温熱パックまでの温度範囲を画像化したところ。

▶ 反応の際に電子が前より低いエネルギー状態に落ち込むと、余分になったエネルギーは運動エネルギーとして放出され、熱という形で現われます。化学反応を利用した温熱パックは絶好の見本です。この製品は、硫酸マグネシウムが水に溶ける際に放出されるエネルギーで熱を発生させています。この反応では電子が「坂の下へ落ちて」、最初よりポテンシャルエネルギーが低い状態になります。

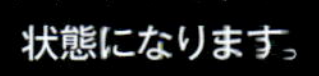

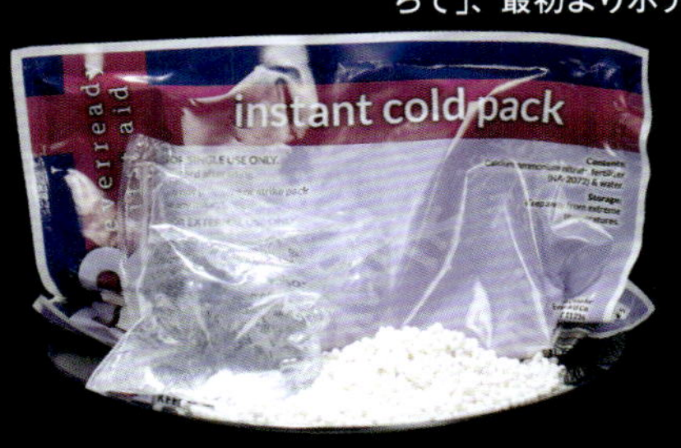

◀ このパックも温熱パックと見た目が似ています。温熱パックと同様、外側のパウチに粉末、内側のパウチに水が入っています。ただし、足をねんざした時には適切な方のパックを選ぶよう注意しましょう。こちらのパックは、反応が始まると冷たくなります。

前ページで見た冷却パックでは、パック内の分子の運動エネルギー（私たちには熱として感知されます）が、どういうわけか新たに生じた化学的相互作用に吸収され、ポテンシャルエネルギーとして蓄えられてしまいました。塩化アンモニウムが水に溶ける際には、電子は「坂を転がり上って」より高いポテンシャルエネルギー状態に移行し、溶解液から温度を奪って冷たくするのです。〔日本の瞬間冷却パックでは、塩化アンモニウムではなく硝酸アンモニウムが使われています。〕

「下に落ちる」法則にはこのような例外が多いため、この法則を使って時間の進む向きを定義することはできません。

時間が先へ先へとしか進まないことを定義する原理として、エネルギー保存の法則を使うことはできないでしょうか？　本章の初めの方で、エネルギーは無から創造したり破壊して消したりできないと言いました（もしも「無からエネルギーを作る機械」を売りつけられそうになったら、はっきり断りましょう。エネルギー保存は揺るぎない法則であり、その機械はインチキです）。

エネルギー保存の法則は、不可能なことは何か――起こりえないことは何で、騙されてはいけない詐欺はどれか――を見分けるためには良いのですが、これから何が起こるかを教えてくれるかといえば、その点では全然役に立ちません。ある条件の下で起こりうる事象は無数にありますし、そのどれもがエネルギー保存の法則に適合していることでしょう。でも実際に自発的に起こるのは、そのうちのひとつだけです。

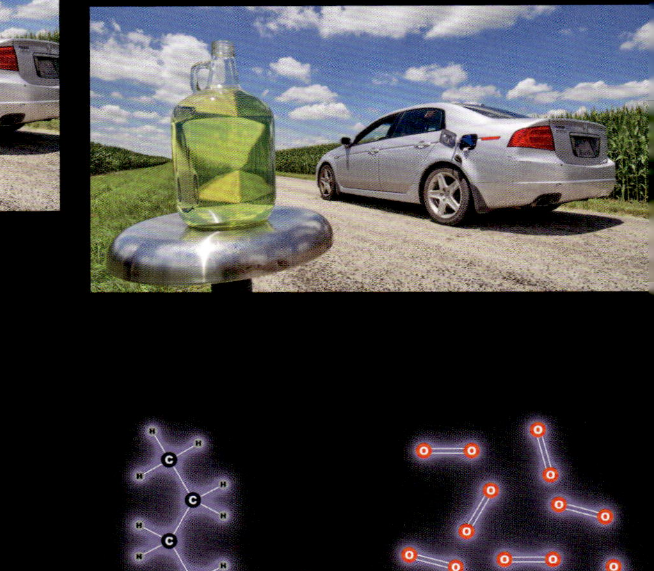

▼ $7\ CO_2$（二酸化炭素）　＋　▼ $8\ H_2O$（水）　⟹　▲ C_7H_{16}（ヘプタン）　＋　▲ $11\ O_2$（酸素）

たとえば、車のエンジンを魔法のエネルギー吸収モードにして運転することで、何マイルも道路を走るあいだに周囲から少しずつ熱エネルギーを集め、それを1ガロンのガソリンに変え、あなたはタンクからそのガソリンをポンプで吸い出して瓶に入れたとします。

これは、エネルギー保存の法則にはまったく反していません。ガソリンに変えられたエネルギーの出所は、吸収モードで車が走った時に周囲の空気がわずかに涼しくなったことで説明がつきます。

もちろん、そんなエネルギー吸収モードのエンジンがありえないことは誰でも知っています。しかし、それを「ありえないもの」にしているのは、エネルギー保存の法則ではありません。とすれば、別の考え方が必要です。

エントロピー

より低いエネルギー状態に向けて落ちていくという考え方と、エネルギー保存の法則という考え方は、どちらも時間の矢印の向きを決めるのに適さないことがわかりました。必要なのは、まったく新しい概念です。それが「エントロピー」です。

エントロピー。あらゆる科学原理のなかで、これほど誤解されているものはおそらく他にないでしょう。教科書も、学校の先生たちも、現役科学者も、エントロピーを理解しようと試みた学生のほぼ全員も含めて、ほとんどの人が間違った理解をしています。

幸いにもあなたは今から、少なくとも間違ってはいない説明を読むことができます（ただし、理解するのはちょっと難しいかもしれません）。簡単にいうと、エントロピーは、エネルギーがどのくらい拡散するかの尺度です。エネルギーがより広く拡散する時、エントロピーが増大します。

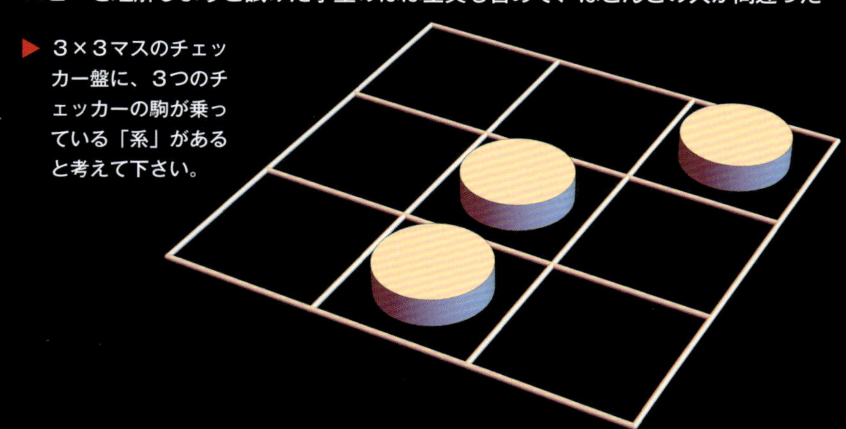

▶ 3×3マスのチェッカー盤に、3つのチェッカーの駒が乗っている「系」があると考えて下さい。

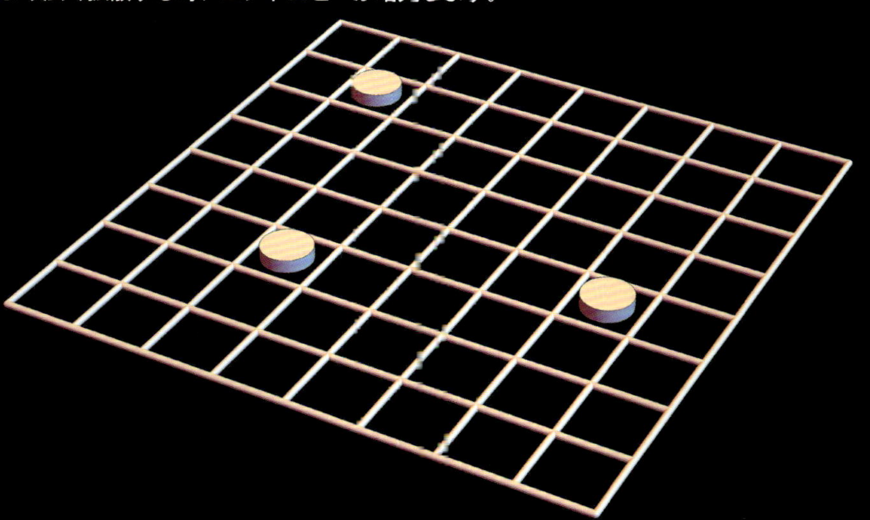

◀ 3つの駒の置き方は、左の図のように全部で84通りが可能です。チェッカー盤は「物理的空間」で、84通りの駒の配置のリストは「状態空間」です。

▲ もし物理的空間（盤）を8×8マスに増やすと、3個の駒の配置は4万1664通りが可能になります（絵には描きません！）。物理的空間を少し広げると、状態空間は大幅に増大します。

▼ では、盤を大きくするかわりに、物理的空間のサイズは変えずに、駒を寝かせても立ててもいいことにしてみましょう。すると、最初と同じ9マスの盤に3つの駒を配置するやり方は、672通りに増えます。物理的空間はそのままで、状態空間は34から672へとはるかに大きくなりました。なぜなら、個々の駒に前より大きな柔軟性を認め、可能な状態を増やしたからです。

エントロピーの定義に使われるのは、この抽象的な「空間」の意味です。物理的空間、つまり空間が占める体積がまったく変わらなくても、状態空間が大きくなったり小さくなったりすることがありえます。

エントロピーと状態空間は、化学の世界でどういう働きをしているのでしょう？　盤上の駒の配置ではなく、原子と分子の集まりの内部でエネルギーがどう分布しているかについて考えてみましょう。ある化学結合の伸び縮みにはエネルギーがあるでしょうし、原子がどこかへ向かって移動する動きの中にもエネルギーは存在しますし､その他いろいろな分布がありえます。エネルギーの配置には、エネルギーを蓄えることのできるさまざまなモードや次元がかかわっています。

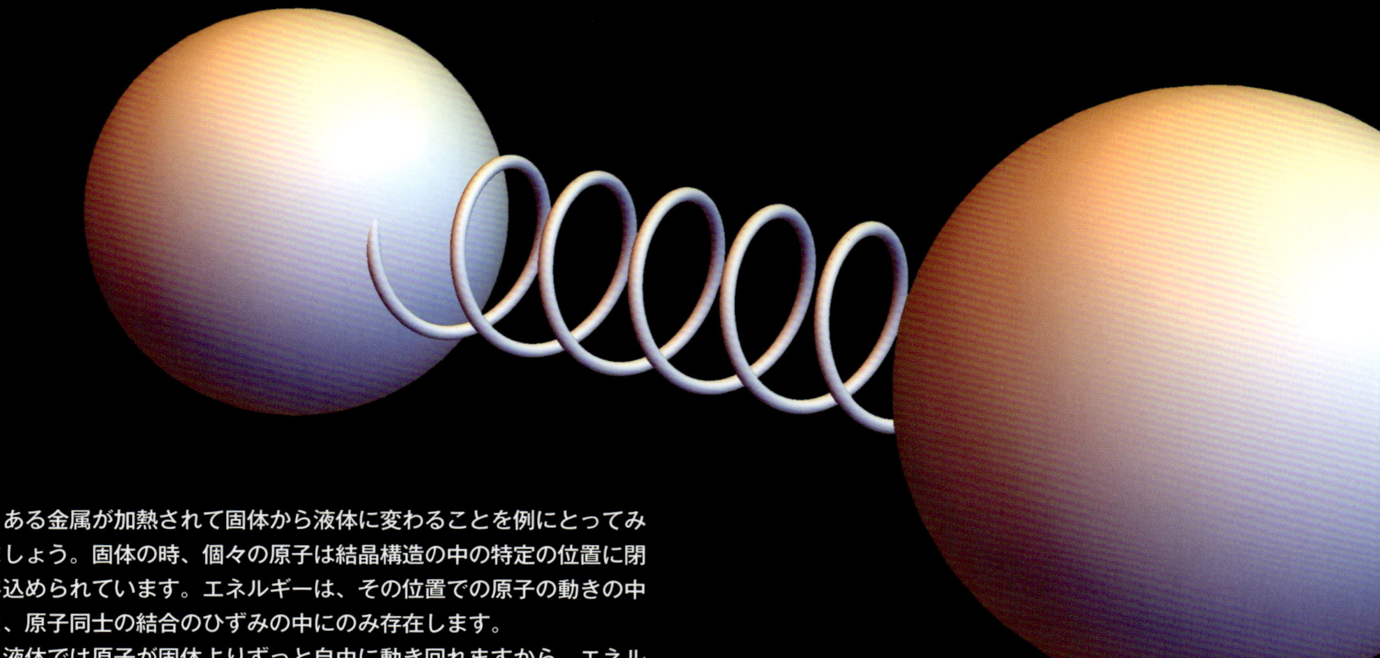

ある金属が加熱されて固体から液体に変わることを例にとってみましょう。固体の時、個々の原子は結晶構造の中の特定の位置に閉じ込められています。エネルギーは、その位置での原子の動きの中と、原子同士の結合のひずみの中にのみ存在します。

液体では原子が固体よりずっと自由に動き回れますから、エネルギーは原子の運動の中にも存在できますし、すれ違う原子同士の間で働く力の中にも、いろいろな形でエネルギーを蓄えることができます。原子が動き回れるということは、チェッカーの駒を立ててもいいという条件に少し似ています。原子に新しいレベルの自由が与えられ、同じ物理的空間内で固体の時よりも多くの状態を取りうるようになったということです。

ある系のエントロピーは、その系の中で何通りのエネルギー分布が可能かの総数です（専門的には、その数の自然対数をその系のエントロピーと言います)。

従って、他の条件がすべて同じであれば、液体は固体よりエントロピーが高い状態です。ただしそれは、原子が固体よりもランダムに分布しているからではなく､体積がいくらか大きいからでもなく、物質内でエネルギーが分布できるやり方が、より多いからです。

エントロピーの定義が済んだので、これでようやく、エントロピーに関する最も重要なことを――時間の矢印の向きを決め、なにもかもをつかみどころなくさせてしまう元凶を――明らかにできます。エントロピーは常に増大するのです。

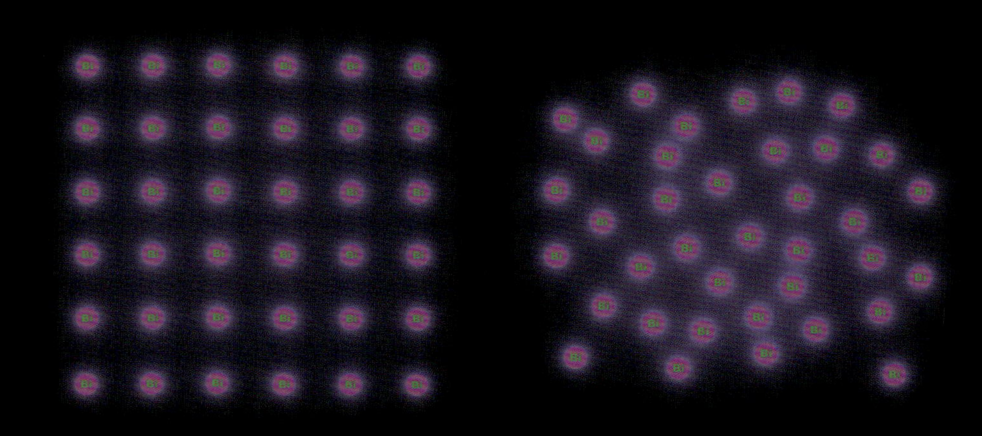

▲ 固体（ビスマス金属）　▲ 液体（ビスマス金属）

エネルギーとエントロピーの法則

孤立系の中では、エネルギーの総量は常に一定である。
閉鎖系の中では、いかなる変化においても、エントロピーの総量は常に増大する。

上に掲げたふたつの法則が一緒になって、この世界で自発的に起こりうるものごとは何かを決めています。

最初の法則は、「エネルギー保存の法則」または「熱力学第一法則」と呼ばれます。２番目の法則は、「熱力学第二法則」と呼ばれます。このふたつの法則の重要性は、いくら大げさに力説しても足りないくらいです。これらのおかげで、ものすごく幅広いテーマや状況を理解することができます。このふたつの法則の働く仕組みを直感的に把握しておけば、昔は神秘的に見えたものごとの大部分は、実はちゃんと理屈に合っているのだとわかることでしょう。

「時間が進むにつれてエントロピーは常に増大する」という２番目の法則は、時間の矢印の向きを規定する物理法則です。時間を捉える私たちの直感、逆再生されているビデオを見てすぐに逆だとわかる感覚は、つきつめれば、私たちが直感的なエントロピー感覚を持っており、エントロピーは時間とともに必ず増大するという深い確信を（自分では意識していなくても）抱いているということに行きつきます。

エネルギー保存の法則は、（今のところ）説明が不可能です。私たちはこの法則がこれまでに測定されたあらゆる状況下で絶対的に真であることを、極めつきの確実性をもって知っていますが、なぜそうなるのかはわかっていません。それに対して、エントロピーがなぜ常に増大するのかはわかっています。エントロピー増大の法則は、数学的な確実性によって「真」なのです。

その理由は非常にトリッキーで理解が難しいのですが、そのぶん、理解できた時にはこのうえない満足感が得られます。この世界での測定値や研究にはまったく依拠せず、純粋な数学だけに立脚しているので、ある意味では他のいかなる物理法則よりも絶対的に真です。どんな物理法則にも（エネルギー保存の法則にさえも）例外や特殊な但し書きを見つけられる可能性がありますが、数学的な確実性に対してそれを探し出すのは不可能です。

（さて、この先の部分は読み飛ばしてもかまいません。本当にわかりにくい話だからです。私がこれを正しく理解するまでには、約30年の歳月と、素晴らしい師匠との長時間の会話が必要でした。本書のここまでの説明が魔法のように秀逸で、それを読んできたあなたがこの先の話もたちまち理解してしまう可能性はゼロではありませんが、それはありそうにないと思っています。それでも私は全力を尽くしました。ですから、その気があるなら飛び込んで下さい。）

右の絵の立方体は、ふたつの状態空間の相対的な大きさをあらわしています。小さくてエントロピーの低い状態と、大きくてエントロピーの高い状態です。この両者は物理的な大きさと対応していることもなくはありませんが、実際のところいま私たちが取り扱っているのは、以前説明した「可能な組み合わせを書き出して並べたリストのような」タイプの抽象的な空間の話です。

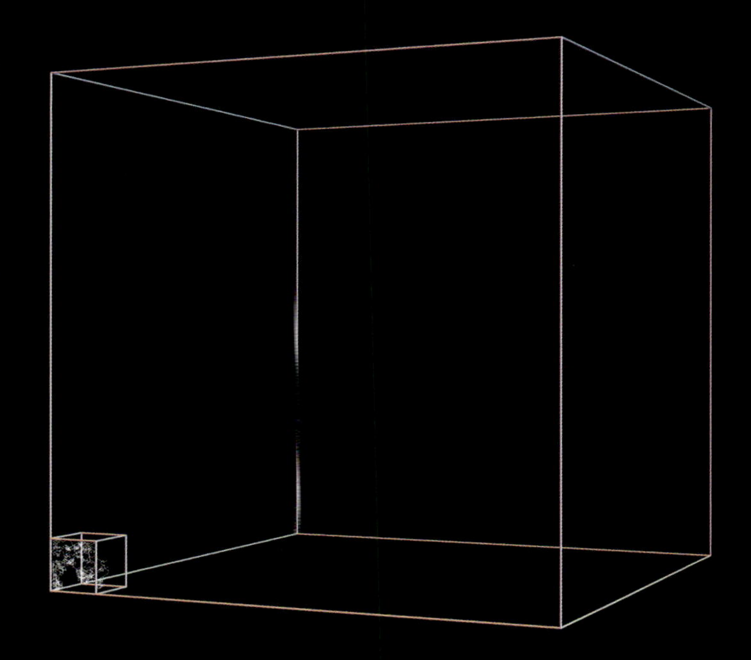

▲ 出発点は、エントロピーの低い、小さい立方体です（この立方体はたとえば１ガロン〔3.8リットル〕の液体状態のガソリンだと思って下さい）。この系の現在の状態（すべての原子の正確な運動速度とすべての結合のひずみ）を示すのが、状態空間の中に描かれたひとつの白い点です。（それが何を意味するか知っている人にとっては、これらの状態空間が非常に高次元の空間で、系内部のすべての原子に複数の次元があるということです。）現在の状態をあらわす白い点は、小さな立方体の中で勢いよくでたらめに動き回り、系の中で利用できるあらゆる状態を探索しています。

では、小さい立方体の壁を突然取り払って、系を外側のずっと大きな立方体の中へと解放したと考えて下さい。これは「反応を起こさせる」こと──先ほどのたとえで言えば、ガソリンを燃焼させること──に対応しています。系の現在の状態をあらわす点は、前よりずっと大きな状態空間の中ででたらめに動きはじめます。これは、時間が前方へ進むことをあらわします。系はエントロピーがより高い状態へ移行しました。

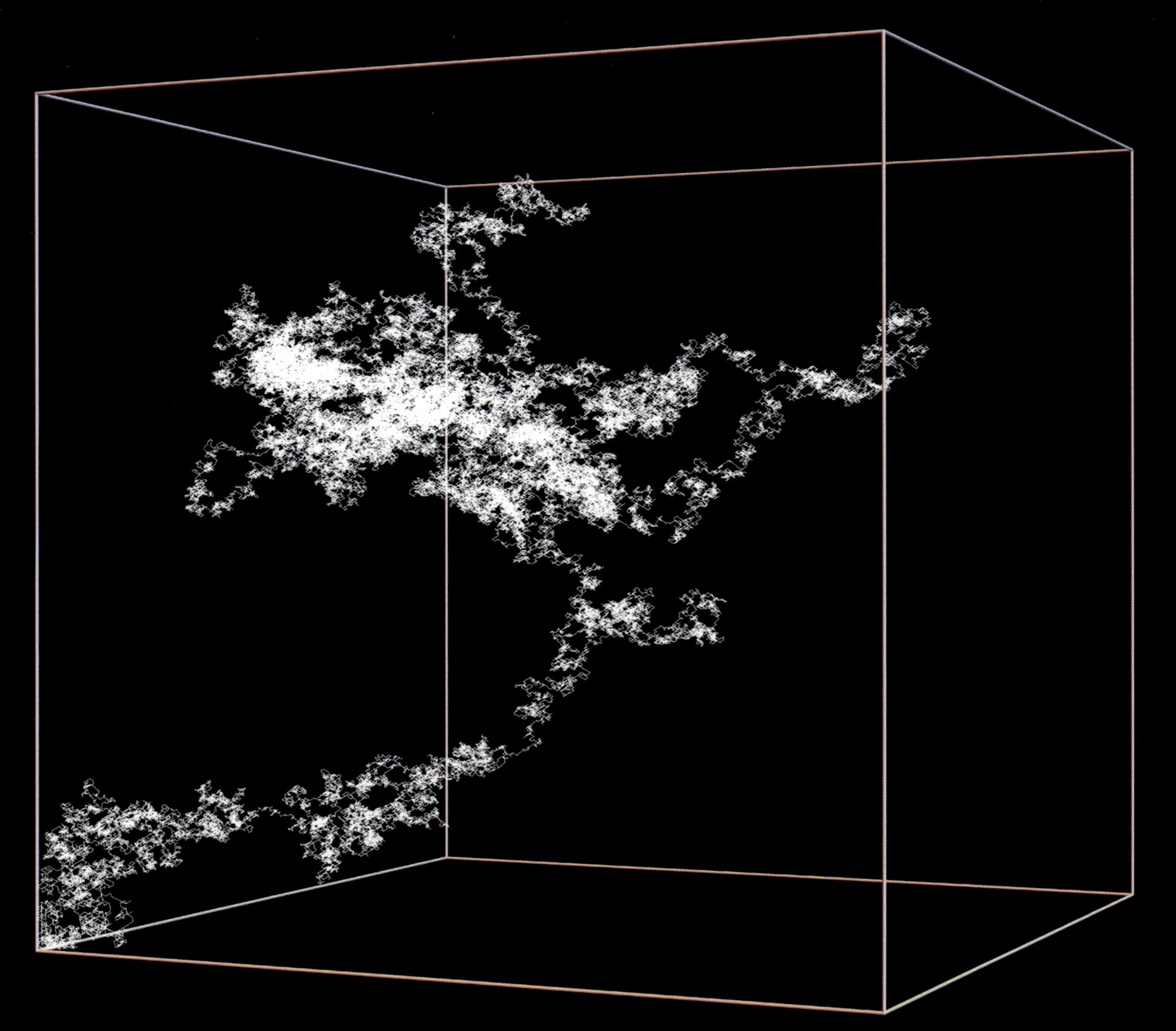

この系をもとの低エントロピー状況に戻すには、どうすればいいでしょう？　つまり、系の現在の状態をあらわす白い点が自発的に最初の小さな隅っこの立方体に戻るには何が必要かということです。図の小さな立方体は大きな立方体のせいぜい1000分の１程度しかありませんが、その場合ですら、自然にもとに戻るなんてありえません。戻すには、途方もなく大きなエネルギーが必要になります。

ここで言っている“空間の大きさ”は抽象的な状態空間をあらわしているだけで、実際の物理的体積ではないことは忘れないで下さい。現実世界でのエントロピーの状態においては、含まれている状態空間の仮想的サイズを計算することができます。一般的な場合、サイズの違いがあまりに大きすぎて、仮にある状態が小さな隅っこに戻れるとしても、想像を絶するほど長い時間がかかることでしょう。現実世界の系が自発的に「よりエントロピーが低い状態」に戻るために必要な時間と比べれば、宇宙の年齢でさえ無に等しいくらい短いのです。

系はつねにエントロピーが低い状態からエントロピーが高い状態へと動きます。なぜなら、その方が逆向きよりも圧倒的に蓋然性が高いからです。もしもエントロピーの低い系がエントロピーの高い状態になる道筋が10億の10億倍のそのまた10億倍のさらに10億倍の10億倍の10億倍の10億倍の10億倍の10億倍の10億倍の10億倍の10億倍くらいあるとするなら、そちらへ行かないほうがおかしいでしょう。

エントロピーは、理解するために多くの時間がかかる深遠なテーマですが、理解できたら大きな満足感が得られます。ここでの私の説明を一度読んでちんぷんかんぷんでも、気落ちせずに明日また読み直して下さい。

というわけで、この章では元素、分子、化学反応、そしてそれらを支配しているエネルギーとエントロピーの法則を少しずつ学びました。これで準備ができましたから、これから身の回りの世界へ向かい、面白い化学反応、美しい化学反応、恐ろしい化学反応、重要な化学反応、役に立たない化学反応を見ていきましょう。

ファクトチェック

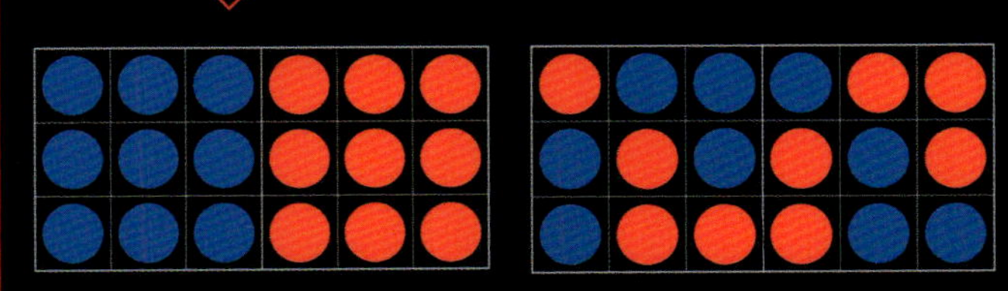

▲ あなたはしばしば（というよりほとんどの場合）、「エントロピーは乱雑さの度合いだ」と書かれているのを目にしていると思います。そして、青と赤がきちんと分かれて並ぶ秩序立った系はエントロピーが低く、青と赤がでたらめに混ざっている系はエントロピーが高いという説明を耳にするでしょう。科学用語ではない日常語では、エントロピーは乱雑さやカオスを意味します。それは結構。化学の外でなら、この言葉を好きに使ってかまいません。問題なのは、高校の化学の教科書でも、たいていの場合エントロピーがそう説明されていることです。これは100%間違った記述です。化学におけるエントロピーは乱雑さやバラバラな配置とはまったく関係がありません。たしかにエントロピーで説明される系はでたらめな変動によって動作していますが、エントロピー自体は乱雑さの度合いではありません。この章で見てきたように、エントロピーはエネルギーの拡散の度合いであり、エネルギーの秩序化の度合いではないのです。

▲ ときどき、「エネルギーが決して壊れないことをいかにして身に沁みて知ったか」を語る詩人に出会います。彼らは謳(うた)います──なんてすばらしい、人間が愛によって生み出すエネルギーは永遠に消えないのだから、と。彼らの魂の伴侶(ソウルメイト)は悲劇的な事故ですでにこの世にいなくても、愛の“永遠のエネルギー”はいつまでも彼らとともにあるのだと。

ただ、愛はエネルギーの現象ではなく、むしろエネルギー分配の結果です。愛が生まれるのは、物質とエネルギーによって構成された脳の中に、あるパターンと、ある秩序を持った構造が生じたからです。言い換えれば、愛はエントロピーの子供であって、エネルギーの子ではありません。

愛というパターンには、エネルギーとは違って、保存の法則がありません。愛はうつろいます。実際、エントロピー増大の法則は、遅かれ早かれ愛はどこかへ行ってしまうと告げています。パターンをなしているものはいずれは雲散霧消します。ちょうどチョークで描いた絵が雨に流されるように。下水に流れてもチョークの粉は粉のままですが、絵は消え去ります。

あなたの愛も、あなたを愛してくれた人たちの愛も、エントロピー増大の法則という避けがたくて止むことのない普遍的な雨に打たれて排水路を流れていきます。やがて太陽は膨張して赤色巨星になり、その過程で地球を飲み込んで灰にし、それから白色矮星となってひっそりと死へ向かっていくでしょう。

悪いけどそうなんですよ。

第3章

ファンタスティックな化学反応に出あえる場所

Fantastic Reactions and Where to Find Them

あなたはもしかしたら、学校の化学の授業が大嫌いだった（もしくは、いずれ大嫌いになるか、今まさに大嫌い）かもしれません。でも、現実の化学——あなたのまわりのあらゆる場所にある化学反応——は、学校の勉強とは違います。学校の外の世界にある化学はすばらしい色、におい、音、体験に満ちていて、いつでも、どこででも見つけることができます。本章では、あれやこれやの面白い化学反応を、出あえる場所ごとに分けて見ていきましょう。

化学反応が起こっているかどうかは、どうすればわかるでしょうか？

この世界の何かの形が変わったら、多くの場合それは化学反応が原因です。食べ物がウンチに変わる？　それは化学反応です。自動車が街を走る？　それも化学反応（と、機械的な動き）です。いろいろな種類の反応があまりにたくさんあるので、全部を本書で取り上げることはとうてい不可能です。

すべてを網羅できないならどうするか。世界を化学の目で見る際に、その見方の土台となる概念がいろいろあります。それらの中で一番面白くて一番パワフルな概念を伝えることのできる例と思えるものを選んで、ご紹介しましょう。

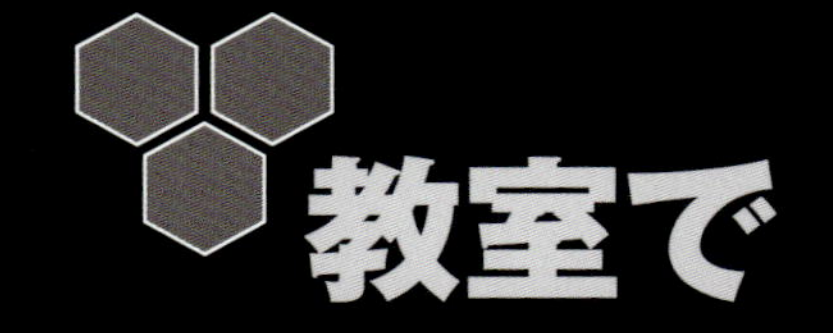

教室で

ほとんどの化学教師が教室でやってみせる、代表的な化学反応のグループがあります——いや、少なくとも、昔はありました。残念なことに、そうした面白い反応の多くは教室で見られる機会がどんどん減っています。未来の科学者を育てて人類文明の発展を継続させなければならないという意識よりも、安全上の理由や予算の削減の方が優先されるせいです。

これらの反応はよく「科学実験」と呼ばれますが、その「実験」という言葉の使い方はあまり正しくありません。「実験」の最大の特徴は、結果がどうなるかわからないという点です。実験は、新しい知識に到達するために行われます。

授業で目にする化学反応は、結果がわかっています。つまり実験とは正反対の性格なので、「デモンストレーション」と呼ぶ方が正しいでしょう。反応で何が起こるか正確に予想できない「実験」を、大勢の学生がいる教室でやるわけにはいきません！

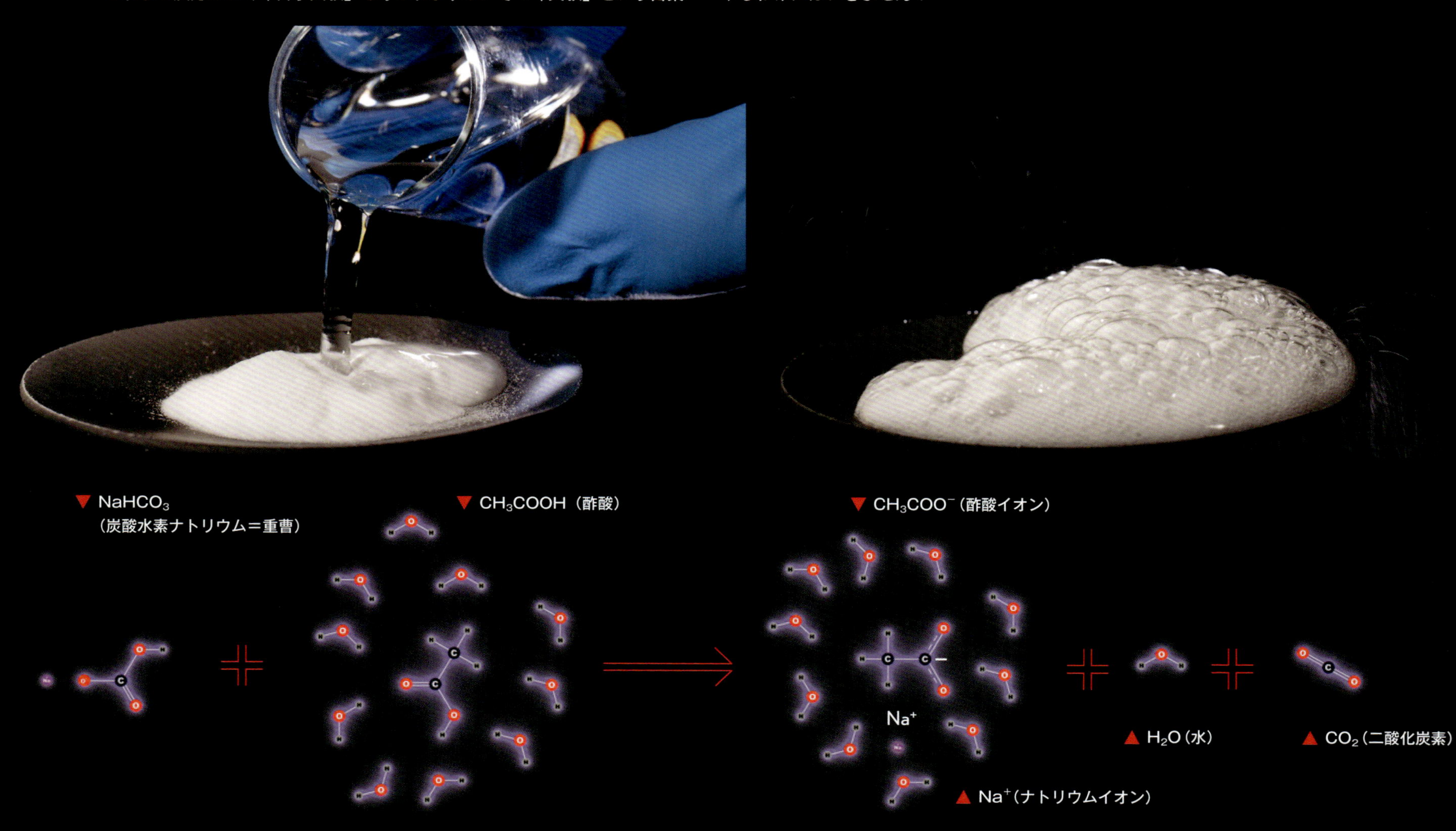

▲ これは、「家庭でできる楽しい化学」の王道として定評ある反応です。私は10年にわたって『ポピュラー・サイエンス』誌で科学デモンストレーションを紹介する連載をしてきましたが、あえてこの反応は取り上げませんでした。私にとってこれは、凡庸な化学——親が子供にやってほしいと考える内容を、そのとおりに子供がやってみせること——の代表みたいなものです。

とはいえ、この反応にはそれなりに魅力がありますし、材料はたいていの家のキッチンにあります。炭酸水素ナトリウム（$NaHCO_3$）は、一般には重曹という名前で知られています。酢酸（CH_3COOH）は食酢の主成分（水を除けば）です。この２種類の分子を１個ずつ合わせると、４つのものができます。水分子（H_2O）１個、水に溶けたナトリウムイオン（Na^+）１個、水に溶けた酢酸イオン（CH_3COO^-）１個、二酸化炭素分子（CO_2）１個です。二酸化炭素は気体なので、たくさん集まるとぶくぶく泡が出ます。イェーイ！

▼ 重曹と酢の反応を利用して“火山の噴火”を再現するキットが何種類も売られています。子供の頃の私は、こうしたキットを使って、騙された気分になったものです。火山の噴火？　とてもそうは思えませんでした。火山は融けた赤熱の溶岩を吐き出すものですし、溶岩が通った後はすべてが焼き尽くされるはずです。私が買ってもらったキットは全然違いました。キッチンのテーブルに焦げ跡すらできません。がっかりです。

　その後（正確には今から２分ほど前に調べて）、私は例のキットの嘘を完全に理解しました。この反応は、実は「吸熱反応」――エネルギーを吸収する反応です（前章で出てきた冷却パックと似ていますが、あれほど極端ではありません）。熱い溶岩を吐き出すどころか、実際には、最初に混ぜた成分よりわずかに低温の、泡立つ液体を作っているのです。なんてこった。

　完全にペテンです。さらに悪いことに、説明書のどこを見ても、重曹と酢のかわりに酸化鉄とアルミニウム粉末を使えば本当に高温で真っ赤な溶岩を作れて、キッチンのテーブルに穴があくことでしょう、とは書かれていません。いやはや、宣伝文句どおりにことを運ばせるためのヒントを手に入れるのは、子供にとってなんと難しいことか。

オーケー、認めましょう——私が重曹の火山にこのうえなく失望した年齢では、本当に岩石が融けた赤熱の液体を作る化学デモンストレーションについて知る（またはその材料を手に入れる）には幼すぎたのは、良いことだったのだと。（専門的な話をするなら、酸化鉄とアルミでできるのは溶岩ではなく融けた鉄ですが、それは本物よりもっとイケてます。実物大の火山が噴火して液体の鉄が流れ出すところを想像できますか？　とんでもなくクールに違いありません。）

▼この反応は教室でもやろうと思えばできますが、限界に挑戦する気概が必要です。このデモンストレーションをやってみせてくれる先生がいたら、尊敬に値します。

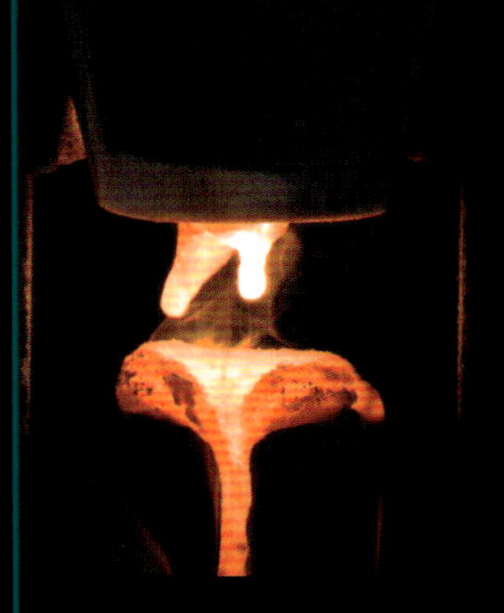

▶融けた鉄

実際の火山に近い噴火デモンストレーションには、テルミットと呼ばれる混合物を使います。テルミットは、アルミニウム（元素Al）の粉末と酸化鉄を含んでいます。酸化鉄は赤錆（三酸化二鉄、Fe_2O_3）でも黒錆（四酸化三鉄、Fe_3O_4）でもかまいません。テルミットに火をつけると、酸素原子が鉄からアルミニウムに移動し、金属鉄（単体のFe）と酸化アルミニウム（Al_2O_3）ができます。Al_2O_3の分子のアルミニウムと酸素の結合は、Fe_2O_3やFe_3O_4の鉄と酸素の結合よりもずっと強力です。前章で学んだように、これはアルミニウム - 酸素結合にかかわる電子がポテンシャルエネルギーの穴のずっと深い場所にあるということですから、この結合ができる際には大きなエネルギーが放出されています。ただの鉄ではなく、溶岩のように融けた鉄が出てくるのは、そのエネルギーのためです。

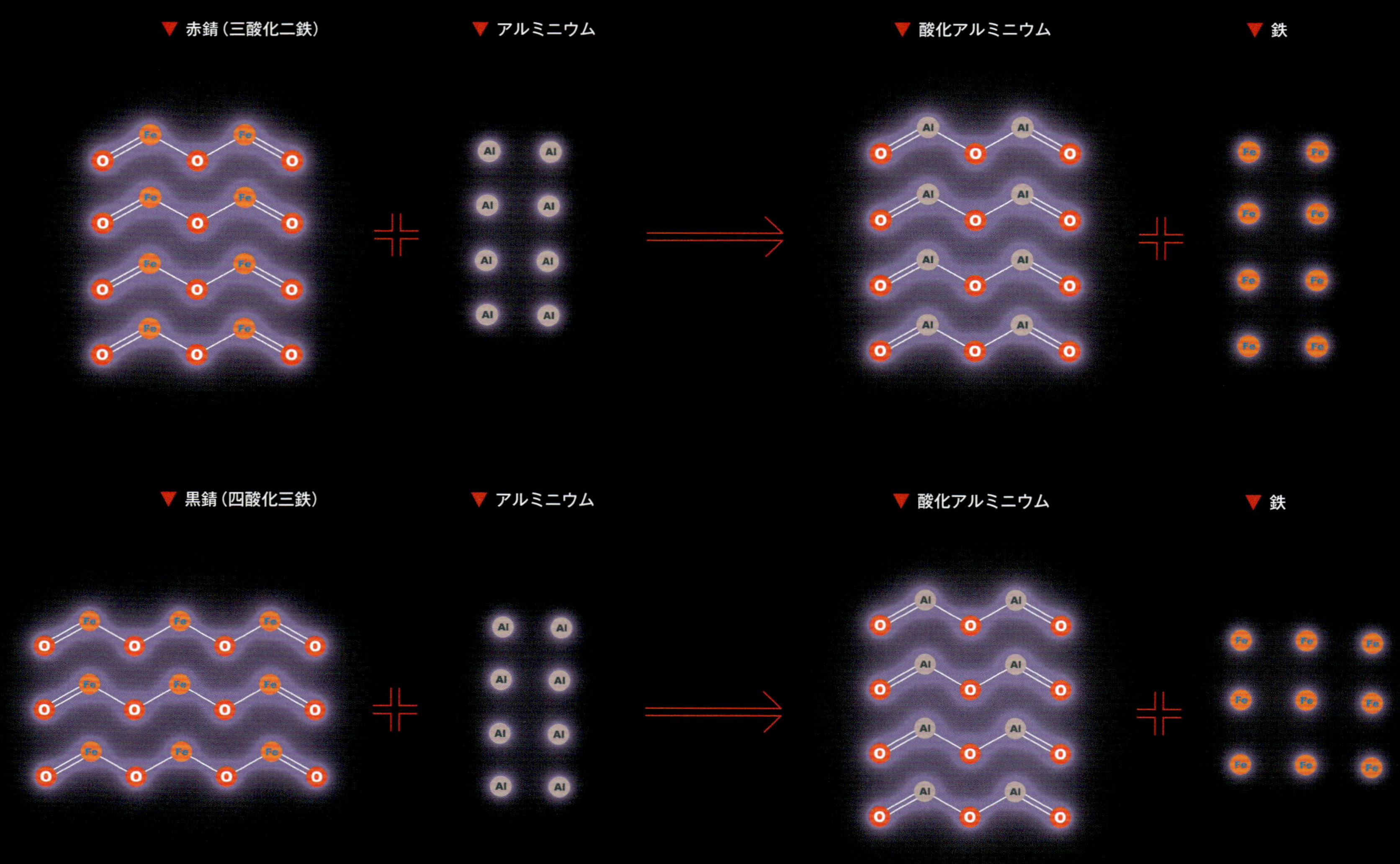

デモンストレーションをもっと本物の火山に近づけたい時は、融けた鉄が水をはったバケツに落ちるようにすれば、水蒸気爆発が起きて融けた鉄の飛沫が空中高く飛び散り、より一層火山噴火らしくなります。しかしこれはまったくお勧めしません。特に学校の教室では無理です。名前は挙げませんが非常に尊敬されているベテランのある大学教授から、最後にミスを犯した時の話を聞いたことがあります。「女子学生のお尻に消防が水をぶっかけてねえ」という教授の言葉を、今でもはっきり覚えています。ああ、おおらかだった昔、あやうく最前列の学生を灰にしそうになったり、それをネタにきわどい冗談を言ったりできて、それでもクビにならなかった時代。（しかし、真面目な話、本当に危険な事故でした。誰も大けがをしなかったのはひとえに運が良かったからです。テルミットは慎重に扱わないと、手ひどいしっぺ返しを食らいます。）

▶ それはそうと、テルミットのデモンストレーションをするなら、安物の植木鉢を使うのはやめましょう。

▼ テルミットの反応はかなりゆっくりです。下のコマ撮りからもわかるように、植木鉢の上から下まで燃焼が到達するのに約５秒かかります（これは、目の前で融けた鉄ができるのを見ている人間にとってはかなり長い時間です）。反応が底に達すると、鉢底の穴をふさいでいたアルミ栓を融かして、赤熱の鉄の液体が流れ落ちます。

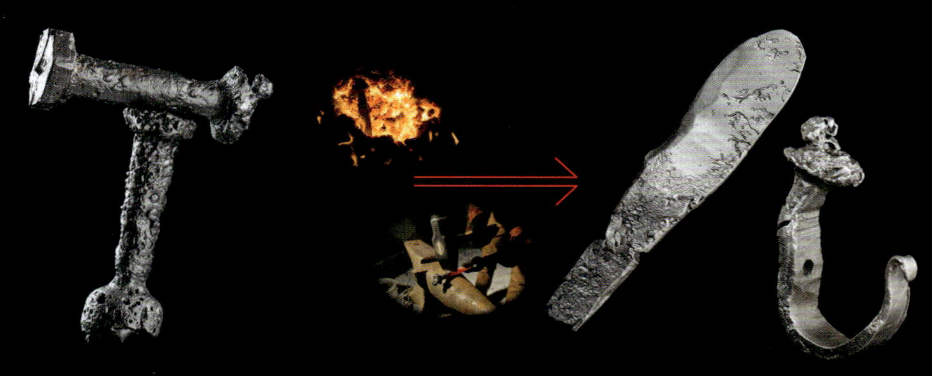

▲ 植木鉢が割れるような荒っぽいテルミットのデモンストレーションでできる粗悪な金属の見本がこれです。それでも本物の金属ですから、叩けば鐘のように鳴り、鍛造して役に立つ何かを作ることもできます。このいびつなナイフとコート掛けフックは、石炭と火とハンマーと金床（かなとこ）を使う伝統的な鍛冶屋のやり方で鋳造し、鍛えて作りました。驚きなのは、もとになった材料の鉄は全部、私が海辺に寝そべってサンダル型栓抜きの裏の磁石で集めた砂鉄だということです。砂鉄は主に磁鉄鉱の細かい粒で、磁鉄鉱は四酸化三鉄です。（詳しい話は92ページを参照。96ページには、プロがテルミットを使う話があります。）

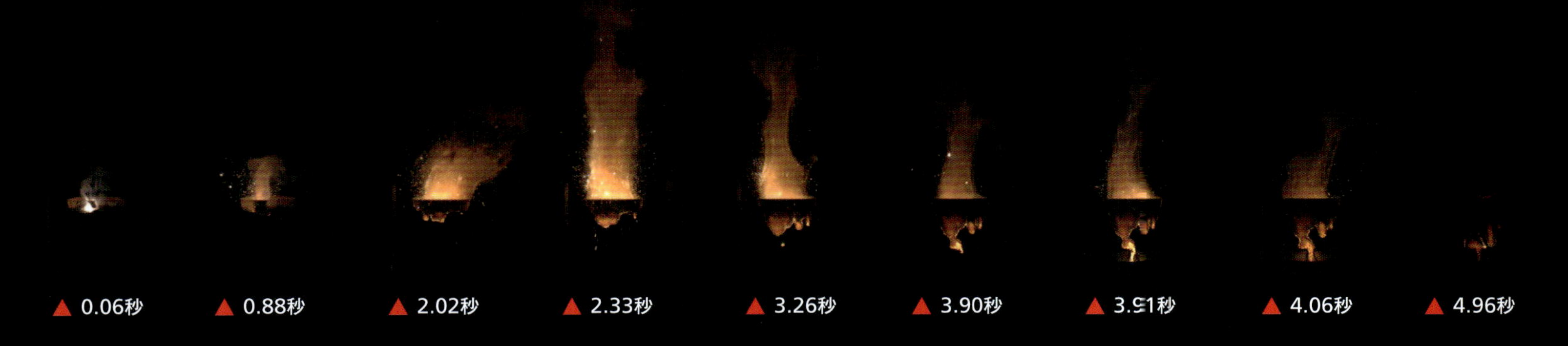

▲ 0.06秒　▲ 0.88秒　▲ 2.02秒　▲ 2.33秒　▲ 3.26秒　▲ 3.90秒　▲ 3.91秒　▲ 4.06秒　▲ 4.96秒

このページの反応は、テルミットと並んで、高校または大学1年程度の化学を担当する普通の教師が教室でできるデモンストレーションの上限近くに位置します。石鹸水に水素ガス（H_2）を細い管で吹き込み、水素入りの泡を作ります。水素は空気より軽いので、泡はどんどん持ち上がり、やがて空中にふわりと浮きます。

水素は可燃性です。燃えると（つまり酸素と反応すると）、水になります。浮き上がった泡のかたまりが天井に届く前に、長い棒の先にくくりつけたロウソクを持って追いかけ、火をつけます。

▶ 泡の中身が純粋な水素ガスであれば、わりあいおだやかにボンと燃えるだけで、大きな爆発音などはしません。なぜなら、水素ガスの反応速度は、周囲の空気中の酸素と混じる比率によって制限されるからです。そうしてできた“炎のクラゲ”はすこぶる魅力的で、コンマ何秒か持続します。

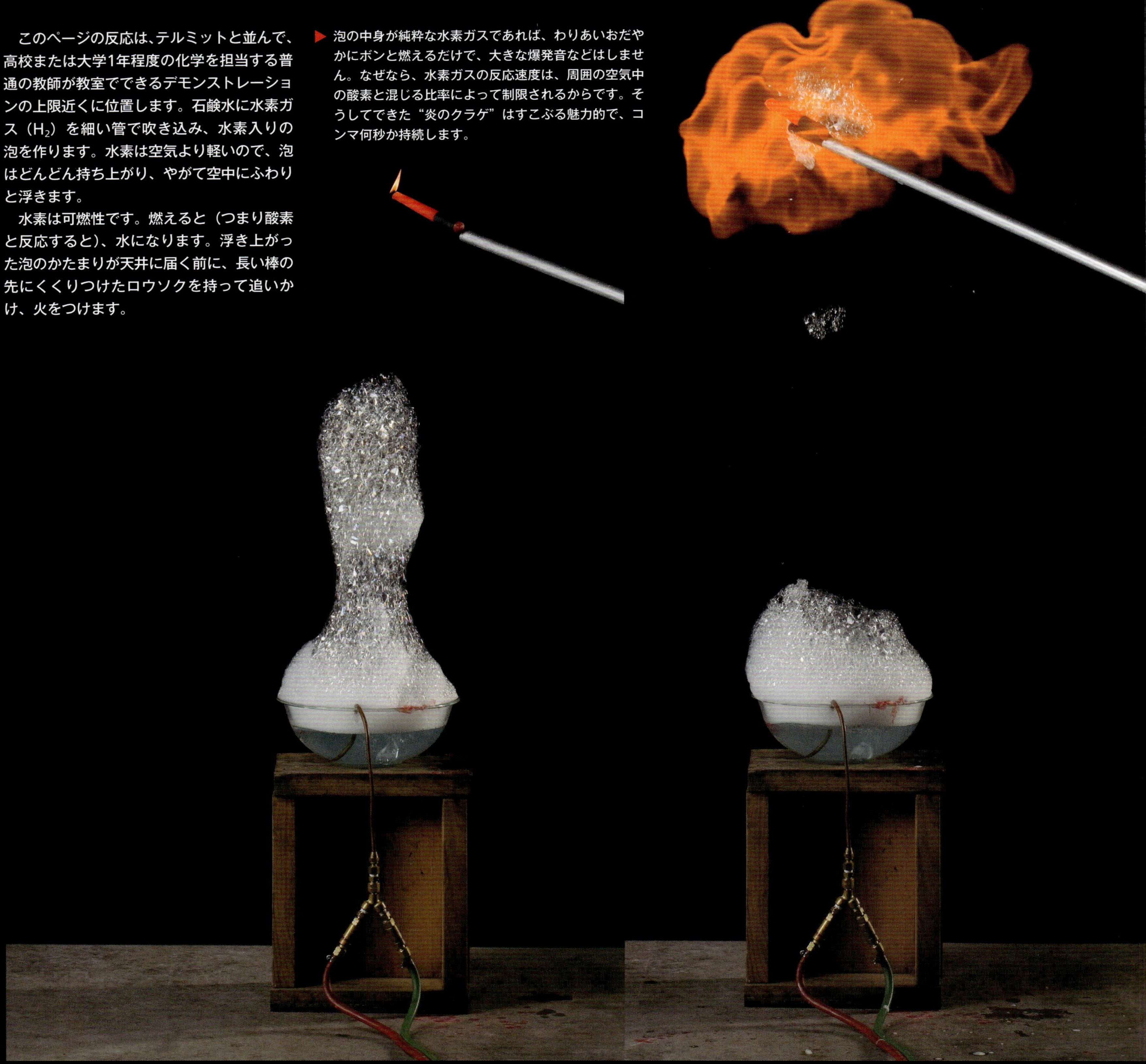

私が住んでいる場所について、ちょっとお話ししましょう。一番近い隣家は直線距離で1kmほど離れています。彼らは私のことを知っていて、何が起きても動じません。ここはイリノイ州の田園地帯で、人々は銃を持ち、ときどき撃って楽しみます。そう、田舎です。うるさく言う人はいません。水素の泡の撮影の時は、警察が見に来ました。

私が水素／酸素の泡のデモンストレーションを初めて見たのは、テルミット・デモンストレーションの悲劇の話をしてくれたのと同じ教授が実演した時です。当時の黒板は本物の板で、そこにチョークで字を書く方式でした。教授は、デモンストレーション開始前に黒板にたくさん文字を書きました（わざとそうしたに違いないと私は思っています）。「爆風で文字通り黒板から吹っ飛ばされるチョークの粉のせいで、化学の教師は黒色肺〔炭鉱夫塵肺〕ならぬ『白色肺』を患うんだ」というジョークを飛ばしたかったからです。

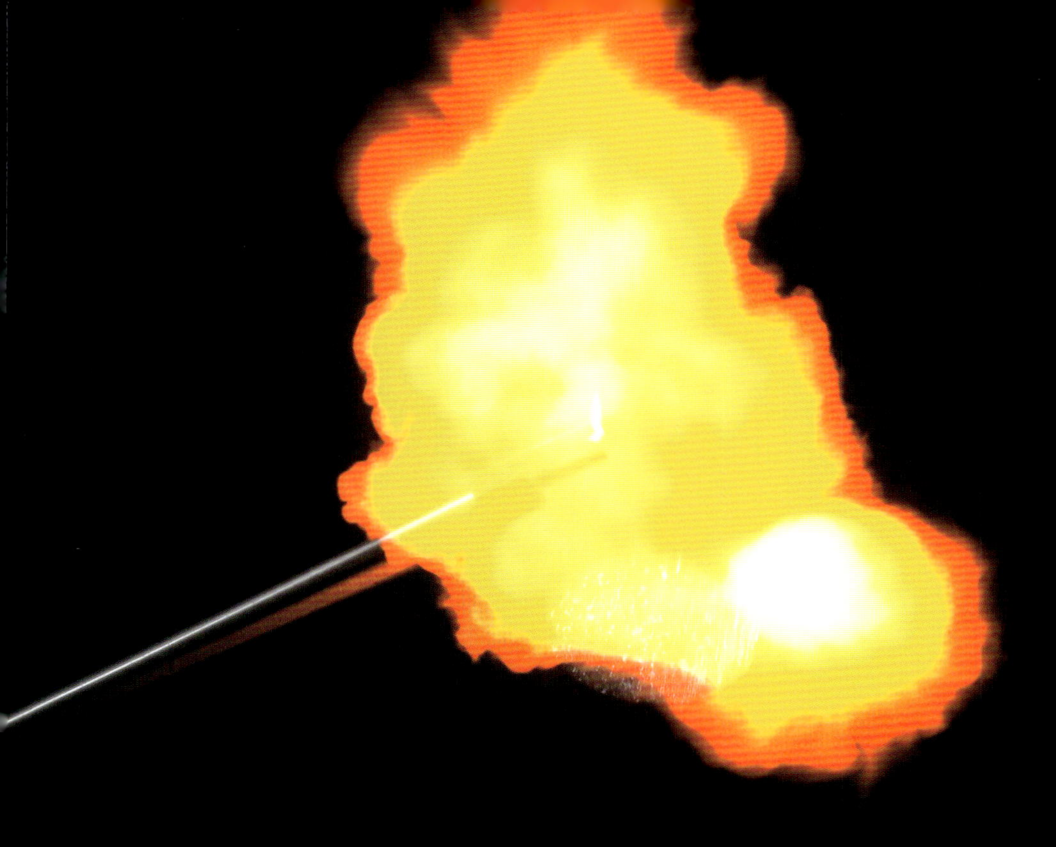

▶ 水素と酸素の混合気体で石鹸の泡を作った場合、水素だけの時とはまったく違う結果になります。あらかじめこのふたつの気体が混ざっていると、反応を遅らせる要因がなくなります。水素に混ぜる酸素の量を増やしていくと、水素と酸素の体積比が2：1になるまでは、反応がより高速で強力になっていきます。そしてこの“当量比”の時には、銃の発砲音に似た、寝ている隣人が起きてしまうくらい大きな音がします。〔この見開きページのデモンストレーションは、YouTube（https://www.youtube.com/watch?v=ZmbVnWV7rmw）に動画があります。前半が水素だけの泡、後半は水素と酸素を混ぜた泡に火をつけたところです。〕

▶ こちらの「水素の泡」は悲劇的な結末を迎えました。有名な飛行船ヒンデンブルク号の事故は、他の面では素晴らしかった飛行船の唯一の弱点である“気球内の水素ガス”に引火したことで起きました。多くの死者が出ましたが、火災による焼死ではなく、墜落死です。水素は非常に軽いので、炎はすぐさま上に向かい、おおむね、不運な乗客たちからは離れたところで燃えました。

ほとんど論じられることはありませんが、飛行船ヒンデンブルク号の気球に詰まっていたのが水素と空気の混合気体ではなく純粋な水素だったのは、本当に幸いでした。ヒンデンブルクは、水素だけで作った泡と同じように、ゆっくりと燃えました。もし水素と空気を混ぜて注入してあったら、巨大な燃料気化爆弾と同じことになって大爆発し、かなりの距離までの建物がすべて瓦礫の山と化したことでしょう。

燃料気化爆弾は、まず大量の空気の中に可燃性ガスを拡散させ、コンマ何秒か後にその混合気体に点火します。空気と混じる前のガスにただ火をつけても静かに燃えるだけですが、大量の空気と混ざった後に点火すると大爆発を起こし、その爆風は半径数百メートル以内の地雷をすべて爆発させるほど強力です。

教室でのデモンストレーションで使われる反応には、「これにこれを注ぐと何かが起きます」というタイプのものがたくさんあります。そこで起こる「何か」は、ほとんどの場合、色の変化か、固化か、泡の発生です。その大部分は、私に言わせればひどく退屈です。それぞれの反応から面白い何かを学ぶことはできますが、たいがいは、色が変わったということくらいです。

ここで紹介するのは色変わりの中でも際立って美しい例で、「黄金の雨」デモンストレーションと呼ばれます。しかし、「美しき死の雨」デモンストレーションと言った方がより正確かもしれません。というのも、この“雨”の正体はヨウ化鉛で、畑に降り注いだら何世代にもわたって残留する毒物だからです。

黄金の雨は、水に溶けやすいヨウ化カリウム（KI）の水溶液と、やはり水に溶けやすい硝酸鉛（しょうさんなまり）（$Pb(NO_3)_2$）の水溶液を混ぜて作ります。ヨウ素（I）の原子はたちまち相性の良い鉛（Pb）原子を見つけて組み合わさり、小さなヨウ化鉛（PbI_2）の結晶になります。ヨウ化鉛はあまり水に溶けません。水溶液中で金色をしたヨウ化鉛の結晶が沈澱（ちんでん）して、この写真のような“雨粒”になります。

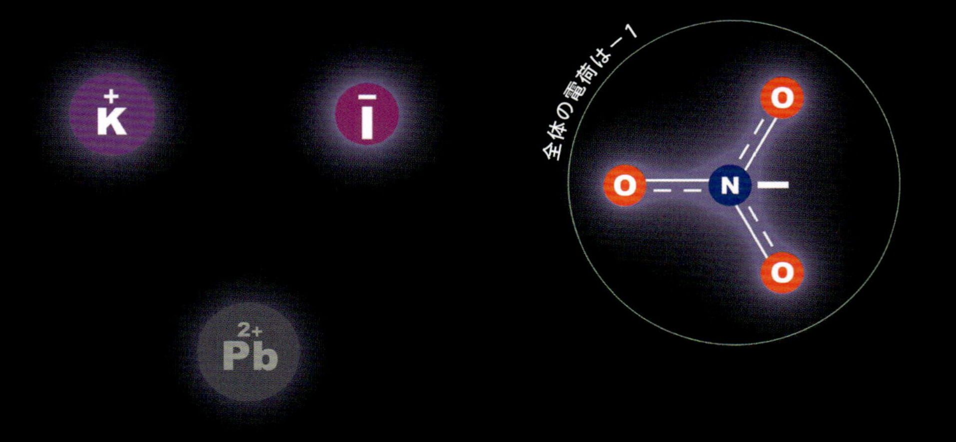

このデモンストレーションでは、カリウム、鉛、ヨウ素は出発点の溶液中では「イオン」の形で存在しています。前章で、原子は通常は、マイナスの電荷を持つ電子と、原子核内のプラスの電荷の陽子を同じ数持っている、と説明しました。ですから、原子は普通は全体としての電荷はゼロで、電気的に「中性」です。しかし、原子は、電子が余分にある状態や、電子が足りない状態で存在することもできます。その場合の原子は、全体としてマイナスやプラスの電荷を持ちます。このような状態の原子をイオンと呼びます。たとえば、鉛とカリウムの原子は簡単に電子を失ってPb^{2+}とK^+のイオン――プラスの電荷を持った原子――になります。ヨウ素原子のほうは、１個余分な電子を従えるのが好きで、I^-イオン――マイナスの電荷を持った原子――になります。

複数の原子からなる分子も、イオンの形で存在することがあります。このデモンストレーションで登場する硝酸イオンは、４個の原子（窒素１個と酸素３個）が結合した基（原子団）で、全体の電荷は－１です。硝酸イオンの結合は、単結合（１対の電子を共有）でも二重結合（２対の電子を共有）でもありません。その中間に近いもので、余分な電子１個が、３個の酸素原子全部の間で均等に共有されています。そのため、一番良い描き方は、実線１本と破線１本を描いて、「これは複雑ですよ」と示すことです。

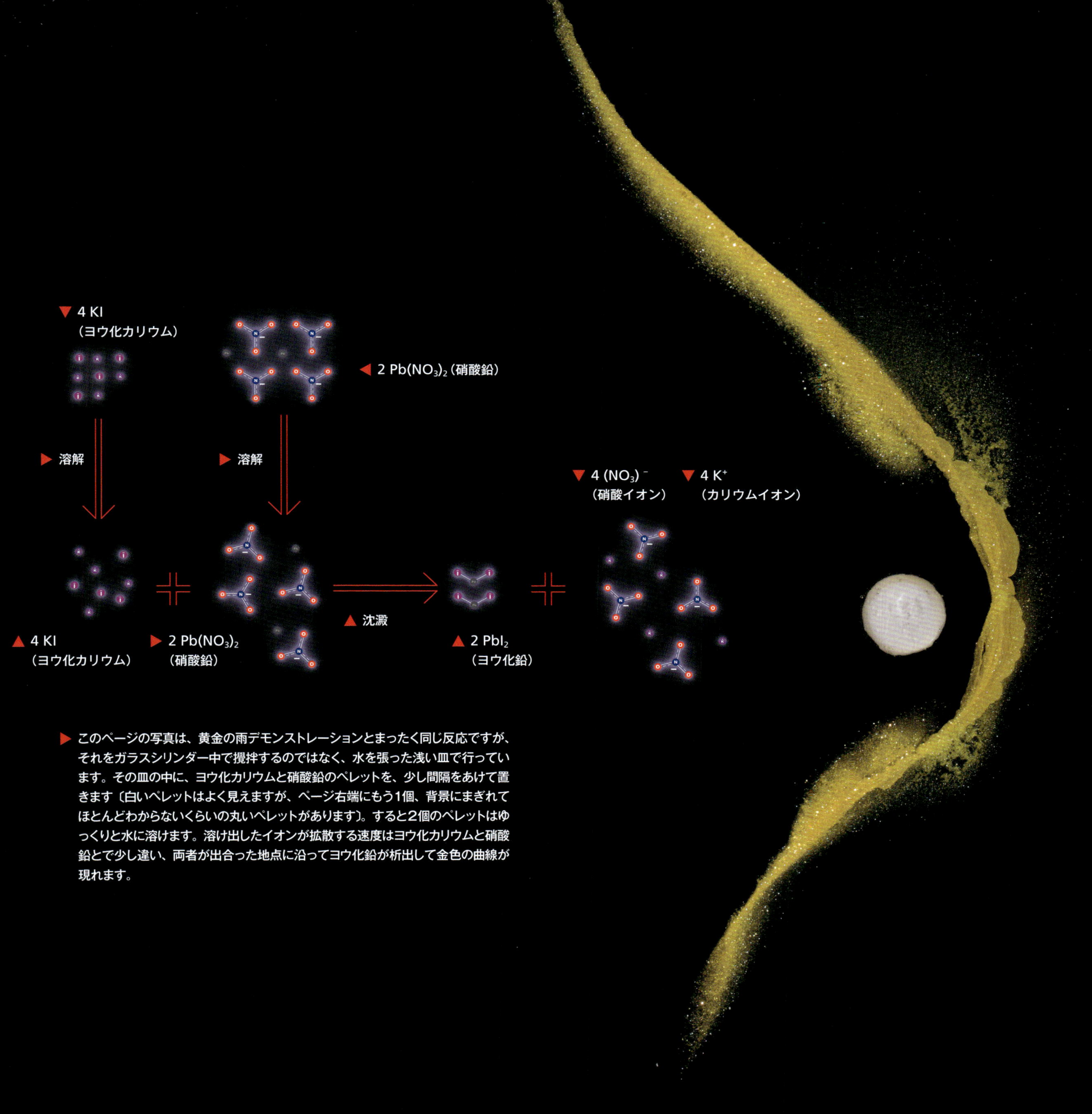

このページの写真は、黄金の雨デモンストレーションとまったく同じ反応ですが、それをガラスシリンダー中で攪拌するのではなく、水を張った浅い皿で行っています。その皿の中に、ヨウ化カリウムと硝酸鉛のペレットを、少し間隔をあけて置きます〔白いペレットはよく見えますが、ページ右端にもう1個、背景にまぎれてほとんどわからないくらいの丸いペレットがあります〕。すると2個のペレットはゆっくりと水に溶けます。溶け出したイオンが拡散する速度はヨウ化カリウムと硝酸鉛とで少し違い、両者が出合った地点に沿ってヨウ化鉛が析出して金色の曲線が現れます。

下に並べた写真とその元になった動画は、これまでに私が撮影にかかわった化学反応デモンストレーションのなかで最も美しい反応だと思います。煙と火花のこの競演を生み出すには、フラスコに臭素の液体を浅く入れておき、そこに小さくたたんだアルミホイルを投入するだけでいいのです。数秒間は特に大きな変化はありませんが、やがて反応が進み、材料の温度が上がるにつれて急速に激しくなっていきます*。

臭素（Br）の原子はアルミニウム（Al）の原子から電子を奪い、臭化アルミニウム（Al_2Br_6）が生成します。アルミニウムは、周期表の右から2列目の元素（ハロゲン族）ならどれが相手でも同じ反応を起こしますが、臭素はハロゲン族で唯一室温で液体なので、デモンストレーションで使うにはもってこいです。

いささか不都合なのは、臭素は極めて揮発性が高く（すぐに蒸発する）、毒性が強いことです。ほんのわずかの気化臭素を吸い込むだけなら、プールの消毒剤のようなにおいを感じておしまいです（プールを連想するのも当然で、プールの消毒で使われる塩素は周期表のハロゲン族の列で臭素のひとつ上に位置しています）。しかし大量に臭素や塩素を吸い込むと、ブロートーチ（携帯用バーナー）を鼻に向けて使われたような感覚に襲われます。

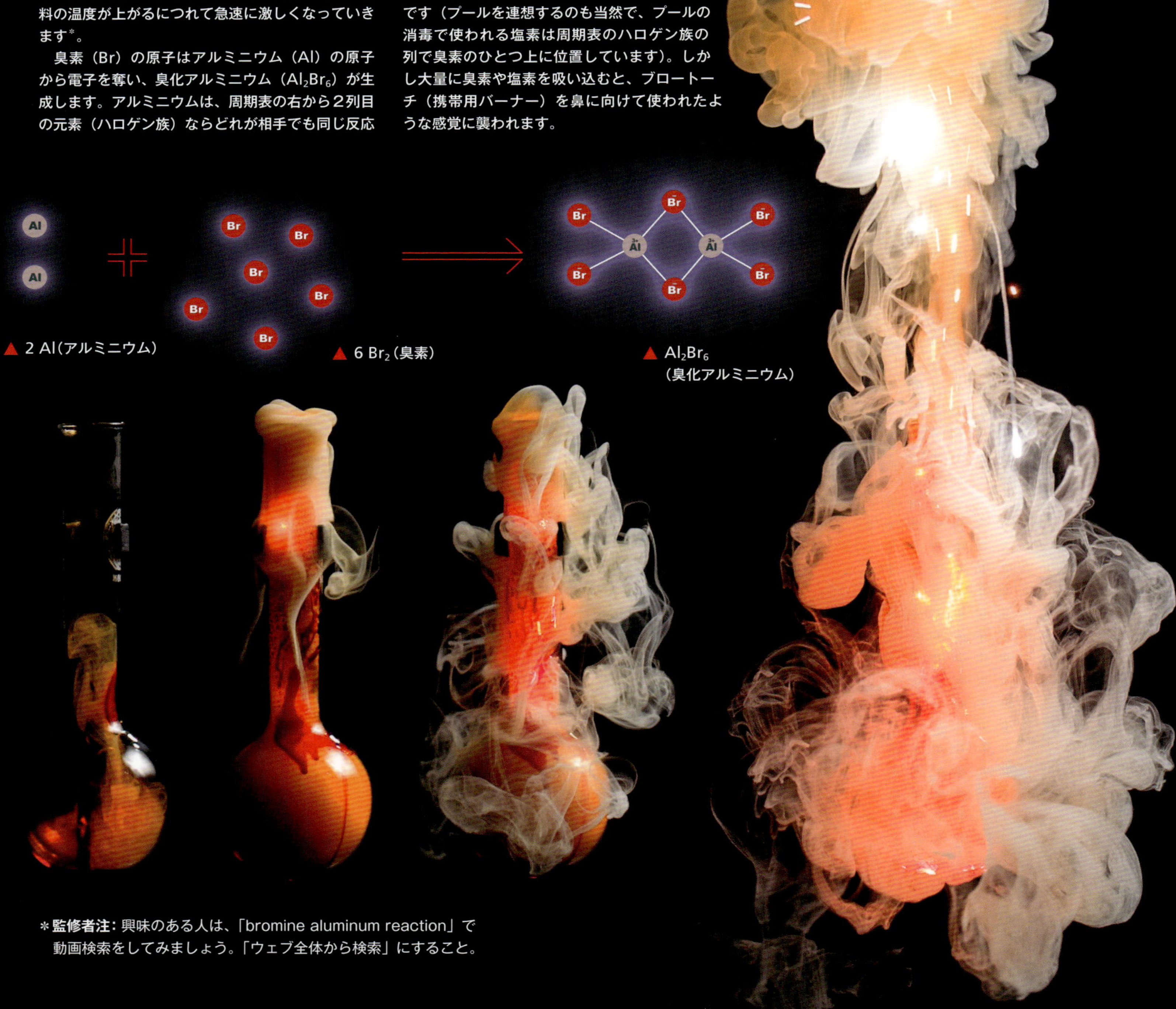

▲ 2 Al（アルミニウム）

▲ 6 Br_2（臭素）

▲ Al_2Br_6（臭化アルミニウム）

＊**監修者注：**興味のある人は、「bromine aluminum reaction」で動画検索をしてみましょう。「ウェブ全体から検索」にすること。

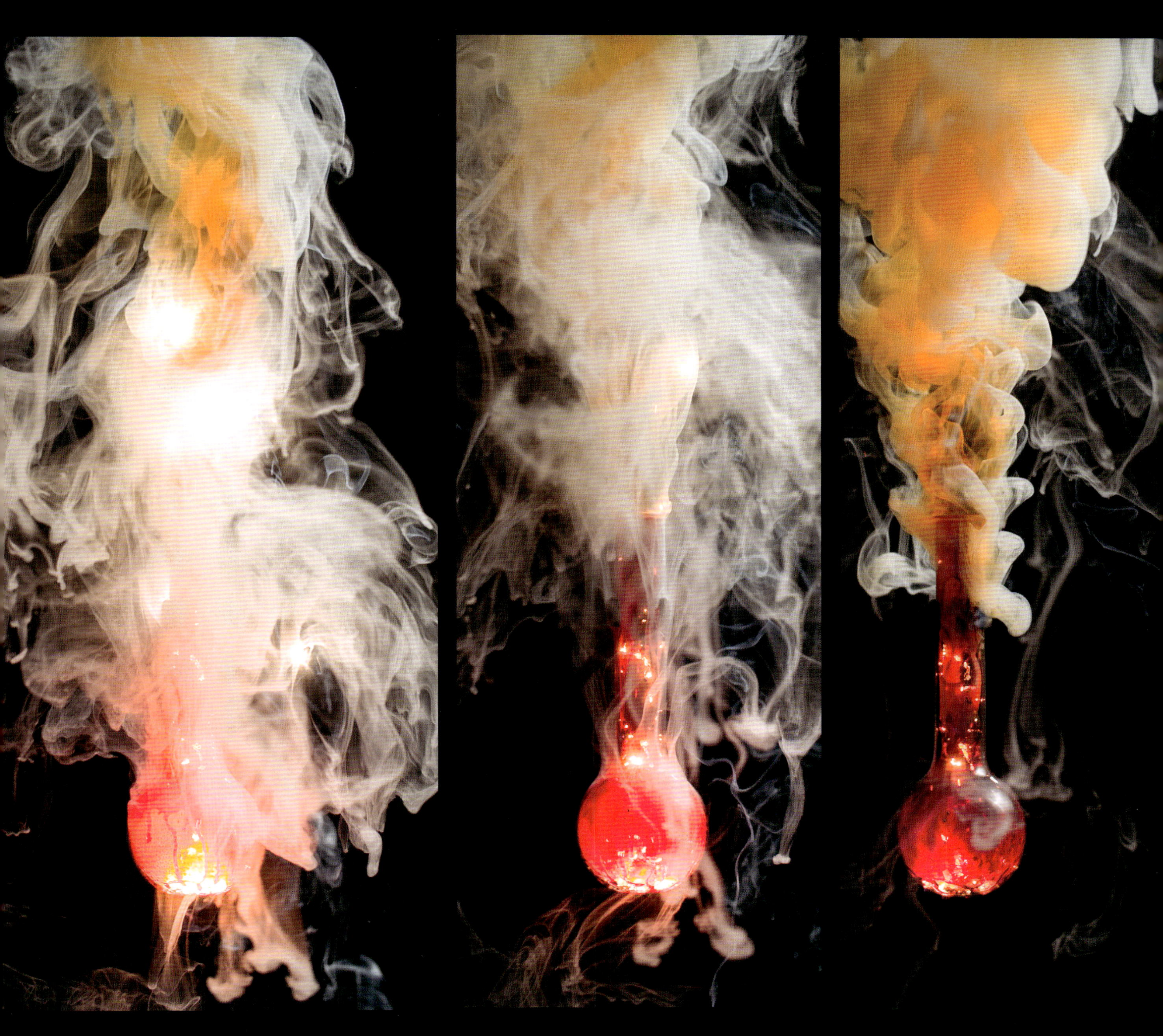

▶ 前章で説明したように、化学反応は電子がある分子から別の分子へ、あるいは、ある化学結合から別の化学結合へ移る時に起こります。電子の動きには、別の名前があります——それが「電流」です。ですから、電気を使って化学反応を起こさせることができたとしても不思議ではありません。

この写真は、電流がクロム（Cr）の原子（溶液中のCr^{6+}イオン）を金属製の三猿の置物の表面にくっつけて、金属クロムの薄い層を形成させるところを見せるデモンストレーションです。ほんの数ボルトの電圧があれば、プラスの電極を入れた溶液に、マイナス極につないだ置物を入れ、クロムを析出させて猿の表面にめっきをすることができます。

こうした「電気めっき」は、教室でのデモンストレーションでやってみせることもできますが、産業規模でも行われており、安物の装身具からピカピカの自動車用バンパーまであらゆるものがめっきされています。〔監修者注：このクロムめっきは有毒な六価クロムを使うので、教室ではしない方が良いでしょう。〕

Cr^{6+}
e^-
e^-
e^-
e^-
e^-
e^-
Cr

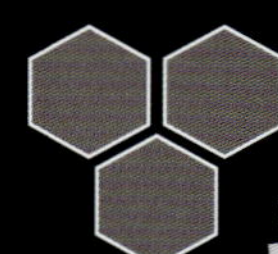

キッチンで

キッチンは化学物質や化学反応にあふれています。毎日の料理というとなみは、化学実験室の研究作業にも匹敵します。あなたはさまざまな化学物質を手に取り、分量が書かれたリストに従って組み合わせ、そのうちのあるものは水やアルコールといった溶媒に溶かし、次に、混ぜたり、反応容器を加熱したり冷却したりという一連の手順を行います。ありていに言えば、レシピ通りに調理するということです。

実に愉快なのは、多くの人がこうした化学を行いながら、「私は化学物質を含まない天然の素材しか使わない」などと言っていることです。実際は、材料のすべてが化学物質だというのに。あなたが食べているものは、ぜんぶ化学物質なんですよ。以上、終わり。

ま、気を取り直して下さい。一緒に、おいしい化学物質を使って楽しめる化学の話をしようではありませんか。

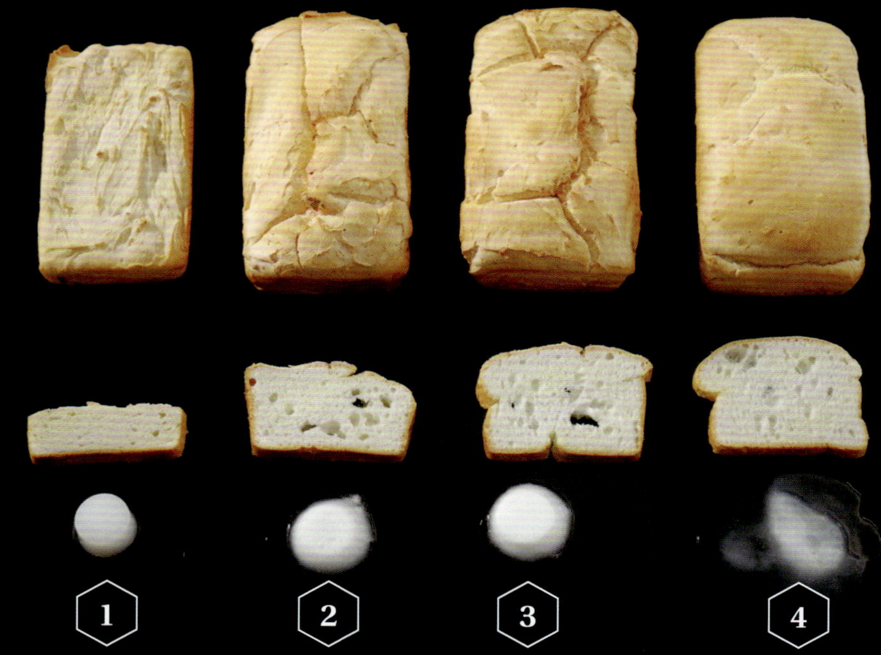

▲ 時に、調理の主な効果として素材を硬くすることがあります。パン生地をこねるとグルテンタンパク質が連結しあってネットワーク構造を形成し、パン全体をひとまとまりにします。これを加熱すると、グルテンが硬くなってしっかりしたパンが焼き上がります。

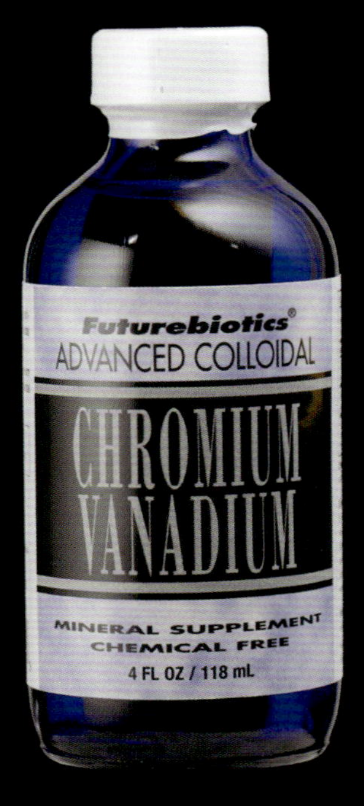

◀ この「chemical free（化学物質ゼロ）」のポレンタ〔トウモロコシ粉で作るイタリア料理〕は隣のサプリほど馬鹿げてはいませんが、やはり情けない商品です。あらゆる食品と同様に、ポレンタも化学物質（デンプン、糖類、セルロース、その他百種以上の微量成分）でできています。

▲ 私は、以前書いた『世界で一番美しい分子図鑑』という本で、“化学物質ゼロ”と誇らしげに謳うインジゴ染料の話をしました。そのキャッチコピーの最大の問題は、製品名になっているインジゴという物質、染料の染料たるゆえん、商品そのものが、化学物質（$C_{16}H_{10}N_2O_2$）だということです。同じことを本書で書くつもりはありませんが、他にもいくらでも例は見つかります。上のビンはクロムとバナジウムを含むサプリメントで、ラベルには「chemical free（化学物質ゼロ）」とありますが、クロムもバナジウムもれっきとした化学物質です！　クロムとバナジウムは鉄（iron）と混ぜて、クロムバナジウム鋼という合金鋼を作るのにも使われます。皮肉な話（irony）ですね。

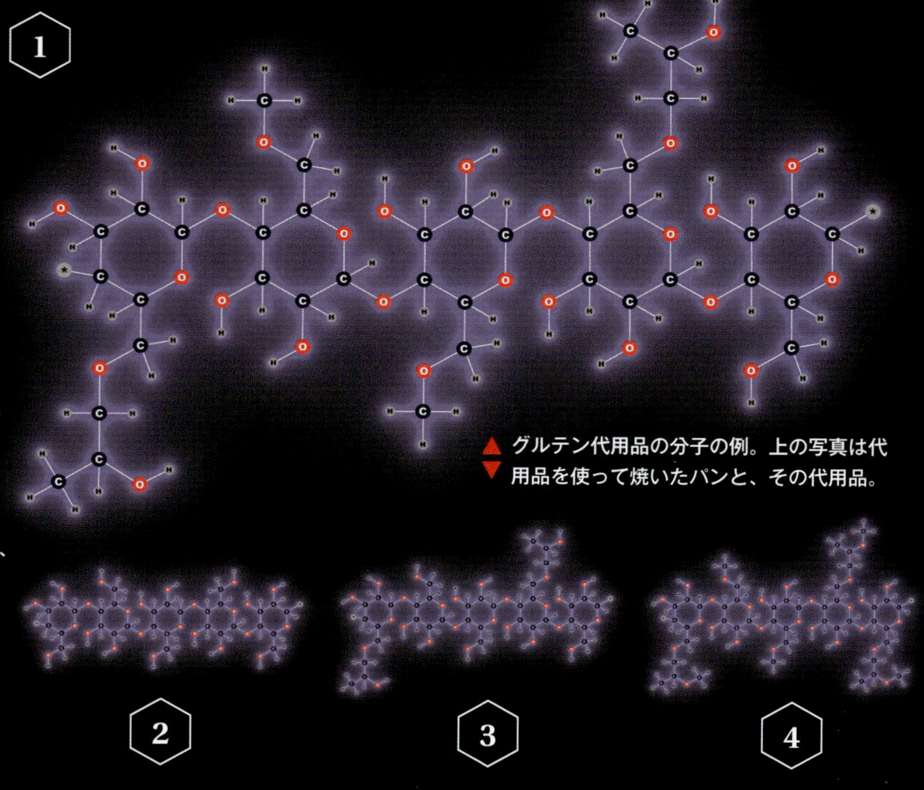

▲▼ グルテン代用品の分子の例。上の写真は代用品を使って焼いたパンと、その代用品。

◀ グルテンアレルギーで（または自分はアレルギーだと思っていて）、それでもやはりパンを食べたい人はいます。グルテンと同じことができる天然の物質はありません。だから、そういう人が合成化学物質を摂取したくなければ、パンに関しては運の尽きです。合成化学物質をあまり気にしない人は、米粉などグルテンを含まない穀物の粉に人工のグルテン代用品を混ぜて焼いたパンを食べます。左ページの代用品は、植物のセルロースをもとにして互いに連結するための側基を付け、巧妙に作られた分子です。側基によって長いセルロース分子同士がネットワークを作り、ちょうどグルテンと同じように働きます。〔合成のグルテン代用品を含まない米粉パンもあります。〕

分子に側基が足されるほど、分子同士の架橋を多く作れるようになり、出来上がりが硬くなります。側基の数が中くらいで、パンがちょうどいい具合に膨らむのがベストなポイントです。

▶ バーナーであぶるのは、私の大好きな調理法のひとつです。クレームブリュレ作りでは、最後の仕上げとしてカスタードの上に砂糖を振りかけ、強力な炎で「カラメル化」させます。高温で砂糖を燃焼させて（焦がして）茶色に変え、カラメルの香りと味を生み出すのです。ご存知のように「燃焼」は一連の化学反応をあらわす単語です。最初に表面に振りかけたスクロース（砂糖、$C_{12}H_{22}O_{11}$）が高温に触れ、さまざまな反応生成物が混ざったものになります。そこにはポリマー鎖（複数の砂糖分子が組み合わさった長い分子）もあれば、砂糖分子がいったん壊れて再構成された、まったく新しい分子も含まれています。カラメルの風味は、そうした多様な化学物質によって生み出されます。

▲ 素材を固めるために調理することもあれば、軟らかくするために調理することもあります。生だと硬いニンジンは、熱と水分の組み合わせで調理すると、フォークで切れるくらい軟らかくなります。ニンジンに含まれる水に溶けない化学物質のペクチンの一部が、熱と水の作用で加水分解して水溶性に変わり、水に溶け出したからです。

かつて、実験用器具で料理をするのがファッショナブルとされた楽しい時代がありました（今ではブームは衰退しました）。たとえば、90ページの写真のロータリーエバポレーターは、混合溶液から特定の揮発性成分（一般には水かアルコール）を取り出す装置で、混合液を連続的に攪拌しつつ、正確に温度を制御します。実験室で化学物質の合成によく使われ、とても役に立ちますが、食品中の化学物質の合成にはあまり使いません。

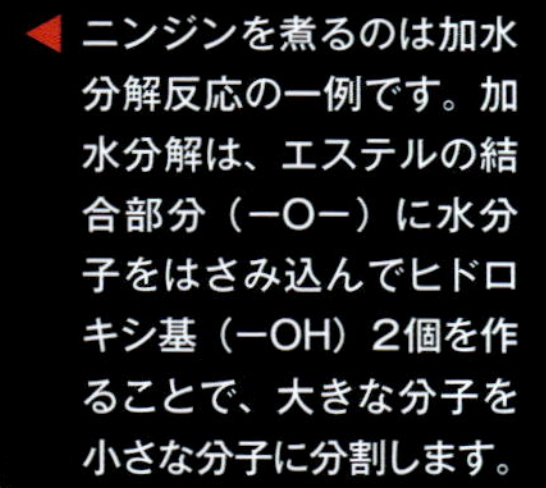

◀ ニンジンを煮るのは加水分解反応の一例です。加水分解は、エステルの結合部分（−O−）に水分子をはさみ込んでヒドロキシ基（−OH）2個を作ることで、大きな分子を小さな分子に分割します。

▼ “キッチンの化学”については優れた本が何点か出版されていますが、前人未到の域に達したのがこの写真の『モダニストの料理（*Modernist Cuisine*）』6冊セットです。「2人で運ぶこと」というステッカーが貼られた大きな箱で届きました。倉庫の作業員1人が運搬してよい制限重量を越えているためです。

重さ50ポンド（22.7 kg）以下の本でこれに太刀打ちできるものはありませんから、キッチン以外でレシピに従って化学物質を混合している場所に移りましょう。

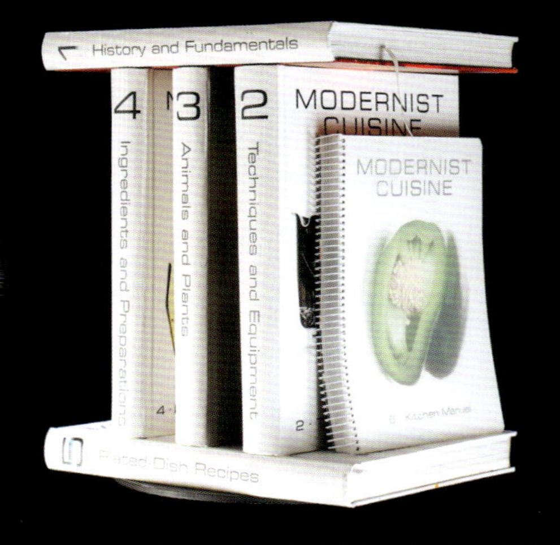

実験室で

沸き立つフラスコや精巧なガラス器具でいっぱいの実験室。化学反応と聞いて多くの人が思い浮かべるのはそういう光景でしょう。それはかなり正しいイメージです。伝統的な実験室で化学反応を起こさせている時の典型的な情景はそういうものです。

固体を扱う際の問題は、混ざってくれないことです。たしかに、上の写真は2種類の粉末（酸化鉄とアルミニウム）が混ざっているように見えますが、普通の顕微鏡で見るだけで、明るい色と暗い色の粒子を見分けられます。化学反応が起きるためには、反応する物質同士が分子レベルで一緒にならないといけません。この鉄とアルミの粒子は肉眼で見えないほど微小ですが、それでも粒子１個が何億何兆という原子を含んでいます。表面に出ている少数の原子だけでは、反応が起きるのに足りません。

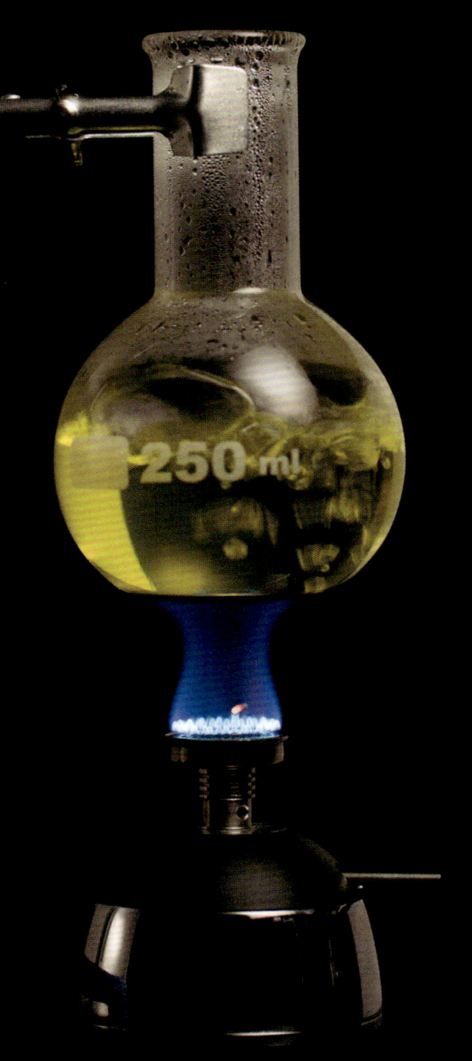

◀ 化学のステレオタイプといえる、沸騰するフラスコ。ここから２つの疑問が生まれます。なぜ化学はしょっちゅう液体の中で行われるのでしょう？　そして、なぜその液体はたいてい沸騰しているのでしょう？

▲ これは本章の前の方（70ページ以降）に何度か出てきたテルミットの粉末です。固体が反応しないというさっきの説明の証明になってないって？　いいえ、実はテルミットの反応は、液化した後に始まります。テルミットはとても火をつけにくい物質です。マッチを１本押し付けても、火が消えるだけです。プロパンのバーナーでも点火できません。なぜなら、混合粉末を、かなり多くの粒子が融けるくらい高温にしたうえで、反応開始に必要な時間のあいだ溶融を維持しないといけないからです。そうなってはじめて反応が始まり、あとは反応熱が供給されてひとりでにどんどん融けていきます。

ですから、一見すると固体のままのように見えるテルミットの反応も、実際は液体状態で起こっているのです。固体は化学にとっては本当に厄介です。それなら、気体はどうでしょう？

化学実験室のビンの中に入っている化学薬品の大部分は、通常は固体で、たいてい室温で保存されています。沸騰する液体のかわりに、室温で固体のまま化学反応を起こさせるのではいけないのでしょうか？

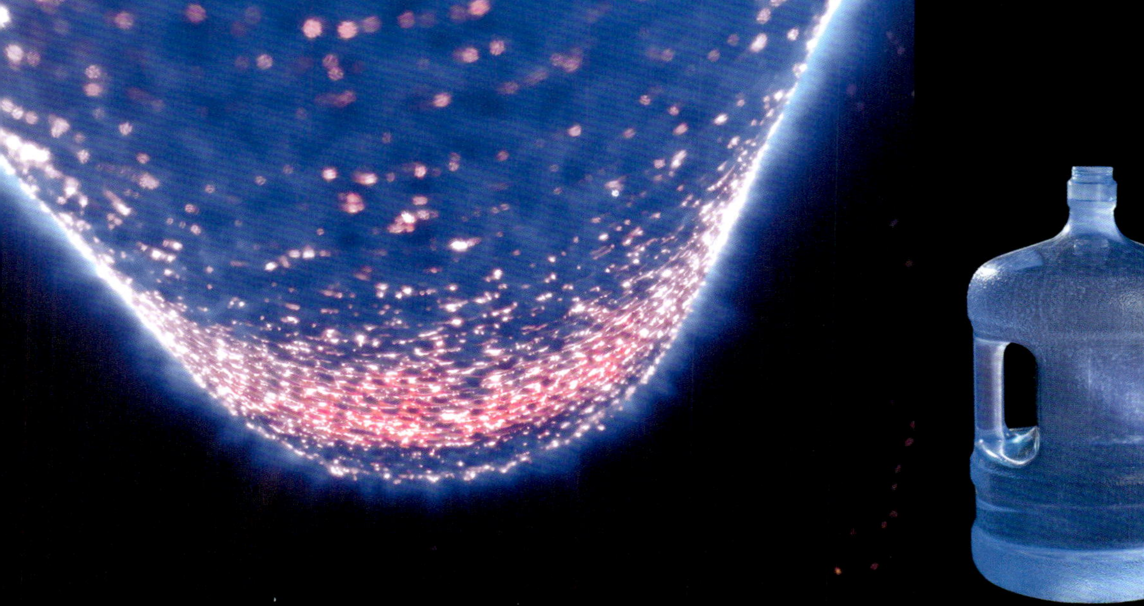

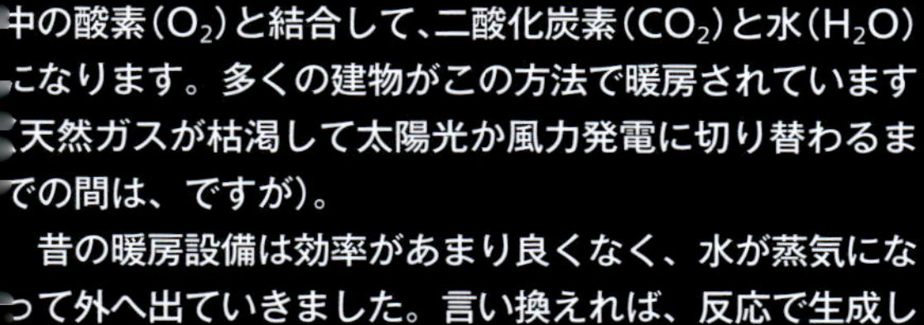

私は自宅のボイラーから出てくるできたての水を受けるために５ガロン（約19リットル）のボトルを置いています。私はこのボトルが大好きです。私たちは水を本当にエレメンタルな〔基本的な〕もの、自然の力、あたりまえにあるものだと思っていて、自分が作るものだとは考えません。しかし水はエレメント〔元素〕ではなく化合物、２種類の元素の原子３個からなる分子です。この水は、以前は水ではありませんでした。写真を撮る数週間前には、この中に入っているものは地中から採掘されたメタンガスと、空気中をただよっている酸素でした。この水はどこか他の場所から私の家に入ってきたのではなく、わが家の地下室で作られました。しかし、どこをとっても他の水となんら変わるところはありません。少し飲んでみましたが、悪くない味でした。この水の原料になった気体の純度がよくわからないので、それ以上飲みはしませんでしたが、ちょっと濾過すればどんな水と比べても遜色（そんしょく）のない水になるでしょう。

下の図と式は、全部の反応が気相（気体の状態）で起こる例です。天然ガス（主成分はメタン、CH_4）が空気中の酸素（O_2）と結合して、二酸化炭素（CO_2）と水（H_2O）になります。多くの建物がこの方法で暖房されています（天然ガスが枯渇して太陽光か風力発電に切り替わるまでの間は、ですが）。

昔の暖房設備は効率があまり良くなく、水が蒸気になって外へ出ていきました。言い換えれば、反応で生成した水は反応の場所からかなり遠くに行くまで気体のままだったということです。しかし、より効率の良い装置——たとえばわが家の地下室にある新しくてピカピカなダウンドラフト式のボイラー——なら、出てきた蒸気からもたくさん熱を取り出すことができ、水蒸気は凝縮して液体の水になります。この水はポンプで排出する必要があります。

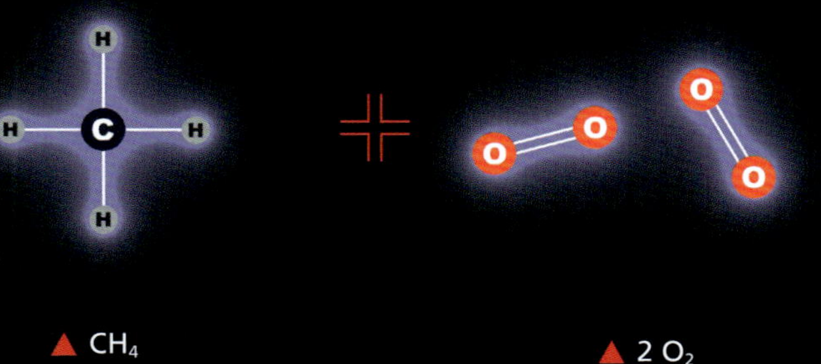

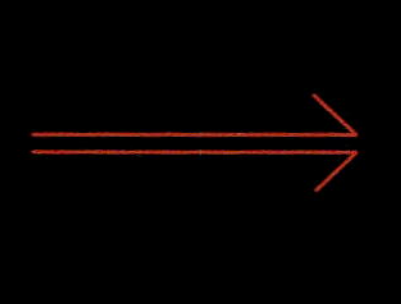

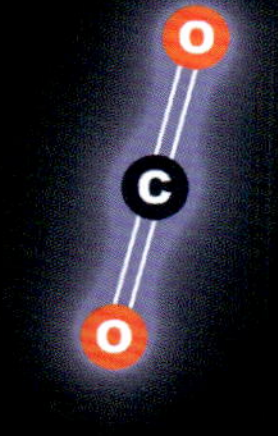

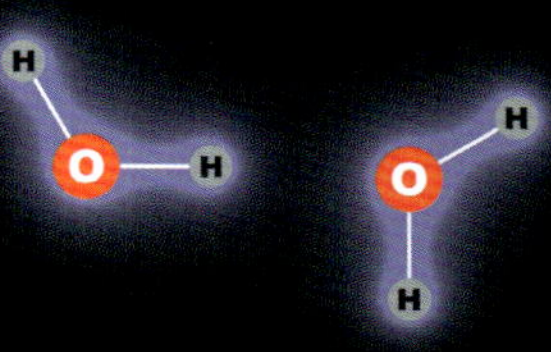

▲ CH_4　▲ $2\ O_2$　▲ CO_2　▲ $2\ H_2O$

メタンと酸素の反応は、「すべての反応が気相で起こるのに、広く実用で使われている」数少ない例のひとつです。気相だけで起こる反応は他にもありますが、液相で起こる重要な反応の数と比べると少数です。

その理由の説明は難しくありません。気体は反応させるには本当に使い勝手が悪いのです！　つねに逃げようとしますから、圧力をかけて留めておく必要があります、もし逃がしてしまったら、たちまち気体は部屋中に広がり、もしかすると室内の全員が中毒でやられるかもしれません。さらに、興味深い分子にはどうやっても気体にできないものがたくさんあります。沸点よりも低い温度で分子自体が分解してしまう（壊れて小さい分子や原子になってしまう）からです。

たとえばクッキーを考えてみましょう。クッキーを構成する化学物質を気化させることはできません。気化どころか、液化する（融ける）前に焦げて分解してしまいます。クッキーに化学反応を起こさせたくても、固相では化学物質が混ざらないから無理、クッキーを気体にできないから気相でも無理です。唯一の選択肢は、クッキーを液体にすることです。

とはいっても、クッキーを融かして液体にするのも、気化と同じくらい無理な相談です。これは非常に普遍的な問題です。化学は液体の時に一番やりやすいのですが、多くの重要な化学物質は融解が不可能か、それに近いのです。こんな困った状況にどう対処すればいいでしょう？

かくして私たちがたどりつくのが、実験室や工場や生物の体内で行われる最も一般的な化学のやりかた——固体の化学物質を溶媒（水、アルコール、ヘキサンなど、自然の状態で液体になっていて使いやすいもの）——に溶かすという方法です。

溶液（何かが溶けて含まれている液体状の溶媒）は化学反応に最適です。液体の中で分子は絶えず動き回り、新しい組み合わせを作ります。同じ溶媒に異なる２種類の物質を溶かすと、その分子たちは絶え間なく出会い、反応が起こる機会が無数に生じます。

溶液は、純粋な化学物質が液体状態になったものよりも使いやすいことがしばしばです。というのも、溶液にすることで、それぞれの物質の分子の濃度を変えられるからです。片方の反応物の濃度をもう片方の２倍にすると最も都合がいい場合、溶液なら調整が簡単です。

もうひとつの疑問は、「なぜ化学物質を反応させるために、（実験室だけでなくキッチンでも）あんなにしょっちゅう加熱するのか？」でしたね。これは、反応が起きる速度に関係しています。経験則として、ほぼすべての反応は温度が10℃上がるごとに２倍の速さで進みます。

２個の分子が反応するには幸運とエネルギーが必要ですが、熱はその両方を与えてくれるのです。

▲ 鍵穴に向かって鍵を投げ、鍵がちょうど穴にはまって錠前が開く——なんてことはまず期待できません。鍵は正しい向きに差し込まないと、鍵穴に入りません。鍵穴に入ったあと、回すのには力（エネルギー）がいります。どうしても鍵を投げて錠前を開けたければ、下手な鉄砲も数撃ちゃ当たる式に、ものすごくたくさん鍵を投げて、どれかがたまたまうまい角度で穴にはまるのを期待するしかありません。穴に鍵が入ったとして、次は鍵が正しい方向に回るよう、他のものを無数に投げつけなければいけないでしょう。

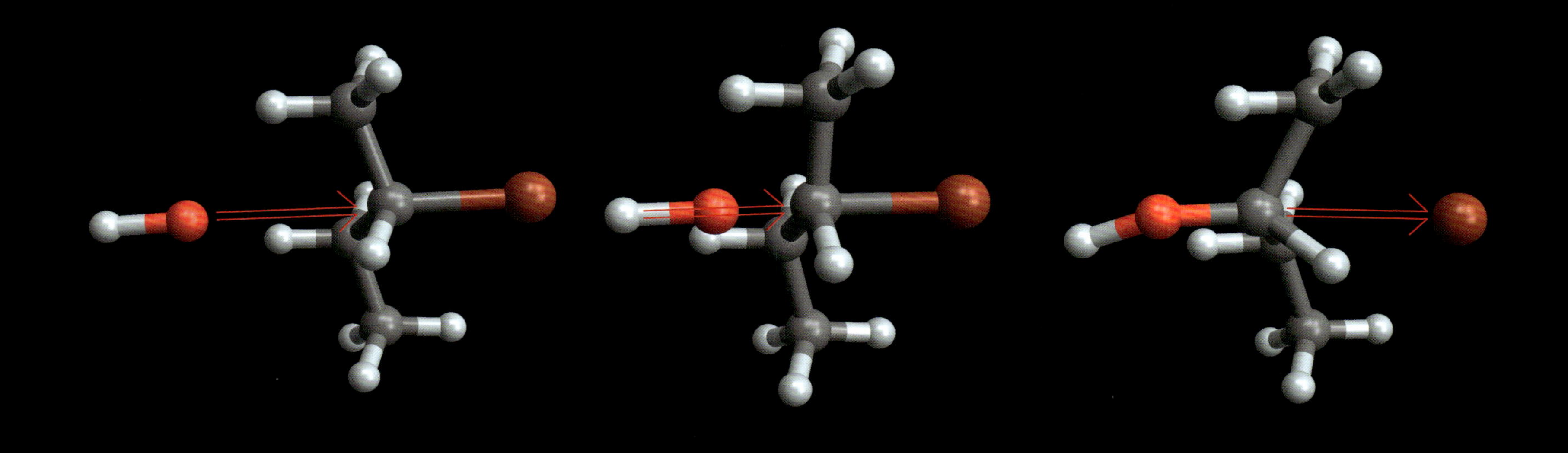

錠前を開けようとして鍵を投げるのは恐ろしく効率が悪い方法ですが、多くの場合、化学反応の起きかたはこのたとえに似ています。一般に、２種類の分子を反応させるには、両方の分子が何度も何度もぶつかるうちにたまたま適切な向きで当たり、しかもそれまでの結合に打ち勝って新しい結合を形成するのに十分な強さの力加減になっている必要があります。たとえば上の絵の反応では、鍵にあたる水酸化物イオン（OH^-）が、大きな分子にぶつかっています。この時、大きな分子の赤茶色の玉（臭素原子）が右にありますが、その臭素と結合している酸素原子に、臭素とは正反対の側から水酸化物イオンが当たらないと、反応が起きません。角度や向きが違ったり、衝突速度が足りなかったりすると、ただ跳ね返るだけです。でたらめな衝突が１秒間に数兆のそのまた何兆倍もの回数繰り返されているからこそ、化学反応が起きます。

熱は、反応を２つの面で促進します。前章で、熱は物質の内部で原子や分子がランダムに動いていることをあらわしている、と言いました。何かの温度が高い時、それを構成する分子はより速く動いています。動く速度が上がれば、衝突が増え、正しい当たり方をするチャンスも増えます。それに、動きが速いと当たりも激しくなりますから、衝突時のエネルギーが反応の引き金を引けるくらい大きい場合も多くなります。

このふたつの要因があるから、しょっちゅう化学物質をできる限り高温にしようとするわけです。ゆっくり反応するのをじっと待ちたい人はいませんからね。ただ待つだけなんて、実験室の大学院生にとっては時間の無駄ですし、工場ではお金の無駄です。もちろん、高温にするにしても限度はあります。一定の温度を超えると分子が分解しますし、その前に溶媒が全部蒸発してしまいます。

多くの場合、溶媒の沸点が実質的な上限温度です。そう、ここで答えが出てきました。化学実験室が沸騰するフラスコだらけなのは、かっこいいからだけではなく、溶媒の沸騰を抑えるための高価な圧力容器を使わずに反応速度をできるだけ上げるための妥協点がその方法だからです。（大規模に反応を起こさせる必要があり、効率向上が利益に直結する工業施設であれば、高温高圧の反応容器が普通に見られます。その容器を使って同じ反応を繰り返し行うので、投資する価値は十分にあります。）

子猫の体内は沸騰した液体で満たされているわけではありませんが、にもかかわらずものすごく多くの反応が起こっており、しかもその大半は非常に速い速度で進行しています。次に、写真のヘビはこの子猫を食べたりはしませんが、もしヘビが子猫を食べたら、消化プロセスはかなり速い速度で進むでしょう――ヘビは変温動物なので体内の化学反応は子猫よりずっと低い温度で行われているというのに！　植物、動物から極寒の北極海に生息する奇妙な海洋↙

↙生物まで含めて、生命体は「化学反応を速く進めるには高温が必要」という主張に対する生きた反例です。なぜ生物の体内では低温でも反応が起こるのでしょう？　錠前の鍵穴の手前に、鍵を穴へ導くじょうご型のガイドと、鍵が穴にはまったらトリガーが引かれてバネの力で鍵を回す機構を備えた装置が取り付けられているところを想像して下さい。その装置つきの錠前に向かって鍵を投げると、↗

↗ 裸の錠前に向かって投げるときよりずっと成功率が上がることでしょう。まだかなりの回数投げなければいけないのはたしかですが、装置なしの時よりはずっと少ない回数で済みます。（写真の模型をあまり真剣に受け取らないで下さい。これはあくまでたとえ話をわかりやすくするための小道具で、実際に作動するようには作られていません。） 室温近くでの化学反応という問題に対して生物が取った対応策は、それと同様です。生体内には酵素という特殊なタンパク質 ↙

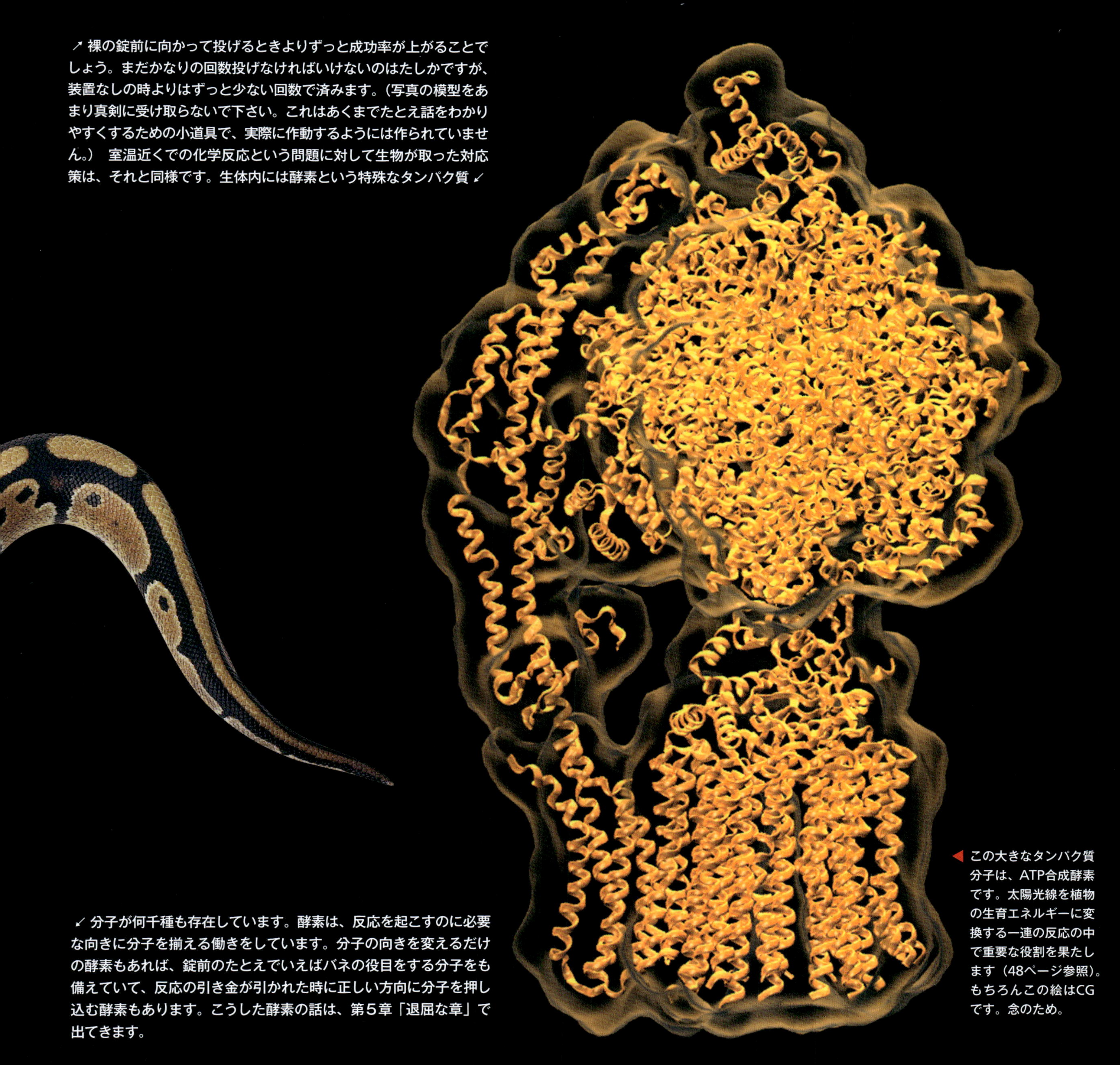

◀ この大きなタンパク質分子は、ATP合成酵素です。太陽光線を植物の生育エネルギーに変換する一連の反応の中で重要な役割を果たします（48ページ参照）。もちろんこの絵はCGです。念のため。

↙ 分子が何千種も存在しています。酵素は、反応を起こすのに必要な向きに分子を揃える働きをしています。分子の向きを変えるだけの酵素もあれば、錠前のたとえでいえばバネの役目をする分子をも備えていて、反応の引き金が引かれた時に正しい方向に分子を押し込む酵素もあります。こうした酵素の話は、第５章「退屈な章」で出てきます。

工場で

巨大な化学工場はおそろしく複雑に見えますが、部分ごとに取り出して見れば、たいていの構成部品は実験室やキッチンや田舎の作業小屋の中にあるものをばかでかくしただけであることがわかるはずです。

たとえば、細長くて背の高い円筒が立っていて、側面のあちこちの高さからパイプが出ていたら、どんなに大きかろうが小さかろうが、蒸留塔だと思ってまず間違いありません。

すべての蒸留装置は、基本的構造が同じです。底には、混合液体が加熱されて沸騰しているフラスコやポットや釜（時には、何らかの反応が起きている液体が入った容器）があります。この器から蒸気が蒸留塔へ上がっていきます。蒸気に含まれる成分のうち、あるものはすぐに凝縮して再び容器の中に落ち、またあるものは塔の側面の冷却コイル（中に水を通して冷やすことが多い）に出合うまで上っていきます。冷却コイルで冷やされた蒸気は凝縮して液体になり、受け器に入ります。

蒸留塔の仕事は、沸騰するフラスコから受けフラスコへ、特定の物質を移動させることです。どうしてこんな手間のかかる方法を使うのか？　なぜ、単にフラスコからフラスコへ注ぐだけではいけないのか？　それは、沸騰するフラスコの液体中に含まれている成分のうち、一部だけが蒸発して蒸留塔を通り抜けるからです。蒸留は、物質の蒸発のしかたの違いを利用して、異なる物質を分離する手法です。沸点が低いものほど、先に蒸発して出てきます。

▲冷却コイル（水冷式が多い）

▶バッフル（邪魔板。付いていない場合もある）が凝縮と再蒸発をうながし、沸点の違いによる成分の分離（分別）を向上させる。

▲受けフラスコ

▶蒸留塔（カラム）

▲沸騰または反応しているフラスコ

▼ずっと大きな商業用のウイスキー蒸留器も、ムーンシャイン蒸留器と原理はまったく同じですし、主な部品も同じです。

ビールやワインよりもひどい味の飲み物が欲しければ、アルコール濃度を上げて「蒸留酒」を作る必要があります。蒸留器の内部では、蒸留釜にアルコール、水、糖分、そしてアルコール発酵の過程で使われた穀物や酵母の残りが一緒くたになった液体が入っています。

アルコール（エタノール）は水よりも沸点が低いので、混合液を熱すると、最初に優先的に蒸発してくるのはアルコールです。これにより、受け器に純度96%に近い高濃度のアルコールを集めることができます（これを「共沸混合物」といいます）。アルコールが全部蒸発すると、蒸留釜の温度が再び上昇し、やがて水が沸騰しはじめます。そうなる前に凝縮液を集めるのをやめて、残りもの（水や酵母の混ざった液）を捨てればよいのです。

▶このムーンシャイン〔密造酒〕蒸留器は、高さが数フィート（約1m）で、全体が銅でできています。米国では、州によっては違法です。

▲ 商業規模でアルコールを蒸留すると、こうなります。アイルランドのダブリンにあるアイリッシュウィスキー蒸留所で使われている、高さ20フィート（6m）の銅製ポットスチル（蒸留器）です。ムーンシャイン蒸留器と比べるとはるかに大型ですが、蒸留釜、蒸留塔、冷却器といった基本部品とその機能は同じです。

◀ アイルランドの蒸留所にいた陽気なカナダ人ツアーガイドによれば、法的に「アイリッシュウィスキー」を名乗るためには、蒸留したアルコールを樽に詰めて最低でも3年と1日寝かせなければいけないそうです（スコッチウィスキーが「3年」を条件にしているので、アイルランド人はそれより1日長くしたとか）。それに対して、この写真の製品は冷却コイルで蒸留された液体そのもの、蒸留作業が正しく行われた結果として生まれる高純度で無色の液体です。（本当に蒸留器からそのままビンに詰めるとエタノール濃度はおよそ95%になりますが、人間が飲むものとして販売することは禁じられているため、合法濃度まで水で薄めてあります。）

◀ 大型の商業用アルコール蒸留装置は大量生産を行っているので、この目視キャビネット（蒸留責任者が生産状況をリアルタイムで見るために設けられた部分）ではアルコールが小川のように流れています。

▲ 実験室の蒸留装置は透明なガラスでできていて最も「可視性が高い」といえます（ガラスは耐薬品性が非常に高いので、中に入れた溶液にガラスの成分が溶け出して汚染することがほとんどなく、たいていのものを蒸留できます）。そのうえ、柔軟に組み合わせて使えるようすべてのパーツが分かれていて、ジョイントでつなぐことができます。

蒸留塔は、嬉しくなるくらい多種多様です。一番手が込んでいるのは、分留（分別蒸留）に使われる装置です（21ページにいろいろな器具の写真があります）。分留は複数の揮発性物質を分離したい時に使われる手法で、対象になる揮発性物質同士は沸点がほんの数度しか違わないこともあります。沸騰のさせ方と蒸留塔の温度を注意深く制御すると、物質を連続的に蒸発させ、蒸留塔を上っていく間に沸点が近い物質が再凝縮するような状態を作り出すことができます。それにより、一度の蒸留で、上へ向かって上昇するにつれて、ある一定の沸点幅ごとに『留分』として取り出すことができます。

この愛くるしい銅製の蒸留器は南フランスにあり、ラベンダーの花からラベンダー精油を蒸留する作業に使われています。工業用の化学装置に共通する“残念な点”は、多くの場合ガラスではなく金属で作られていて、中が見えないことです。この種の装置は毎回同じ物質のみを処理するので、実験室の器具とは違ってすべての物質に冒されない素材である必要はなく、抽出する特定の物質だけに耐えればいいのです。

銅は、よく産業用蒸留器の素材に選ばれます。なぜなら、水やアルコールに触れても半永久的に変化しないからです。銅は比較的高価な金属ですが、加工や溶接がしやすいので、このラベンダー蒸留器のような装置を銅で作る時のトータルなコストは、ステンレス鋼やアルミニウムで作るよりも安くて済むとされます。ついでに言うと、私たちはあの美しいラベンダーの花を刈り取り、ぐしゃぐしゃにして蒸留装置でエッセンスを取り出し、トイレにスプレーしているわけです。幸いにも今は人工合成のラベンダー香料もありますから、安い製品は可憐な花に残虐行為をはたらくことなしに作られているかもしれません。

◀ このロータリーエバポレーターは蒸留装置とよく似ていますが、溶液中の成分を分離するためではなく、主に（溶媒を蒸発させて）溶液を濃縮するように設計されています。言い換えれば、蒸発して出ていくものではなく、蒸発せずに残るものの方を重視しています。

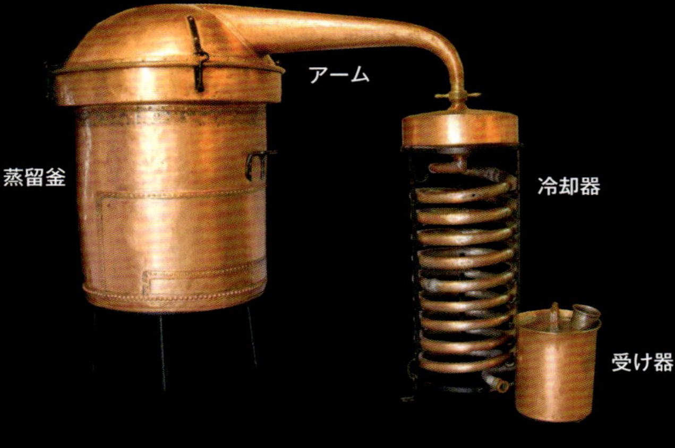

◀ この工場に何本も立っているのは、何の変哲もない蒸留塔です。高さは30mもありますが、それによって蒸留塔の機能のしくみが変わることはありません。一番下の部分に原油が入れられて、ほとんどの成分が蒸発する温度まで加熱されます。蒸気は蒸留塔を上がっていき、上に行くにしたがって温度が下がります。すると、沸点に応じて別々の成分（留分）が凝縮します。

蒸留塔の底に近い部分で最初に凝縮するのは、重油成分です。その上の方では重油よりも軽い油が凝縮し、次いで灯油が液化し、さらにその上ではガソリンに含まれる複数の化合物が液体に戻り、最後にナフサと呼ばれる、凝縮可能な成分の中では最も軽い留分が得られます。それぞれの高さのところに取り出し口があり、凝縮したものを次の工程へ送り出します。てっぺんまでいっても凝縮しない成分は、主に天然ガス（メタンとエタン）です。そうしたガスは一番上から取り出され、精製されて、この石油精製工場の動力源に利用されたり、他のさまざまな化学製品の原料になったり、都市ガスとして売られて家庭の暖房に役立ったりします。

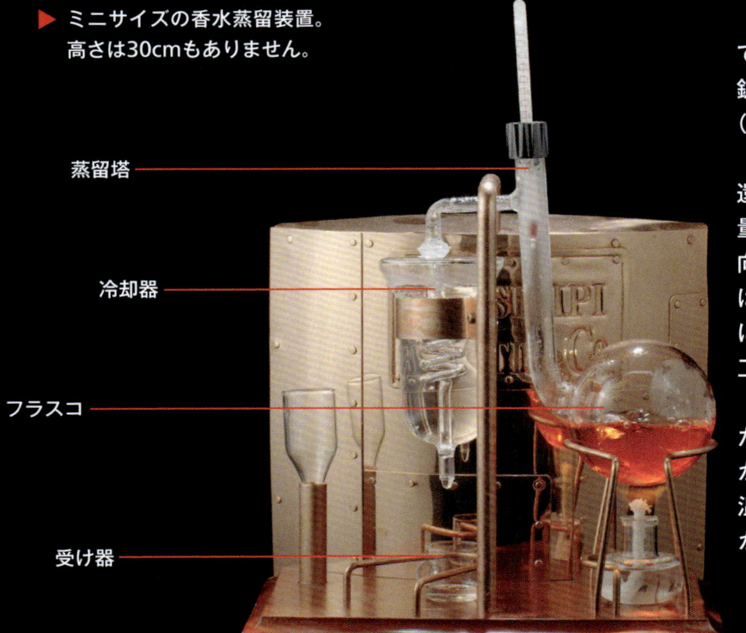

▶ ミニサイズの香水蒸留装置。高さは30cmもありません。

鉄は世界中のどこにでも広く存在しています。ほとんどあらゆる場所で鉄を掘り出すことができますが、出てくる鉄は必ず酸化鉄の形をしています。つまり、「赤錆（さび）」とも呼ばれる赤鉄鉱（三酸化二鉄、Fe_2O_3）か、黒色の磁鉄鉱（四酸化三鉄、Fe_3O_4）のどちらかです。金属鉄（単体のFe）は空気に触れるとすぐに錆びて酸化鉄になります。

使い勝手がよくて役に立つ鉄を得るには、酸化鉄を「還元」して金属鉄にする必要があります。還元のやりかたは、テルミットの反応の時に出てきました。テルミットを使う方法は、急いで少量の灼熱した液状鉄を用意しないといけない時にはぴったりですが、大量の鉄鉱石の精錬には向きません。なぜ？　テルミットには金属アルミニウムが必要ですが、アルミニウムも天然には酸化アルミニウム（Al_2O_3）の形でしか存在しません。酸化アルミニウムを金属アルミニウムにするのは、酸化鉄を金属鉄にするよりずっと困難で、費用もたくさんかかります。ですから、工業規模で金属鉄を取り出すために金属アルミニウムを使う方法はおよそ割に合いません。

幸いなことに、酸化鉄は炭素を加えて加熱すれば還元されて金属鉄になります。ただ、原理だけ聞くと簡単そうですが、実際にやるのはとても大変です！　石器時代と青銅器時代の後、かなり遅れて鉄器時代が始まった理由は、鉄作りが難しいからです。一番の問題は、非常な高温が必要なことです。炉を作り、普通に火を燃やした時よりもはるかに高い温度にして、還元が起きているあいだじゅう何時間もその温度を維持しなければいけないのです。

鉄鉱石はどこにでもあると言いましたが、どのくらいどこにでもあるかというと――ビーチにいても鉄鉱石から逃げられないくらいです。この章を執筆している真冬のさなか、私はパナマのビーチリゾートへ行かざるを得なくなりました。足の下を含めてあらゆる場所で見つけたのは、黒い磁鉄鉱の砂、つまり砂鉄です！　土産物屋で裏に磁石が付いた栓抜きを買い、袋いっぱいの砂鉄を集めました（いつテルミットを作る必要が生じるかわかりませんからね）。磁鉄鉱は名前からもわかるように磁性を持っていて、砂の上を磁石でなでると、黒い磁鉄鉱粒子が飛び上がってきてくっつきます。それをはがして集めればよいのです。〔磁石にポリ袋をかぶせておくと、砂鉄を容易にはがせます。〕

集めた砂鉄で作った品物の写真が、71ページにあります。

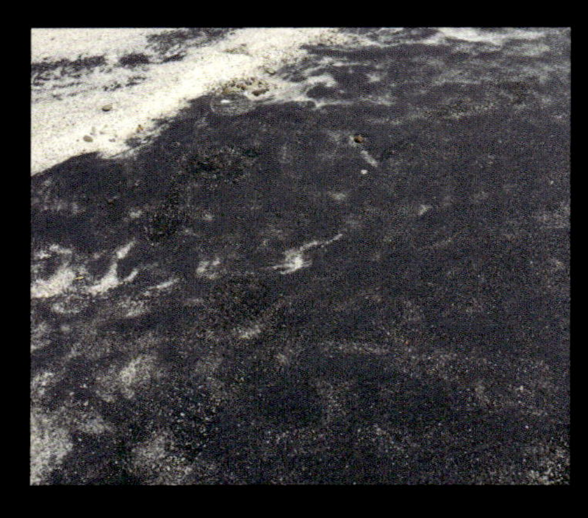

▲ パナマのプラヤ・ブランカ・ビーチの黒い磁鉄鉱（砂鉄）。ちなみにプラヤ・ブランカはスペイン語で「白い浜」という意味です。

▲ パナマのプラヤ・ブランカで、海岸に積み重なった磁鉄鉱の岩塊を背にポーズを取る筆者。ビーチの黒い砂はこうした岩が風や波で浸食されてできたものです。（少なくとも私はそう思います。正直言うと、私は地質学者ではないのでもしかしたら間違っているかもしれません。いずれにしても、ここのビーチは素敵なところで、砂は間違いなく磁鉄鉱でした。）

◀ 鉄鉱石はいろいろな姿を取ります。このおしゃれな磁鉄鉱の岩は、ミネソタ州アイアントン（なんとぴったりの地名！）にある、放棄された鉄鉱石鉱山で採れたものです。

鉄鉱石から鉄を作ろうとした最初の試みでは、液体状の鉄はできませんでした。古代の人々は粘土の炉の中に木炭または薪（燃焼して炭素を供給する）の層と鉄鉱石の層を交互に何層も重ねて、火をつけました。長時間にわたって炉内に空気を送るためには、ふいごが使われました。この方法でできたのは、純度が低く、軟らかいけれど融けてはいない「ブルーム（塊鉄）」でした。このブルームをハンマーで叩き、折り返し、加熱し、またハンマーで叩くという気の遠くなるほど労力のいるプロセスを経て、実用に足る鉄の小さくて貴重な塊が生まれました。

▶ アフリカでは20世紀まで、いろいろなタイプのブルーム炉が無数に使われていました。こうした炉でできた鉄で、斧や道具類や農具を作ったのです。古代には、何世紀もの間アフリカとインドの鉄が世界で最も高品質で、交易により世界の他の地域に運ばれていきました。

▼日本のブルーム炉である「たたら製鉄」設備〔安来市立和鋼博物館所蔵〕。見た目は違っても原理は同じです。たたら製鉄で作られた鉄の一番有名な用途は、日本刀です。何度も折り返して層状になった鋼は、刀の材料として非常に優れています。

▶現代の溶鉱炉（高炉）は、鉄鉱石とコークス（石炭から作られる炭素燃料）を交互に積み重ねるという点で、基本設計は古代のブルーム炉と似ています。しかし人力のふいごで風を送るかわりに、高圧の予熱空気を使って炎をかきたててブルーム炉よりもはるかに高温にし、鉄を完全に液状にします。巨大な高炉はつねに連続運転しています。下から融けた鋼が流れ出し、上から新しい鉱石とコークスを足しながら、休みなしに何年も稼動しつづけます。

産業界の巨獣である高炉が一度火を落としてしまうと、再稼働させるには莫大な費用と時間と労力がかかります。製鉄所が閉鎖になる時、死にゆく高炉から放たれる最後の熱は、そこで働いていた人々や、製鉄所の“城下町”の地域社会にとって、大きな悲しみの象徴です。高炉を動かしてきた人たちは、冷たくなってゆく炉に終焉――ある種の死――が訪れることを誰よりもよく知っているのです。

◀炭素が多く含まれている鉄は、硬くて鋭利な切れ味が保たれる反面、もろく欠けやすいという弱点も持っています。炭素の少ない鉄は強靭で耐衝撃性が高いのですが、やや軟らかめです。炭素含有量の異なる鉄の薄い層を交互に重ねることで、強靭さと鋭利さを兼ね備えた刀ができます。そのような性質を持つ日本刀ができたのは、最初は偶然でした。〔日本刀の素材は単なる重ね合わせではなく、刀身の部位ごとに折り返し回数の違う鋼を使い分け、貼り合わせています。〕現在は、その特性の一部を意図的に取り入れて作られた鋼もあります。現代人は鋼の性質を制御する詳しい方法を知っているので、今作られている刃物は、サムライが持っていた日本刀よりも、また、古(いにしえ)のどんな職人が作ったその他の刃物よりも、優れているはずです。

▶現代のダマスカス鋼は、炭素含有率の高い鋼と低い鋼を交互に重ね、昔の日本刀作りと同様の方法で何度も折り返しながら鍛造されています。酸でエッチングしてパターンを浮かび上がらせれば、際立って美しい模様を持つナイフを作ることができます。古くからの伝統を模した鋼ですが、この素材は現代の工具用合金鋼や炭化タングステンのドリルビットにはとても太刀打ちできず、切られ穴をあけられてしまいます。

◀完全に液状になった鉄からは、ブルームよりもずっと容易にほとんどの不純物を除去できます。不純物は表面に浮くか底に沈むかするので、取り除きやすいのです。炉に吹き込まれる高温の酸素が鉄の中の余分な炭素を燃焼させます。また、液状の鉄にはバナジウムやモリブデンその他さまざまな合金用の金属を溶け込ませることができます。こうした化学的処理によって、超高硬度の工具鋼、錆びないステンレス鋼、何度伸縮させても形が崩れないばね鋼など、驚異的なほど幅広い種類の合金鋼が作れます。

鉄の精錬（鉄鉱石から鉄を得ること）が初めて行われたのははるか（今から3000年ほど前）のことでした。鉄の使用が増えた時代は、の人々から「鉄器時代」と命名されました。鉄の精錬は純粋な化学プロセス、つまり酸化鉄と炭素の反応で行うことができます。それ対して、アルミニウムの精錬法の開発はずっと新しく、初めて金属ルミニウムが作られたのは1825年でしたし、産業としてのアルミ精が始まったのは1880年代です。アルミ製品の実用化はさらに電気普及を待たなければなりませんでした。工業規模で鉱石からアルミウムを抽出できる唯一の方法は、大量の電流を必要とするからです。

一般的なアルミ精錬工場には何百個もの電解炉があり、そのひとつとつが1日あたり約1トンのアルミニウムを生産しています。1トというのはアルミニウム原子にすると20,000,000,000,000,00,000,000,000,000（2×10^{28}＝2穣）個くらいですが、そのべての原子について電子3個を使って個別に還元しなければいけまん（一番下の反応図で示したように、アルミニウムイオンは＋3の荷を持っているので、これを還元して電荷ゼロのアルミニウム原子するためには、−1の電荷を持つ電子が3個必要です）。1トンの属アルミニウムを得るのに必要な電流（電子が流れる割合）は、計上は10万アンペアくらいです（実際の精錬はそんなにすべてが効的に進むわけではないので、一般的なアルミの電解炉はその2倍以の電流を使います）。

▶ アルミ電解炉は、本章の前の方に登場した「三猿の置物をクロムめっきする、卓上でできるデモンストレーション」（78ページ）が大がかりになったものといえます。クロムの代わりに、融けたアルミ鉱石から金属アルミニウムを析出させます。そして、猿の表面に顕微鏡レベルの薄さのクロム層をめっきしておしまいにするのではなく、そのまま金属アルミの層を成長させ、トン単位のアルミを取り出します。

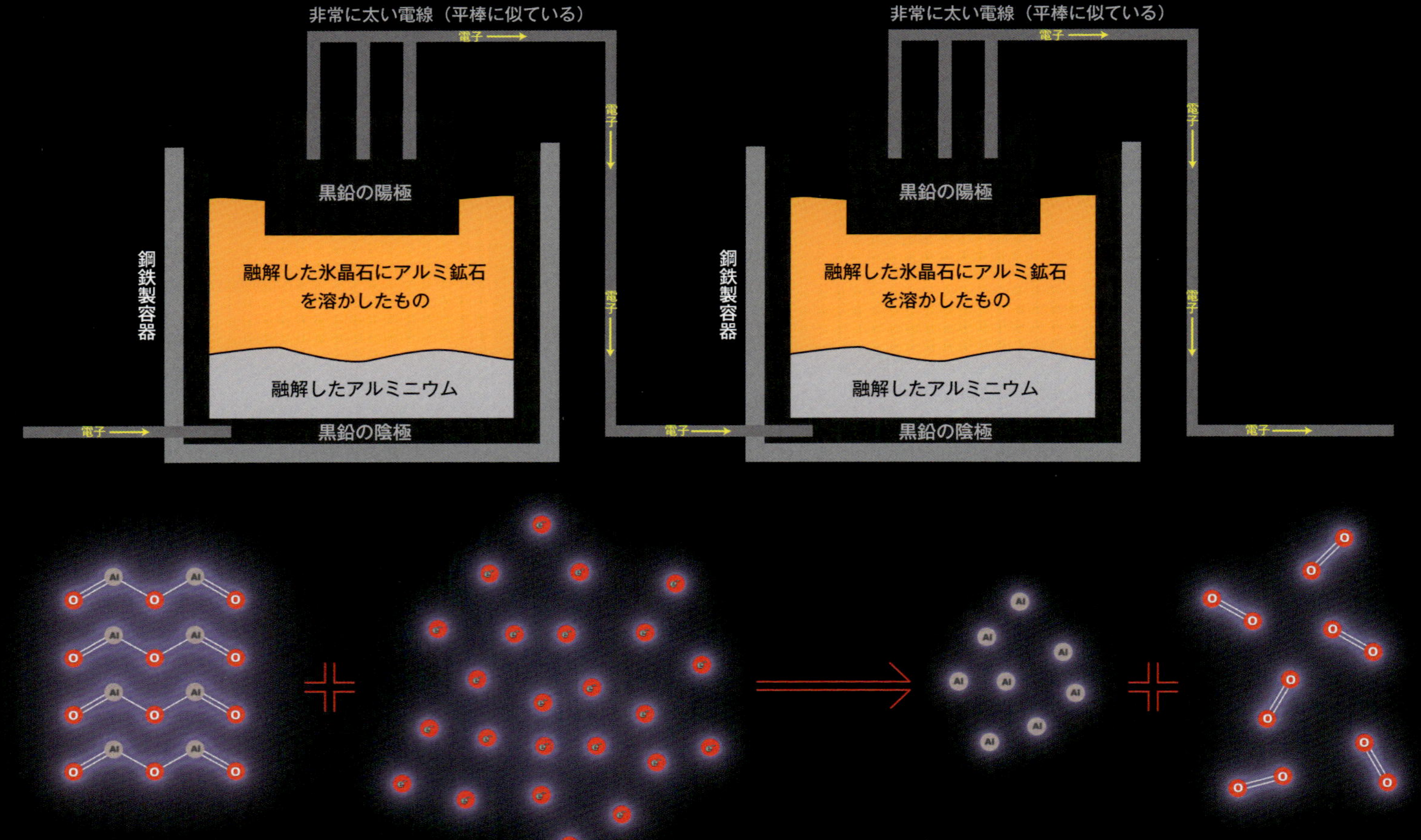

▲10万アンペアとはどのくらいでしょう？　アルミ精錬工場と同じ電圧の場合、２アンペアでスマートフォンの充電ができますから、電解炉１基は、５万人収容のアリーナを満席にした人気ポップスターのコンサート会場で、観客全員が動画を撮影していても、すべてのスマホを充電できることになります。炉に電流を送る電線の太さを見るだけでそのすごさがわかるでしょう。

◀アイスランドの地熱発電所

◀製鉄所は、鉄鉱石産地の近く〔日本のような原料輸入国では港の近く〕に作られるのが普通です。これは理の当然です。鉱山のそばで加工して、価値の高い鉄だけを運び出せるのに、どうしてわざわざ鉄鉱石を遠くへ輸送したりするでしょう？　ところが、金属アルミニウムを作る化学反応には電気がたくさん必要なので、事情が180度異なります。アルミ精錬工場は普通、電力が安く大量に供給される場所の近くに作られます。つまり、カナダの水力発電所や、アイスランドの地熱発電所や、いろいろな国の原子力発電所の近くです。アルミニウム鉱石の産地に電力を送るのではなく、電力のあるところへアルミニウム鉱石を運びます。

道路で

道路保安用発炎筒は、道路上で起きた非常事態（車が路肩に乗り上げた、倒木がある、など）を他の車に知らせるために使われます。硝酸ストロンチウム、硝酸カリウム、おがくず、木炭、あるいは硫黄などを混ぜて厚紙の筒に詰めてあります。硝酸ストロンチウムと硝酸カリウムはどちらも「酸化剤」で、おがくずや木炭や硫黄が燃え続けるよう酸素を供給します。空気から酸素を取り入れる必要がないので、一部の発炎筒は水中でも燃えます。

発炎筒は、道路上でのトラブルの際に頼りになります。さて、鉄道のレールのトラブルには、別の種類の混合燃焼剤が求められます。

鉄製の長いレールの溶接は、難しい作業です。実際に行わねばならない内容を考えると、溶接という言葉はあまり適切ではありません。列車による絶え間ない振動に耐えるには、溶接するレール同士の両端を同時に完全な液状にして、１本の連続したレールになるようにつなげなければなりません。レールはとても太いので、端を熱するとその熱がすぐにレールを伝わって逃げてしまいます。いま書いたようなタイプの溶接は、通常の溶接トーチやアーク溶接機ではどうしてもできません。それでは全然パワーが足りないのです。

必要なのは、レール同士の隙間（指１本分くらいの間隔）を、両側のレールの端が少し融けるくらいの高温で溶接して埋めることのできる方法です。（溶融むらが起きないよう、普通は継ぎ目を埋める前にレールを予熱します。）

新たに線路を敷設する場合は、列車１両分くらいのサイズの装置で熱してから２本を接続します。けれども、既存レールの補修の場合は、もっと持ち運びが楽で、非常な高熱が得られ、10ポンド（4.5kg）ほどの溶融鉄が出せる仕組みが必要です。となれば、テルミットに勝る選択肢はありません。〔興味のある人は「テルミット溶接」「railroad welding」などのキーワードで動画検索してみましょう。〕

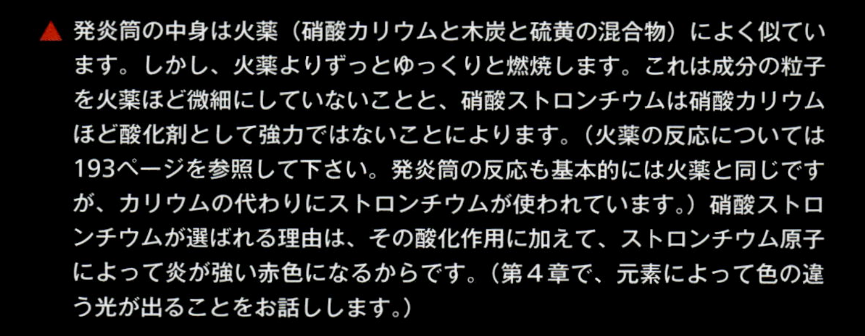

▲ 発炎筒の中身は火薬（硝酸カリウムと木炭と硫黄の混合物）によく似ています。しかし、火薬よりずっとゆっくりと燃焼します。これは成分の粒子を火薬ほど微細にしていないことと、硝酸ストロンチウムは硝酸カリウムほど酸化剤として強力ではないことによります。（火薬の反応については193ページを参照して下さい。発炎筒の反応も基本的には火薬と同じですが、カリウムの代わりにストロンチウムが使われています。）硝酸ストロンチウムが選ばれる理由は、その酸化作用に加えて、ストロンチウム原子によって炎が強い赤色になるからです。（第４章で、元素によって色の違う光が出ることをお話しします。）

▼ 本章の前の方で、教室で行う特に難度の高いデモンストレーションとしてテルミットを紹介しました。酸化鉄（錆を集めて微粉にしたもの）と金属アルミニウムの粉末が反応して、非常に高温の溶融鉄ができます。教室で見せると実に派手ですが、ちょっと考えてみて下さい。持ち運びが簡単で、手軽に高温の溶融鉄が得られる？　なんとまあ便利な！

▲ テルミットに点火する難しさは生半可ではありません。いろいろな方法が使われますが、圧倒的にシンプルなのは、スパーク花火（針金に火薬が付いていて、火薬部分に銀色のコーティングがしてあるもの）を使うことです。スパーク花火は非常な高温で燃焼し、どんな種類のテルミットにも確実に点火できます。（プロはカスタム仕様のスパーク花火を使いますが、そのへんで売っている娯楽用スパーク花火との違いはわずかです。）

▶ テルミットに火がついたら、30秒ほどは煙と炎が出るだけで、それ以上のことは起こりません。この間に反応が上から下へ進み、コンクリート製ポットの中に溶融した鉄がたまっていきます（71ページの連続写真とまったく同じです）。ポットの底には穴がひとつあり、絶妙な厚さのアルミニウムで栓がされています。鉄が完全に融けて均一な液だまりができるのと同じタイミングでアルミニウムの栓が融け、鉄が流出します。

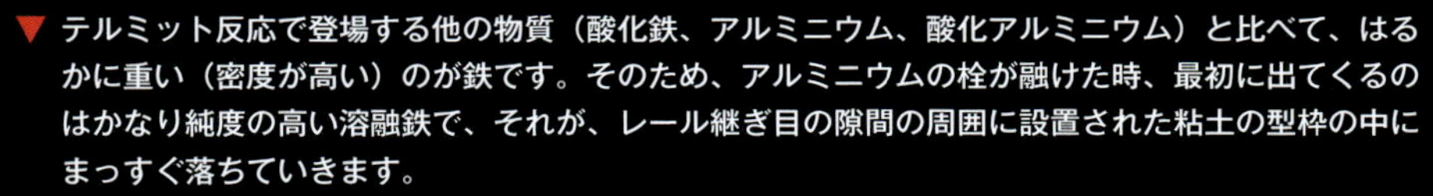

▼ テルミット反応で登場する他の物質（酸化鉄、アルミニウム、酸化アルミニウム）と比べて、はるかに重い（密度が高い）のが鉄です。そのため、アルミニウムの栓が融けた時、最初に出てくるのはかなり純度の高い溶融鉄で、それが、レール継ぎ目の隙間の周囲に設置された粘土の型枠の中にまっすぐ落ちていきます。

型枠が一杯になると、それ以降に落ちてきた液体は両脇の受け皿にあふれます。あふれた液体の一部は鉄の余りですが、大部分はその他の反応生成物、つまり酸化アルミニウムです（白熱した液体の時には溶融鉄とそっくりに見えます）。冷えて固まった酸化アルミニウムはコランダム（鋼玉（こうぎょく））として知られ、ある種の紙やすりの材料になります（非常に硬くて角が鋭利な結晶を形成するからです）。液状の鉄だけでなく液状の紙やすりも作れるとは、なんとホットな反応でしょう。

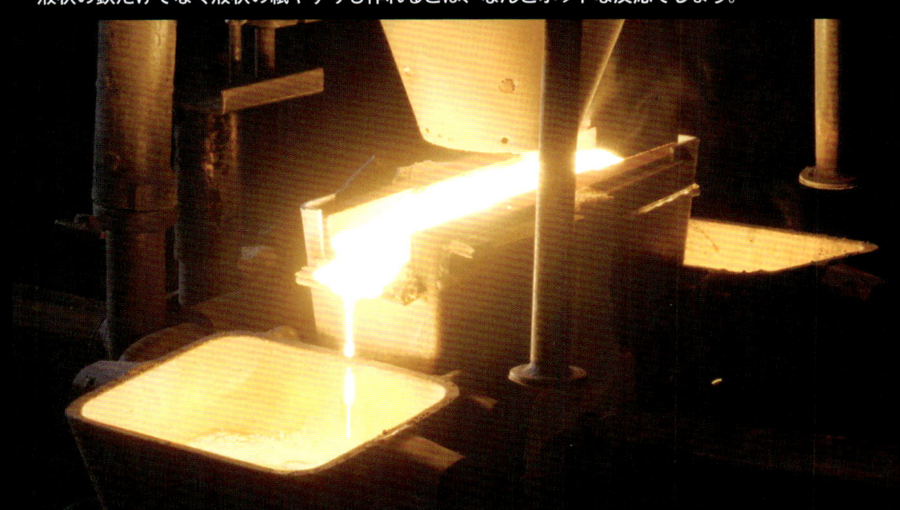

▼ 鉄が冷めると、レールは１本につながります。あとは、接続部分を滑らかにするために上面と側面を研磨するだけです。時速何百マイルかの高速鉄道で旅をする際に、列車がガタンゴトンいわないのは、車輪の下のレールの何千ヵ所もの接続部が完璧につながれているからです。

◀ 溶接部分の断面。ふたつの鉄の塊がひとつにつながっているのがわかります。

爆薬は、何かを壊してその存在を消してしてしまいたい時に広く使われます。橋、敵の戦車、道路をふさぐ巨岩、要らなくなった建物――どれも、爆薬を何ヵ所かに仕掛ければ“片付ける”ことができます。

しかし、このページの写真は爆薬の使用例ではありません（爆薬は第６章で扱います）。このコンクリートブロックは、非爆発性・膨張式の「静的破砕剤」で、数時間かけてゆっくりと破壊されました。静的破砕剤はたいていは単純な酸化カルシウムと水酸化カルシウムの石灰です。壊したい箇所に穴をあけ、粉末状の破砕剤に水を混ぜて充填すると、ゆっくりと変化して破砕剤が膨張します。膨張によってコンクリートに圧力がかかり、最後にはひびが入って割れるというわけです。邪魔なコンクリートに困っているけれど爆薬取扱い免許がない人にとっては、すばらしい朗報です。

道路やコンクリート構造物の小さな隙間やひび割れに水がしみこんで、その後で凍ると、似たようなことが起こります。水は氷になると膨張しますから（これは非常に珍しい特性で、203ページで詳しく説明します）、路面やコンクリートに大きな圧力がかかってひび割れが広がり、何百万ドルもかけて作った道路がだいなしになります。氷はいろいろな厄介ごとの原因になりますが、これもそのひとつです。

しかし、氷対策には、塩という強い味方があります！

氷の上に塩をまくと、氷の融点が下がって、水に戻るのです（ただし、新しい融点が、昨今の誰も耐えられないくらいとんでもない寒さよりも下である限りにおいて）。気温がマイナス７℃までなら、普通の食塩（塩化ナトリウム）が使えます。それより寒い場合には、別のタイプの塩があります。チャンピオンは塩化カルシウムで、マイナス30℃まで効き目があります。

▶ 毎年路面が凍結する寒冷地に住むという特権を有する人たちは、こうした融雪剤の反応についてよく知っています。しかし、はたしてこれは反応なのでしょうか？

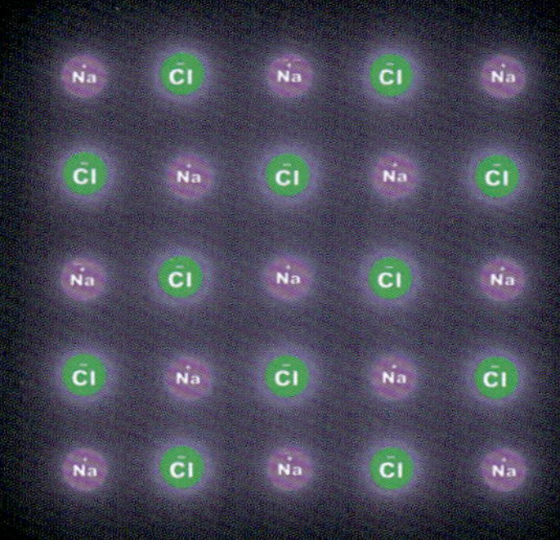

▶ 溶解

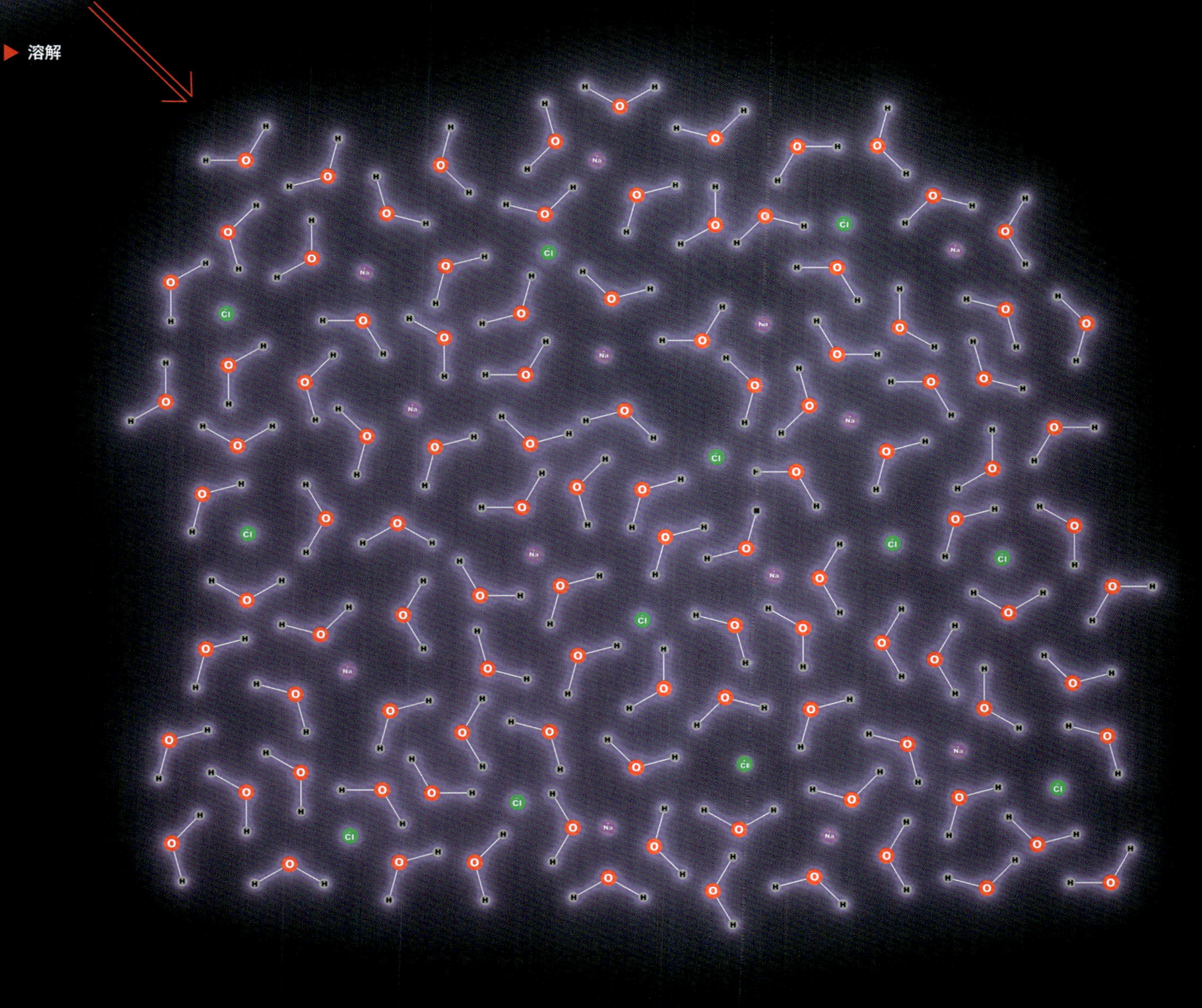

◀ 固体の塩の粒は、プラスとマイナスの電荷を持つ原子（イオン）が交互に並ぶ結晶です。左の図解は食塩の場合で、Na^+（プラス1の電荷を持つナトリウム原子）とCl^-（マイナス1の電荷を持つ塩素原子）で構成されています。ナトリウム原子はマイナス電荷を持つ電子を1個失ったために全体がプラス1になり、塩素は余分な電子を1個得たために全体がマイナス1になっています。

塩が水に溶けると、ナトリウムと塩素のイオンの並びが崩れ、周りを水分子で囲まれます。固体の塩の結晶は分解され、原子が1個ずつばらばらになって水に混じります。

塩水の方が純粋な水より融点が低いのは、水に溶けたイオンが凍結プロセスを邪魔するからです。液体の水を冷やしていくと、分子は互いに並んでネットワークを作りはじめ、最終的には全体が、水分子が結合した三次元の格子構造になります（100 ～ 101ページの左側の図）。これが氷の結晶です。

▼ 水に塩が溶けていると、整列して結晶を作ろうとする水分子をイオンが邪魔して、温度が0℃より下になっても液体の状態にとどまらせます（右側の図）。

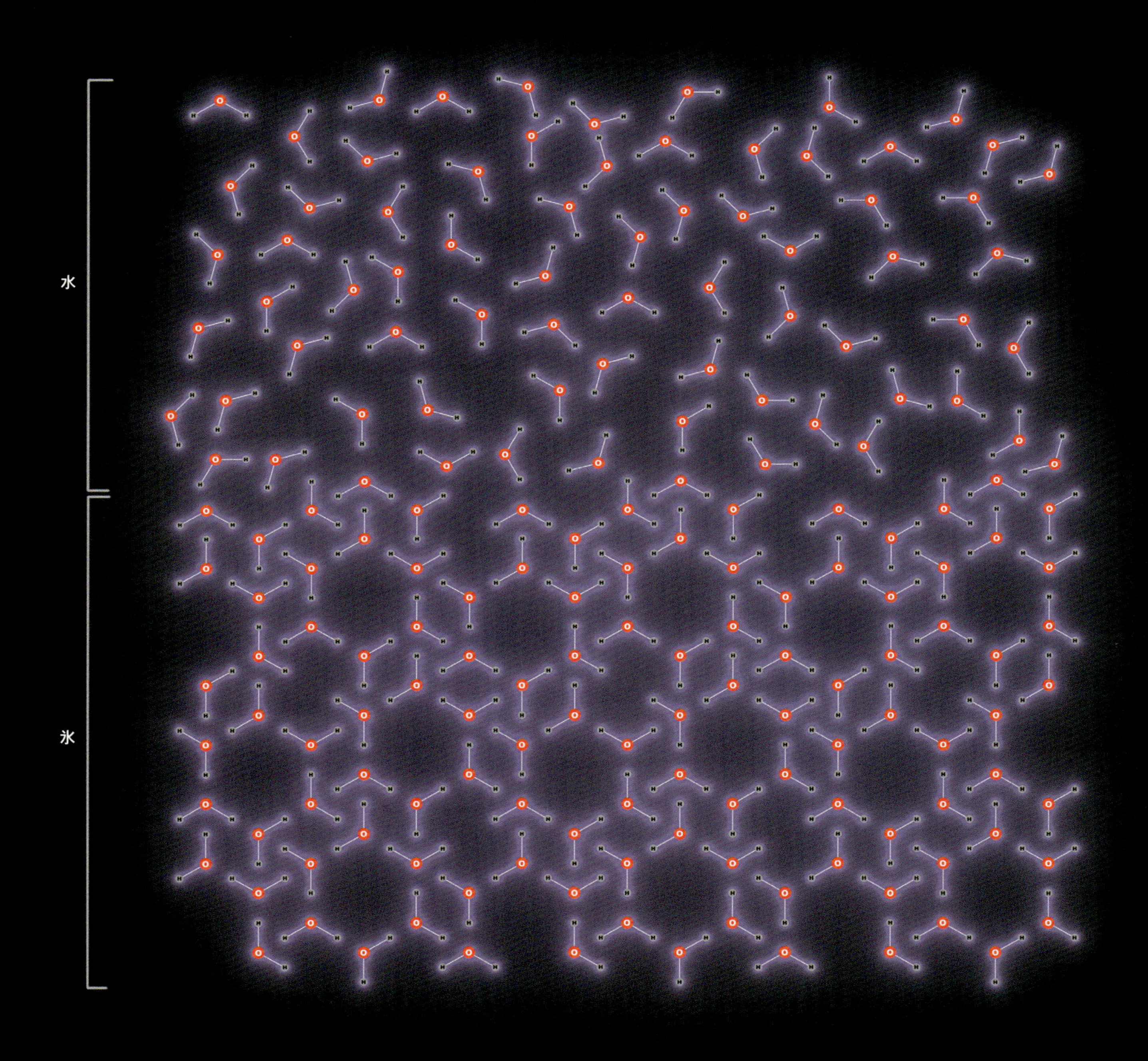

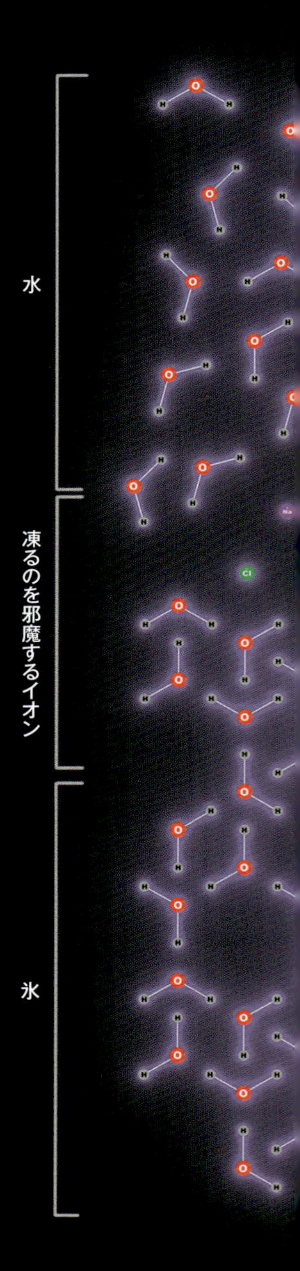

▲ 純粋な水

溶解は化学反応か？

これまで本書で何度か、「あなたが身の回りで目にするほとんどのことは化学反応だ」と言いました。しかし、この「ほとんど」というのはいったいどこまでを含むのでしょう？　ある物質が水に溶けるのは、化学反応でしょうか？

教科書にはよく、化学的変化（反応）と物理的変化（反応ではないもの）の違いが、もったいつけて書かれています。反応ではないものの例として挙げられるのが、融解〔固体が液体になること〕、沸騰、そして……溶解〔あるものが別の液体に溶け込むこと〕です。しかし、言葉の定義が仰々しく言い立てられている時は、境界線上のきわどいケースに足をすくわれることがありがちです。

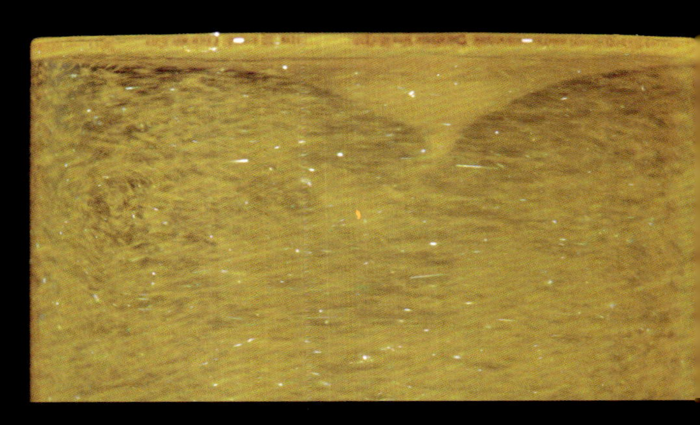

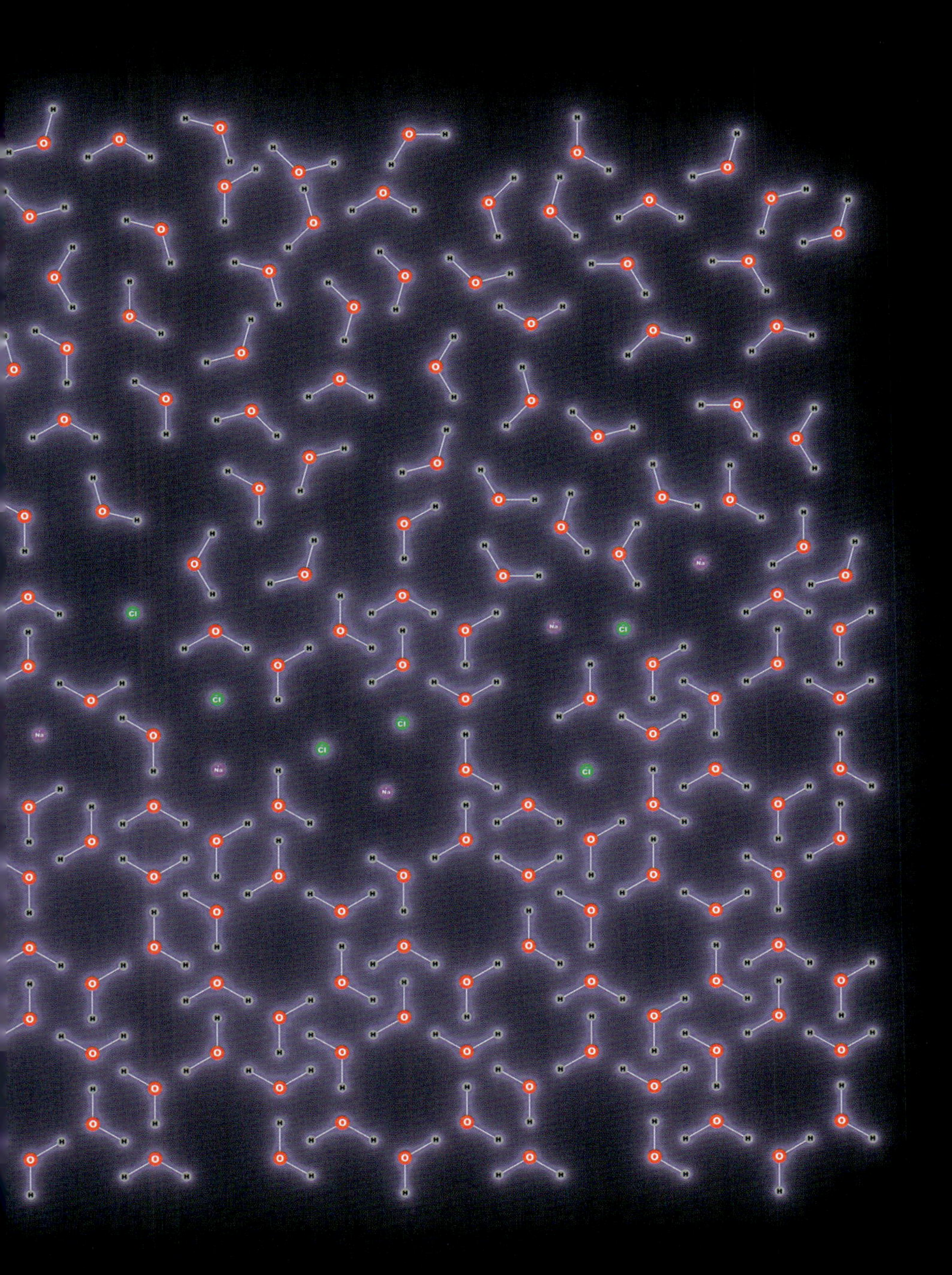

▲ 食塩水

塩が水に溶けるのは化学反応ではないという主張の問題点を見つけるのは簡単です。単に、逆向きのプロセスを考えればいいだけです。74ページの「黄金の雨」デモンストレーションを思い出してください。あれは化学反応のデモンストレーションでしたね？　その黄金の雨で起きていたのは、塩の溶解とは逆のプロセスである「析出」です。1個のプラスイオン（Pb^{2+}）と2個のマイナスイオン（2 I^-）の組み合わせで固体の結晶（PbI_2）が形成され、それが金色の析出物（沈澱物）として目に見えます。

ある方向に進めば反応だが、逆方向は反応ではない、という論法は無理です。もし塩の析出が化学反応なら、その逆向きの反応である塩の溶解も、やはり化学反応でなければなりません。それに、塩の溶解はイオン同士の化学結合が壊れることであり、「反応」の標準的定義である「結合の生成や破壊が起こること」に合致しています。

一部の教科書は、塩の溶解を「化学的変化」に分類しています。物理的変化よりも反応に近いものという考え方です。けれども、そうした教科書でも、塩の溶解と砂糖の溶解との間には一線を引いて区別しています。

▶ ロックキャンディは砂糖だけでできています。微量の着色料のみが添加された、ほぼ100%の純粋な砂糖です。どうして純粋な砂糖だとわかるのかって？　純粋な物質でないと、こんな大きな結晶には成長できないからです。不純物は結晶構造を壊してしまいます。

▼ 着色料を入れない砂糖の結晶は、石英にそっくりです。

◀ とはいえ、なぜ、とろりとしたシロップになるくらい大量の砂糖を水に溶かせるのでしょう？　何か理由があるに違いありません。もし新しい結合ができていないのなら、砂糖の結晶をそこまで溶かす水とはいったい――？

　ところが、なんと、実は新しい結合ができているのです。

▼ 塩の溶解とは違って、砂糖は水に溶けても分子が壊れません。多くの教科書には、水に溶ける前後で分子が同じなら純然たる物理的変化で化学反応ではない、と書かれています。

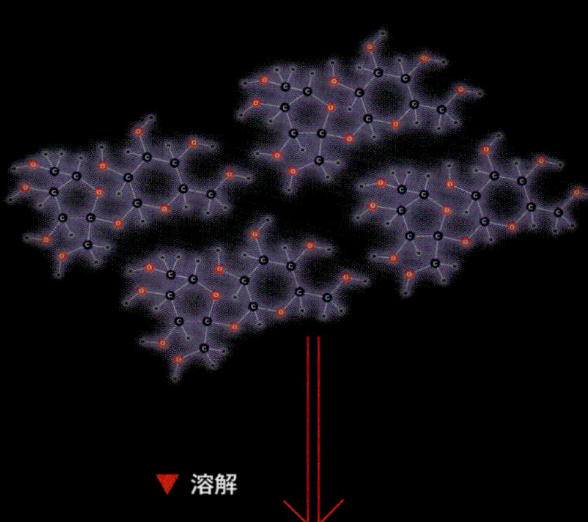

▼ 溶解

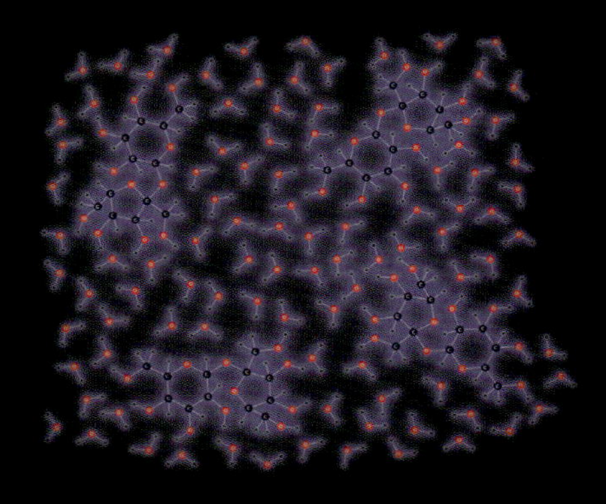

▼ ーOH基と水の間には特殊な関係があります。ーOH基の酸素原子と、近くの水分子の酸素原子は、間にある１個の水素原子を不完全な形で共有して、水素結合と呼ばれるものを作ることができます。水素結合では、水素原子は両方の酸素原子に同時に引っ張られます。

▶ 砂糖の分子には多数のーOH側基（水素原子が酸素原子と結合し、その酸素原子が炭素原子に結合したもの）が含まれています。ーOH基はヒドロキシ基と呼ばれますが、エタノールやメタノールやイソプロピルアルコール、およびそれに似た他の化合物に広く見られるものとして発見されたので、アルコール基とも言われます。アルコールの分子には１個のーOH基がありますが、砂糖の分子には８個以上も付いています！　（だからといって砂糖を飲むとアルコールの８倍酔っぱらうわけではありません。化学はそういうふうにはできていないからです。ヒドロキシ基を複数持つ身近な物質には他にグリセリンがあり、化粧品・医薬品・食品などに添加されますが、これも酒代わりに飲むことはできません。）

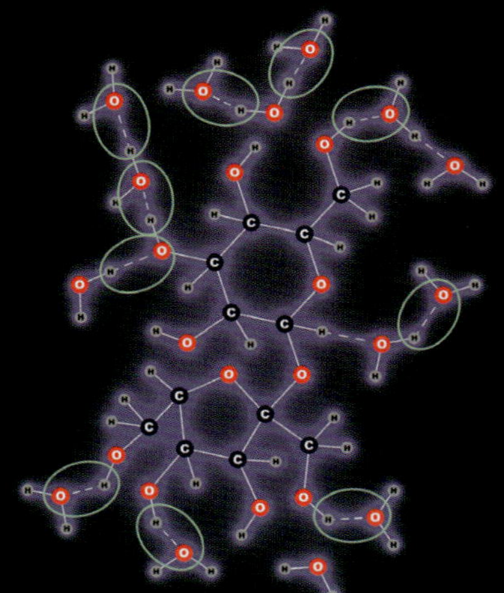

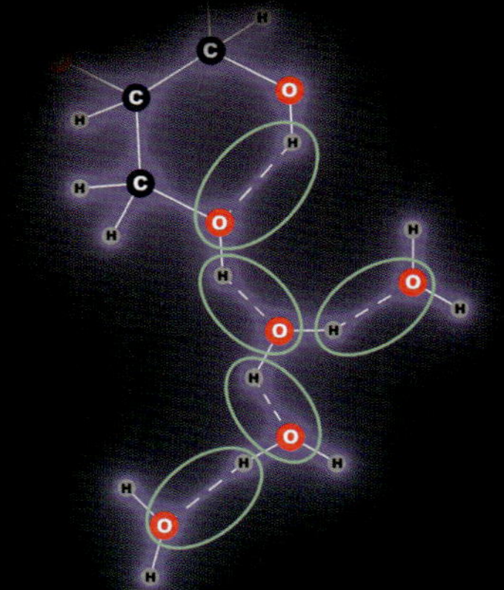

水素結合はそれほど強い結合ではありませんが、水の中に大量に存在します。なぜなら、水分子同士でも、水分子と他の分子の−OH基との間でも、水素結合が作れるからです。砂糖があれほど水に溶けやすいのは、水素結合が理由です。

言い換えると、結合——具体的には水素結合——の形成によって大量の砂糖が水に溶けるわけです。だとすれば、砂糖の溶解も実はまさしく化学反応だということになります。これは、ほとんどの教科書が砂糖の溶解について書いている内容とは真っ向から対立します。（なお、もしテストに出たら、「砂糖の溶解は化学反応ではない」と答えましょう。出題者はほぼ例外なくその答えを期待していますから。）

砂糖の溶解を反応と呼ぶか呼ばないかで、何か大きな問題が生じるのでしょうか？　いいえ、ただの言葉の問題で、さほど重要でもなければ興味深くもありません。興味深いのは、砂糖が水に溶けるというごく単純な話でさえ、ささいなことで厳密な定義がひっくり返るという現実です。

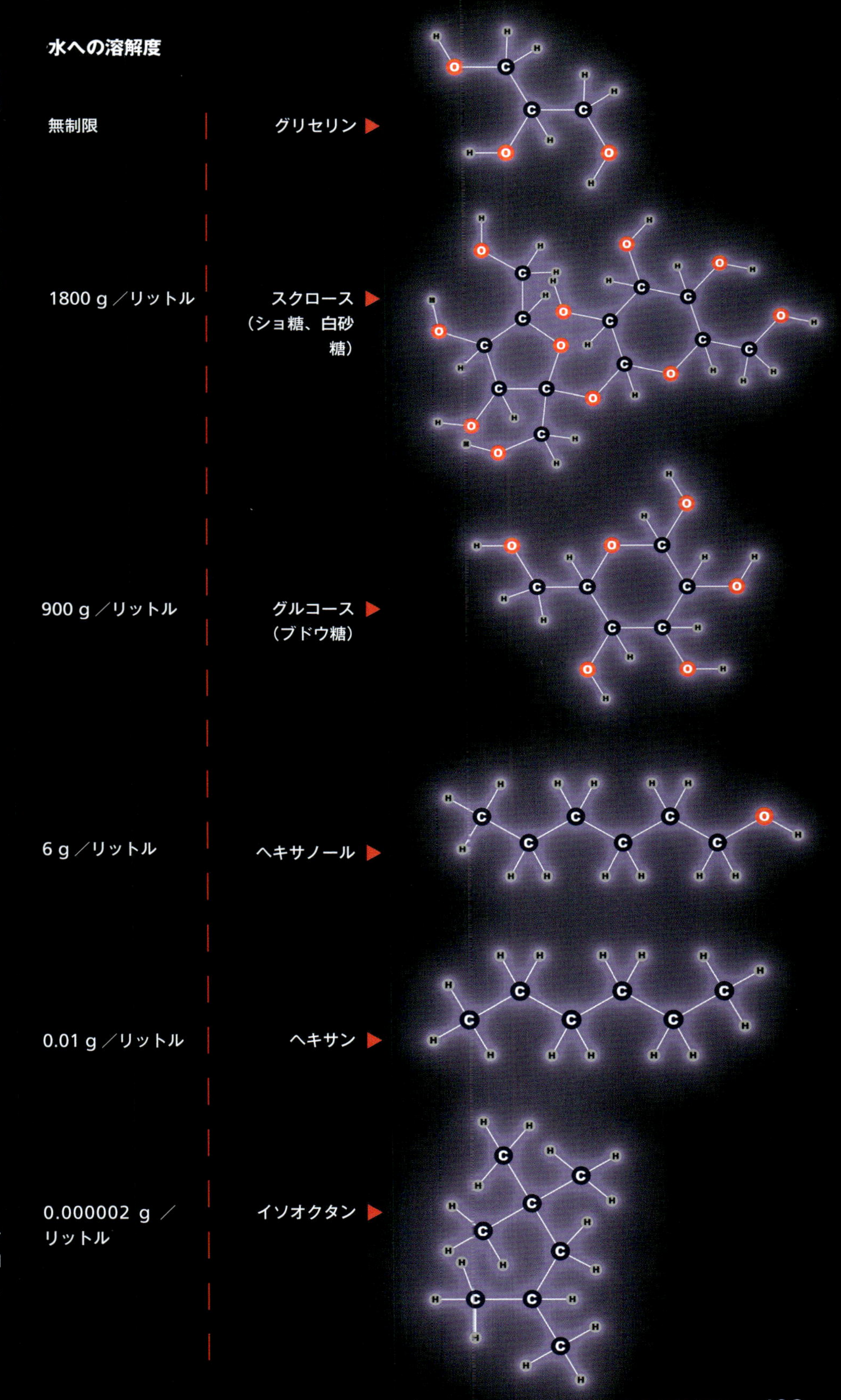

▶ ヒドロキシ基は、化学の知識が少しあれば初めて見る分子の性質を（おおまかにでも）予想しやすいという良い例です。もしもある分子に −OH基が付いていたら、それと似ているけれど −OH基がない分子よりも、水に溶けやすいと考えることができます。

あなたの体の中で

あなたは化学反応でできています。消化から死まで、すべて化学です。でも、それは人体の捉え方として有用でしょうか？　たとえば､「あなたは元素でできている」と言うことだってできますし､「陽子と中性子と電子でできている」という言い方も可能です。さらに「クォークとグルーオンでできている」とも言えますし、クォークやグルーオンのもっと細かい分類用語を使うこともできます。どの言い方も真です。それなら、生命を理解するには、物理学、化学、生化学、医学を、またはそれ以外の何かを、学ばなければいけないのでしょうか？

結論を言うと、「あなたが興味を持っている特定の現象を理解するのに、どんな“言語”（学問や方法論）が最も役に立つか？」がポイントです。あるスポーツになぜ人気があるのか解明したい時には、アスリートの筋肉を動かす化学反応についての話はたいして役に立ちません。そのスポーツがどのようにして人気を得たかや、多くの人が特定のチームをひいきにしてお金をつぎ込むよう、チームマネージャーがどんなふうにメディアを利用したかを理解したいのなら、心理学や社会学や政治学という“言語”を介するのがいいと誰しも思うでしょう。

どんな学問分野もそれぞれのレベルで有用で、それらの分野の相互関係にはちゃんとした秩序があります。

政治学と社会学は、大きな集団としての人間の行動（あまり感心しない行動であることも多いですが）の作用を理解するのに役立ちます。その理解のためには個々の人間の振る舞い方についての知識が必要で、それは心理学の領域です。

心理学は、ひとりかふたりの人間が特定の時に何を考えているかを理解するのに役立ちます。人間の考えは脳内で何が起きているかに影響を受けます（まだこの分野は十分には解明されていませんが）。ですから、人間の考えを理解するには、医学をいくらか知っておいて損はありません。

医学は、人体の各部が相互に連携しながら、全体でひとつのシステムとしてどう働いているかを研究する学問です。医学の研究のためには、身体の各部の働きを知る必要があります。それはたいてい生化学によって説明されます。

生化学は生体内の化学反応に関する学問で、タンパク質やDNAやその他の大きな分子を扱うことが多いです。こうした非常に複雑な反応を理解するには、反応のしくみ全般についての知識が必要です。

化学は、原子や分子が原子レベルでどのように相互作用するかを研究します。個々の結合が形成されたり壊れたり、ある分子や原子が別の分子から原子などを叩き出したり、その他もろもろが対象です。それを調べるには、原子と亜原子粒子（30ページ）の機能を知らなければいけません。それは物理学の領分です。

物理学は、自然界の基本的な力を研究します。かつては惑星や重力といった大きなものごとを主に扱っていました（今でも扱っています）が、現在、物理学の研究対象の多くは原子よりもっと小さいスケールの世界で起こっている現象です。そこは､量子力学の世界です。

量子力学は数式の形で表現された一連の理論で、この世界で知られているすべての現象をこのうえなく正確に説明します。ただしそれらの現象は信じられないくらい小さいスケールであるか、肉眼で見えるスケールまで量子現象を注意深く拡大したかのどちらかです。基本的に、量子力学はすべて数学です。

この系列の最後にあるのが数学です。数学はあらゆる個別具体的な問題を超越し、普遍的で絶対的な真理のみを語る分野です。そのため、数学はすべてを扱うと同時になにも扱わないとも言えます。数学はあらゆる疑問への根本的な答えですが、それらの疑問のどれかに対する実際の答えではありません。

ここに挙げた諸分野は互いを基礎としてその上に築かれており、どのレベルでも新しい発想が付け加えられています。時には、積み重なった学問の層を串刺しにして、非常に高レベルの現象とずっと下のレベルで起きている何かをつなげることもできます。それはとても魅力的なことです。

そんなわけで､ここでガスマスクを着けたダンサーが登場します。

▼このロウソクとおいしそうなアップルパイは、どちらも同じ種類の牛脂（ヘット）から作られています。ロウソクは純粋なヘットだけで作られ、アップルパイは他に何種類かの材料が使われています。ロウソクが燃えると、牛脂が空気中の酸素と反応し、二酸化炭素（CO_2）と水（H_2O）が主要な反応生成物として出てきます。この反応に際してエネルギーも放出されるので、ロウソクが光を放ち、熱が感じられます。

▶ あなたがアップルパイを食べた時の反応はロウソクの燃焼よりもずっと複雑ですが、最終的に出てくるものは同じです。パイが口から体内に入ると、やがて肺やその他いろいろなところから二酸化炭素と水が排出されます。化学的な言い方では､「反応経路は違っても､反応物（入るもの）と生成物（出てくるもの）は同じ」となります。

反応物と生成物が同じであれば、経路が違っていても、その反応で放出されるエネルギーは等しい、というのが化学の一般法則です。つまり、体内で完全に消化され代謝されるなら、30グラムのヘットを食べた時に出るエネルギーは、30グラムのヘットをロウソクにして燃やした時に出るエネルギーと等しくなければいけません。

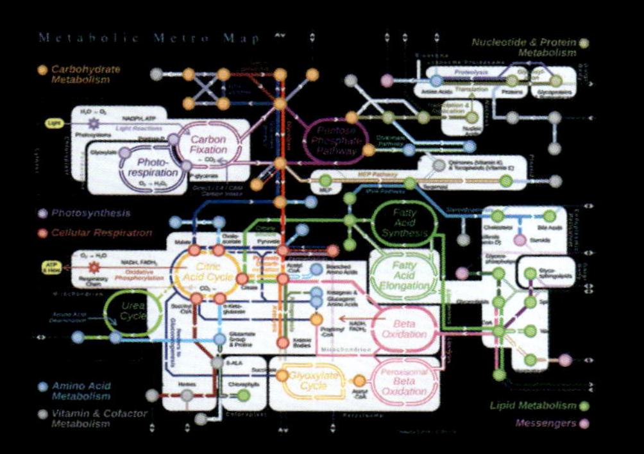

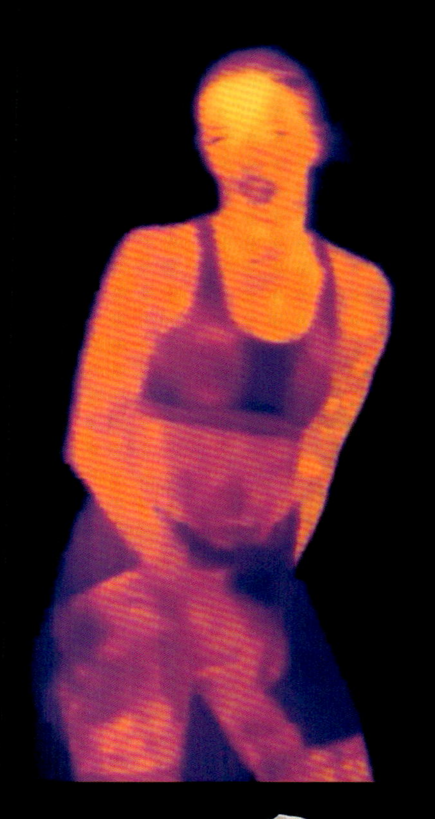

▶ ロウソクは、反応で放出されるエネルギーによって光ります。アップルパイを食べた人間も同じです。人間はロウソクより低い温度で光を放ち、放出されるのは可視光ではなく赤外線です。赤外線カメラを使えば、熱を示すこの“光”を見ることができます。激しい運動をすると、体内での燃焼（代謝）でダンサーの体温が上がり、赤外線の光がより明るく見えます。

アップルパイは、ヘットだけではなく他にもいろいろな材料を使って作られています。砂糖やその他の炭水化物も含まれています。では、ダンサーのエネルギーのもとが脂質なのか糖類なのかを見分けることはできるでしょうか？

▲ 脂肪　▲ 砂糖　▲ デンプン　▲ タンパク質

人体は、炭水化物（砂糖、デンプンなど）でも動きますし、脂質やタンパク質（砂糖以外のおいしいもの）でも動きます。どちらの「燃料」も血流によって運ばれ、身体は、場合に応じてそのどちらを燃焼させるかを選べます。

どの燃料を燃やすにしても、そのプロセスはとても複雑です。食品を筋肉の運動に変換するために必要な化学反応は、何百種類もあります。燃料が何かには関係なく同じ反応もあれば、燃料によって異なる反応もあります。体内で何が起きているのか、いま体が燃やしているのは脂肪なのか炭水化物なのかを知る方法はあるのでしょうか？　それには、生物学と生化学の詳しい研究が必要でしょうか？

いいえ。これには複雑で面倒な生物学は必要ありません。化学の最も基本的な法則――単純な化学反応の「反応前後の釣り合い」――を持ち出すだけで大丈夫です。

▼ このページの写真が示しているのは、砂糖（製菓用の粉砂糖）に火をつけて空気中の酸素と反応させた時に何が起こるかです。きれいな炎があがり、たくさんのエネルギーが放出されています。反応生成物は、有機物の燃焼の時と同じで、二酸化炭素（CO_2）と水（H_2O）です。化学反応で原子が新しく誕生したり破壊されて消えたりはしないので、化学反応式が釣り合っている時には、反応の前と後で原子の種類と数がぴったり同じでなければなりません。

本書ではこれまで、化学反応を分子構造図で示す時、最低限必要な数よりもたくさんの分子を描いてきました。けれども、今回重要なのは炭素と水素と酸素の原子の数の比率です。

左右が釣り合ったこの反応では、二酸化炭素分子（CO_2）１個ができるために酸素分子（O_2）１個が必要です。この１：１の比を覚えておいて下さい。後で重要な意味を持ちます！

次のページに描かれている脂肪分子に含まれるすべての原子を数えてみて下さい。炭素原子１個に対しておよそ２個の水素原子があり、それ以外の種類の原子〔略されている−COOHのO。右の監修者注参照〕は数が少ないことがわかるでしょう。さて、このページにあるのは糖類の分子です。こちらも水素と炭素の比は２：１ですが、その他に炭素と同じ数の酸素原子があります。

おおざっぱな言い方をすると、油脂の分子の平均化学式（組成式）はCH_2で、砂糖／炭水化物の分子はCH_2Oです。これがそれぞれの分子の基本組成となります。（実際はそれが長くつながったもっとずっと大きな分子で、含まれる原子の数もはるかに多いのですが、単純化した方が原子の数の比率がわかりやすいのでそう書いています。ここで重要なのは原子数の比だからです。）

＊**監修者注：**右ページの脂肪の組成式や分子図は、かなりはしょった描き方です。生物の脂肪は通常、炭化水素の連なりの端にカルボキシル基（−COOH）が付いている「脂肪酸」です。分子が大きければ、−COOHを無視して脂肪の一般式を大雑把に$-(CH_2)_n-$とすることは可能ですが、実際は端に−COOHがあることを忘れないで下さい。代表的な脂肪の分子式は、『世界で一番美しい分子図鑑』の79−81ページに出ています。

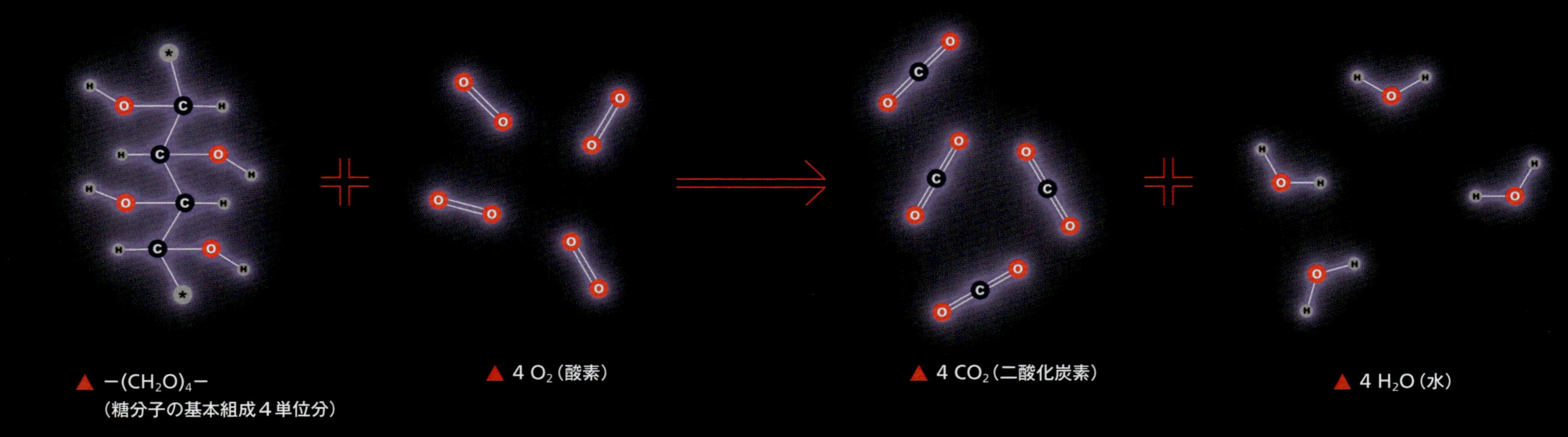

▲ $-(CH_2O)_4-$
（糖分子の基本組成４単位分）

▲ 4 O_2（酸素）

▲ 4 CO_2（二酸化炭素）

▲ 4 H_2O（水）

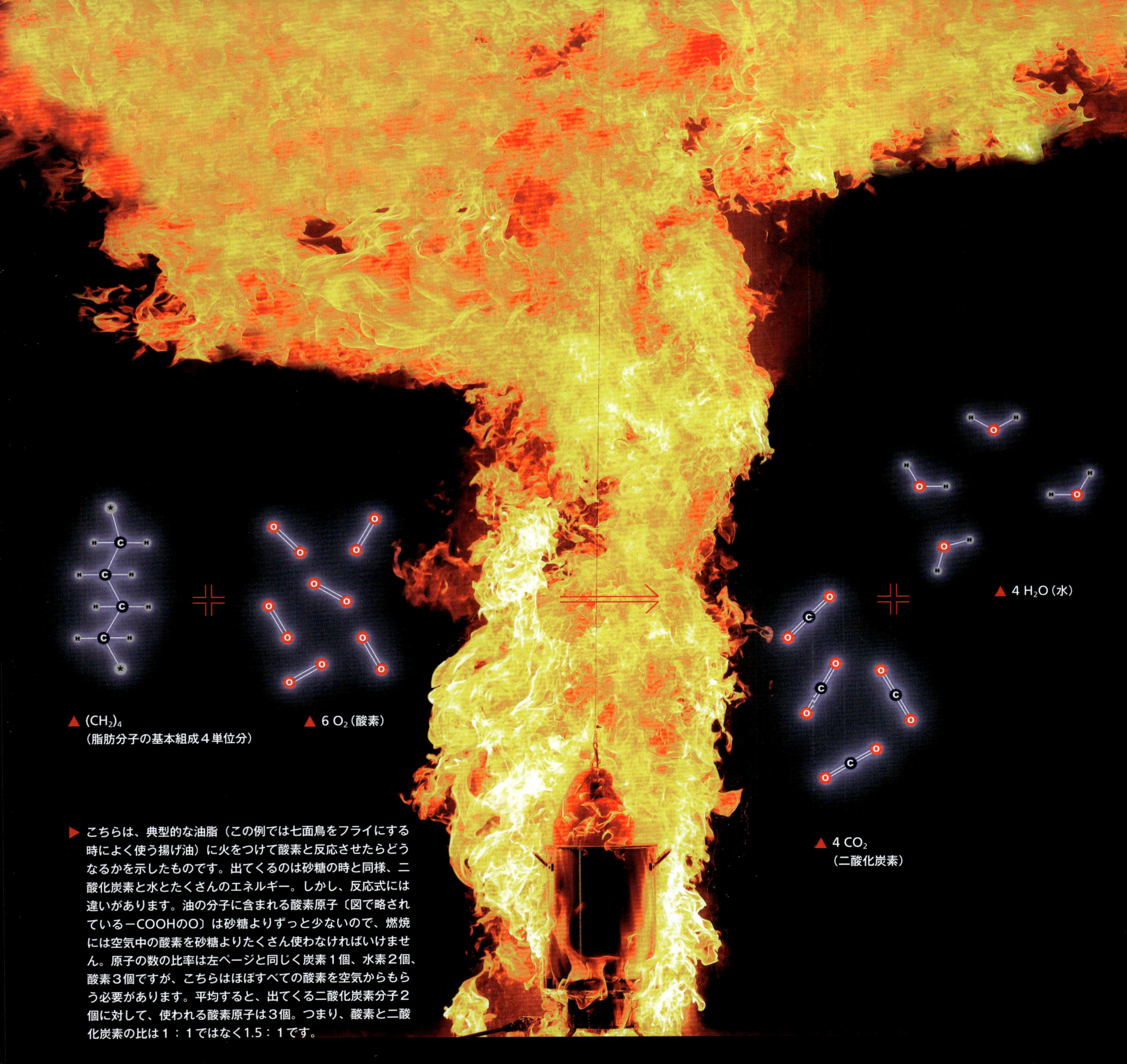

▶ こちらは、典型的な油脂（この例では七面鳥をフライにする時によく使う揚げ油）に火をつけて酸素と反応させたらどうなるかを示したものです。出てくるのは砂糖の時と同様、二酸化炭素と水とたくさんのエネルギー。しかし、反応式には違いがあります。油の分子に含まれる酸素原子〔図で略されている－COOHのO〕は砂糖よりずっと少ないので、燃焼には空気中の酸素を砂糖よりたくさん使わなければいけません。原子の数の比率は左ページと同じく炭素１個、水素２個、酸素３個ですが、こちらはほぼすべての酸素を空気からもらう必要があります。平均すると、出てくる二酸化炭素分子２個に対して、使われる酸素原子は３個。つまり、酸素と二酸化炭素の比は１：１ではなく1.5：１です。

このダンサーの肺には、O_2もCO_2も出入りします。彼女が装着しているガス分析マスクと背中の装置は、どれだけの酸素と二酸化炭素が入って、どれだけ出てきたかを測定できます。消費された酸素と吐き出された二酸化炭素を比べることで、体内でどの食物が燃焼しているかがわかるはずです。途中の代謝経路がどんなに複雑でも、関係ありません。気体の比率は嘘をつきません。

データから読み取れる結果はとても明確です。エクササイズの前、ダンサーが静かに座っている時、酸素と二酸化炭素の比は1.5：1でした。彼女は主に脂肪を燃焼させていました。

▲ $(CH_2)_4$
（脂肪分子の基本組成４単位分）

▲ 6 O_2（酸素）

▲ 4 CO_2
（二酸化炭素）

▲ 4 H_2O（水）

激しい運動をした後では、気体の比率は1：1に近づきました。彼女はいま、主に糖質を燃やしています。なぜ身体は糖の消費へとシフトしたのでしょう？　糖を燃焼させることの利点のひとつは、気体の比率からわかるように、燃焼のために空気から取り入れる酸素の量が少なくてすむということです。ハードな運動をすると、酸素の供給が制限要因になりますから、少ない酸素で燃焼するエネルギー源を使う方が有利です。（ただし、もちろん他にもいろいろな要因が関係しています。代謝はとても複雑です！）

確実に言えるのは、もともと酸素原子を持っているエネルギー源を使う方向に人体がシフトしたということです。それだけでも、人体がやっていることには理由があると理解する第一歩として、すばらしい。それに、これほど直接的で単純な形で――つまり、釣り合いのとれた化学反応式２つ（と、ガスマスクを着けてくれるダンサー）のおかげで――それを明らかにできるなんて、実にスマートではありませんか。

▼ $(CH_2O)_4$
（糖分子の基本組成４単位分）

▼ 4 O_2（酸素）

▼ 4 CO_2（二酸化炭素）

▼ 4 H_2O（水）

ところで、みなさんは「どう考えても直感に反しているように思える」あることに気付いたかもしれません。私たちは本当に、安静にしている時の方が運動している時よりも脂肪を燃焼させているのでしょうか？　だったら、痩せるためには運動するよりじっとしていた方がいいのでしょうか？

もちろん、そんな単純な考え方は無理です。この問題については生化学はものすごく複雑です。たしかに、運動をしている時は炭水化物（糖質）の方が脂肪よりも好んで燃やされます。しかし、運動をしなかったら何が起こるでしょう？　炭水化物は血中にそのまま残っています。あなたが使わなければ、身体はせっせとそれを脂肪に作り変えることでしょう。

痩せるとか太るとかの話で重要なのは、身体が脂肪と炭水化物のどちらをエネルギー源として使うかではなく、食物として摂取したカロリーに対して、どれくらいを燃やしてエネルギーに変えるかです。摂取した分よりも多くエネルギーを使えば、体重は減ります。燃焼する分よりも多くを消化吸収したら、体重は増えます。以上。この方程式にそれ以外の要因はありません。運動は燃焼エネルギーの量を増やしますから、運動で使ったエネルギーを超えるカロリーを摂らなければ、体重は減ります。

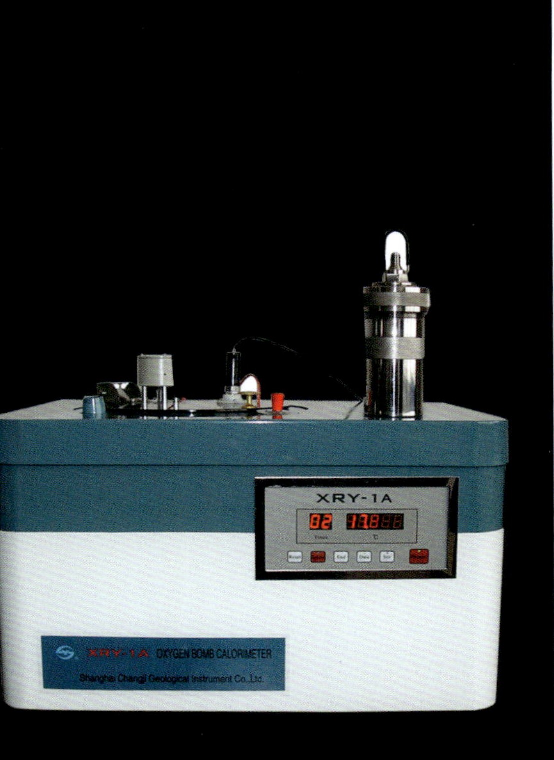

Nutrition Facts
Serving Size 2 Cakes (77g)
Servings Per Container 5

Amount Per Serving
Calories 260 Calories from Fat 80

	% Daily Value*
Total Fat 8g	12%
Saturated Fat 3.5g	18%
Trans Fat 0g	
Cholesterol 35mg	12%
Sodium 350mg	15%
Total Carbohydrate 43g	14%
Dietary Fiber 0g	0%
Sugars 29g	
Protein 2g	

Vitamin A 0% • Vitamin C 0%
Calcium 2% • Iron 4%

*Percent Daily Values are based on a 2,000 calorie diet. Your daily values may be higher or lower depending on your calorie needs:

	Calories:	2,000	2,500
Total Fat	Less than	65g	80g
Sat Fat	Less than	20g	25g
Cholesterol	Less than	300mg	300mg
Sodium	Less than	2,400mg	2,400mg
Total Carbohydrate		300g	375g
Dietary Fiber		25g	30g

多くの加工食品のラベルに栄養成分表示があります。こうした表示は、その食品にどのくらいエネルギーが含まれているか、どのくらいの量なら食べても太らないかを教えてくれます。でも、表示されている数字をどうやって調べたのか、疑問に思ったことはありませんか？

昔はそれを、左の写真の「ボンベ熱量計」でやっていました。ボンベという名前は、頑丈な金属容器が付いていることに由来します。この容器に食品を入れ、酸素を吹き込みながら燃やします。燃焼反応で放出されたエネルギーの量を測るのが、熱量計部分です。（近年ではほとんどの栄養成分についてすでに熱量がわかっていますから、メーカーはあらためて測定せずに、足し算をするだけです。）

前に説明したように、理論上は、反応物と生成物が同じ場合に放出されるエネルギーの総量は、反応経路が異なっていても等しくなります。だとすると、熱量計で測定された食品のエネルギーは、その食品を食べた人の体内で放出されるエネルギーに等しいということになりますが、もちろん現実はそんなに単純ではありません。たとえば、食品に人間が消化できない食物繊維がたくさん含まれていると、火をつけて燃やせば熱量計でエネルギーとしてカウントされますが、食べても消化されないので栄養エネルギーにはなりません。（極端な例をあげれば、暖炉で薪を燃やして暖まることはできても、あなたが薪を食べてカロリーを摂取することはできない、という話です。）食品ラベルの栄養成分表示では、消化できない分は差し引かれています。

食品に含まれる熱量をより正確に測るには、人間をまるごとボンベ熱量計に入れる方法もあります（中に入る人がおびえないよう、「直接ヒューマン・カロリメーター（人体熱量計）」と呼びます）。左ページの写真がそうです。もちろん人間を燃やすのではなく、中に入った人が1日に出す熱の総量を測定します。ただ、たまにしか行われません。理由は察しがつくでしょう。（被験者は特に身体に影響なく装置から出てきますが、うんざりしているに違いありません。）息が詰まる思いをせずに、しかも被験者が出す熱量の総量を正確に測れるような、ゆったりした広さの断熱室を作ることには、技術的な問題があります（高価だということです）。しかし、それと同じくらい正確に測定する方法は、他にもあります。

直接熱量計よりも一般的な間接ヒューマン・カロリメーターと呼ばれる測定室は、断熱室にする必要がありません。単に、その部屋に入る空気と出る空気の成分を測り、酸素がどれだけ消費されて二酸化炭素がどれだけ発生したかを割り出します。私たちがダンサーのガスマスクでやったのと同じことです。そのデータ（および、室内で出した尿や糞便の分析）から、人間が摂取した食べ物のうち正確にどれだけが体内で代謝されたかを計算することができます。

このタイプの部屋は、人間の代謝の研究によく使われます。もちろんそういう研究の被験者は、たいていの場合、大学生です（彼らは20ドルのためなら何でもしますからね）。

この章は化学反応を研究する学生たちの話で始まり、体内の化学反応を研究される学生たちの話で終わります。化学の領域の幅広さをわかっていただけたでしょうか。

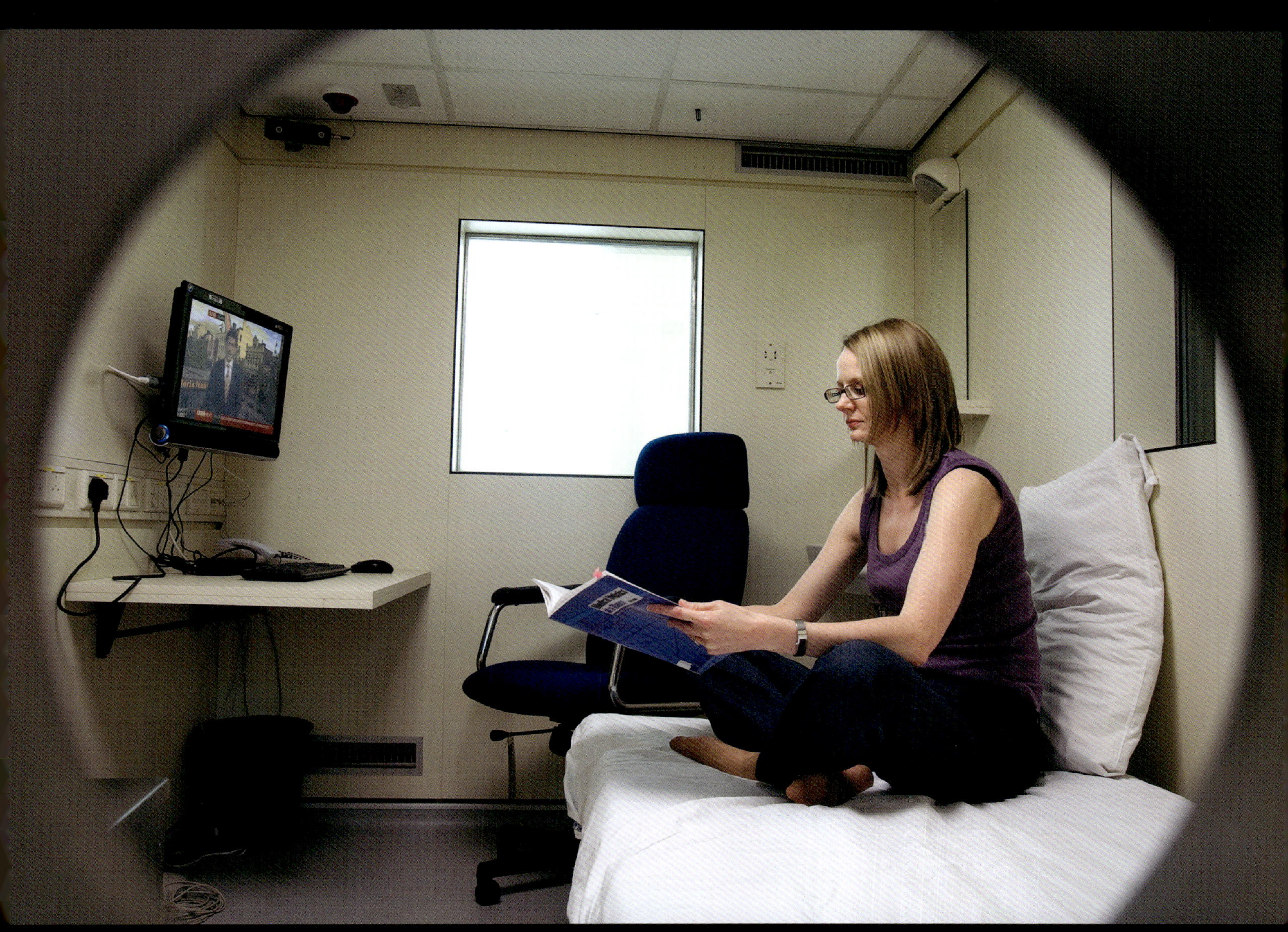

第4章

光と色の起源

On the Origin of Light and Color

光はあまねく存在し、見ればそれとわかります。しかし、光とは何でしょう？　そして、私たちが色と呼んでいるものは光のどんな性質なのでしょうか？

本書の冒頭で、光と化学反応には深い関係があることをお話ししました。第１章では、オレンジ色のケミカルライトの中にある分子のうちの１種類が、どのように化学エネルギーを使って光子を――オレンジ色の光のパルスを――放出しているかを見ました。第２章では、クロロフィルがいかにして光のエネルギーを化学エネルギーに変えるかを学びました。しかし、光と化学の関係は、光るおもちゃを作るのに便利な一部の特殊な分子だけのものではありません。光と化学には、もっとずっと深いつながりがあります。

第２章で、分子をひとつにまとめている結合はエネルギーによって規定されていることがわかりました。ある部分の結合を引きはがすにはどれくらいのエネルギーを加えなければならないのか？　別の結合が形成される時にはどのくらいのエネルギーが放出されるのか？　結合はポテンシャルエネルギーを蓄えるひとつの方法で、結合がかかわるあらゆるいとなみ――結合を作ること、結合が壊れること、曲がること、伸び縮みすること、回転すること――には、それぞれ決まった量のエネルギーが伴います。

光もまたエネルギーを蓄える方法のひとつです。すべての光子、つまり光の基本単位は、それぞれ決まった量のエネルギーを持っています。これから本章で見ていくように、光の色を決めるのは、光子１個が持つエネルギー量です。ですから、すべての結合について、それに対応する色が――その結合がある状態から別の状態に変わったときのエネルギー差と等しい量の光子エネルギーを持つ光の色が――あります。

ひとつの分子で複数の結合を持っているものも多く、私たちはそれらの結合をいろいろなやり方で曲げたり伸び縮みさせたりできます。従って、どの分子にも、結合の動き方に応じた多種多様なエネルギーがあり、それに対応するさまざまな色のパレットがあることになります。これが、分子スペクトルと呼ばれるものです。

すべての化学反応には、ある結合から別の結合へのエネルギーの受け渡しが伴います。ですから、すべての反応について、壊れる結合や新たに生成する結合のエネルギーに対応した、もとの分子とはまた別の色のスペクトルが存在します。

光と色と化学にはこれだけ関連があるのですから、光についてより詳しく学ぶことには意味があります。では、もう一度問いましょう。光とは何でしょうか？

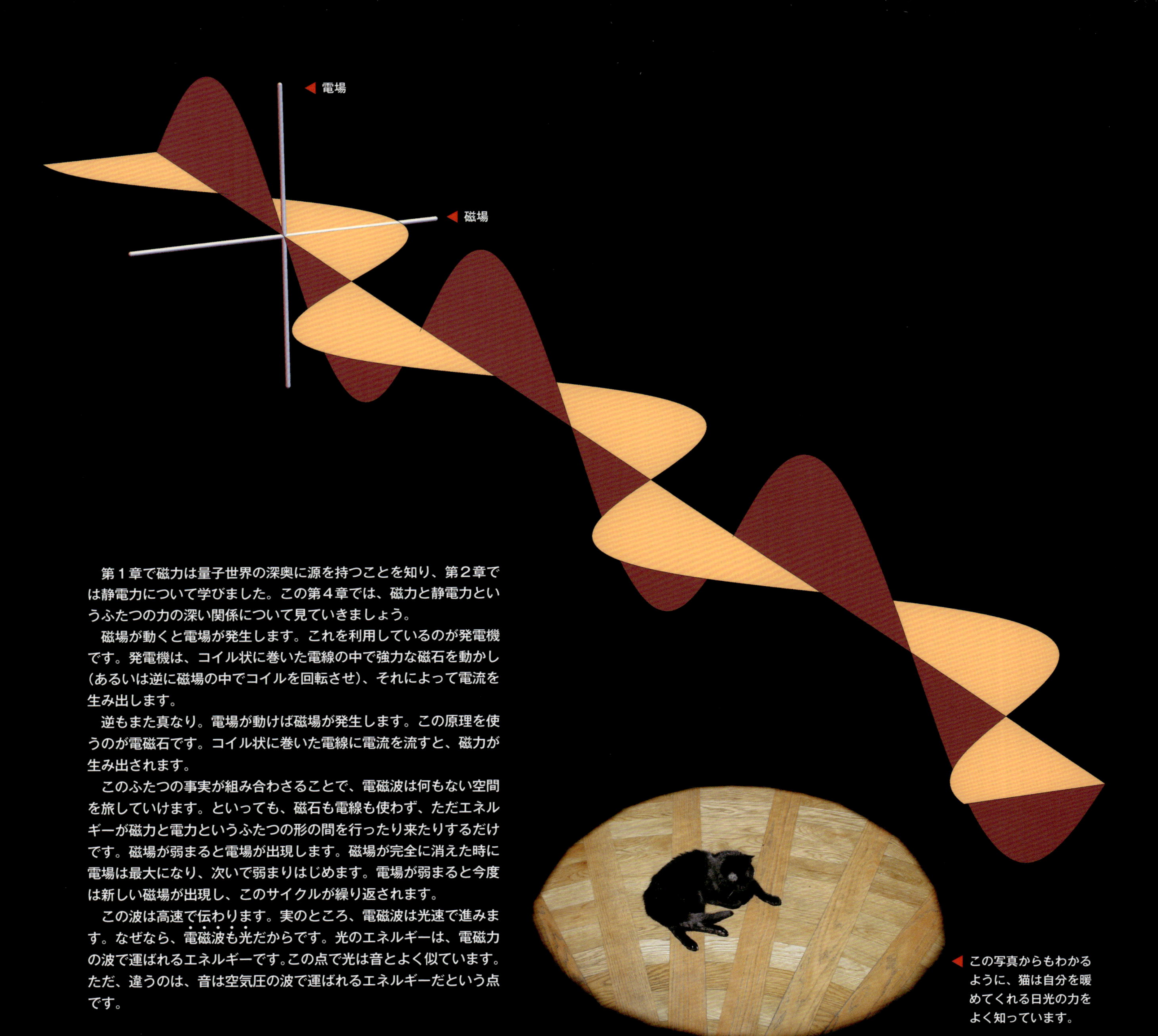

第１章で磁力は量子世界の深奥に源を持つことを知り、第２章では静電力について学びました。この第４章では、磁力と静電力というふたつの力の深い関係について見ていきましょう。

磁場が動くと電場が発生します。これを利用しているのが発電機です。発電機は、コイル状に巻いた電線の中で強力な磁石を動かし（あるいは逆に磁場の中でコイルを回転させ）、それによって電流を生み出します。

逆もまた真なり。電場が動けば磁場が発生します。この原理を使うのが電磁石です。コイル状に巻いた電線に電流を流すと、磁力が生み出されます。

このふたつの事実が組み合わさることで、電磁波は何もない空間を旅していけます。といっても、磁石も電線も使わず、ただエネルギーが磁力と電力というふたつの形の間を行ったり来たりするだけです。磁場が弱まると電場が出現します。磁場が完全に消えた時に電場は最大になり、次いで弱まりはじめます。電場が弱まると今度は新しい磁場が出現し、このサイクルが繰り返されます。

この波は高速で伝わります。実のところ、電磁波は光速で進みます。なぜなら、電磁波も光だからです。光のエネルギーは、電磁力の波で運ばれるエネルギーです。この点で光は音とよく似ています。ただ、違うのは、音は空気圧の波で運ばれるエネルギーだという点です。

この写真からもわかるように、猫は自分を暖めてくれる日光の力をよく知っています。

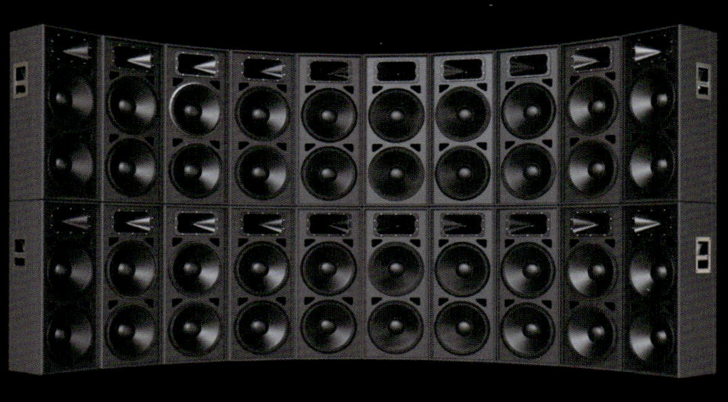

◀ ロックコンサートのスピーカーは、一生難聴になるくらいの音のエネルギーをあなたの耳に送り込むことができます。

▼ ロケットエンジンがフルパワーを出すと、その音だけでも膨大なエネルギーを持っているので、地面で反射した音波が発射数秒後のロケット自体にダメージを与えかねません。発射の際、発射台の周囲に大量の水を流し込むのは、ひとつにはそれが理由です。この水には、単に発射台の冷却（172ページ参照）だけでなく、強烈な音波を減衰する目的もあるのです。（下の２枚はスペースシャトルの「放水システム」のテストの際の写真で、ロケットはありません。）

▼ 色も、音との類似性があります。光の色の違いは、音楽の音階に似ています。光と音は、ただエネルギーを伝えるだけでなく、さまざまに異なる味わいのエネルギーを伝えます。高い音と低い音があるように、“高い”色と“低い”色があります。たとえば、青は高い色で赤は低い色です。

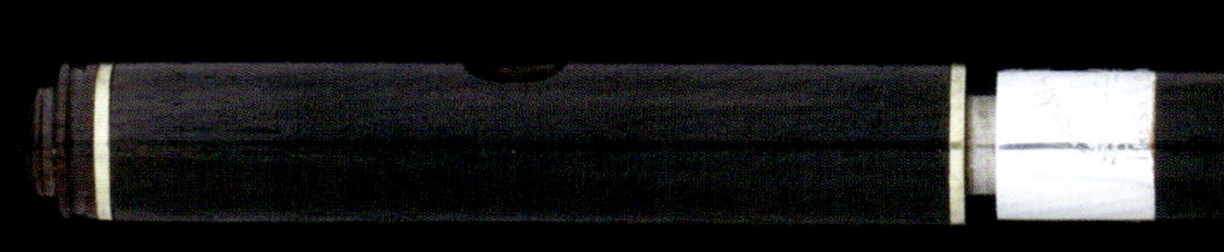

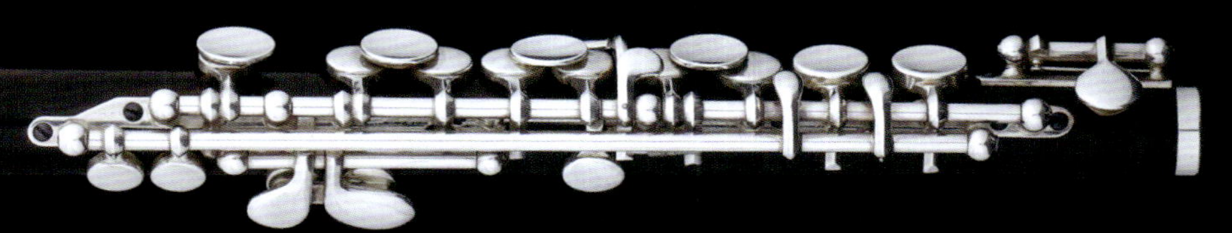

▶ 高い色、低い色という表現は、中身のないたわごとでも、ニューエイジの内輪ネタでも、エセ芸術家のひとりよがりでもありません。私は正確かつ文字通りの意味でそう言っています。

▶ 音波や光の波を含め、あらゆる波はエネルギーを伝えることができます。この写真では、強烈な青いレーザー光がいとも簡単にマッチに点火しています。

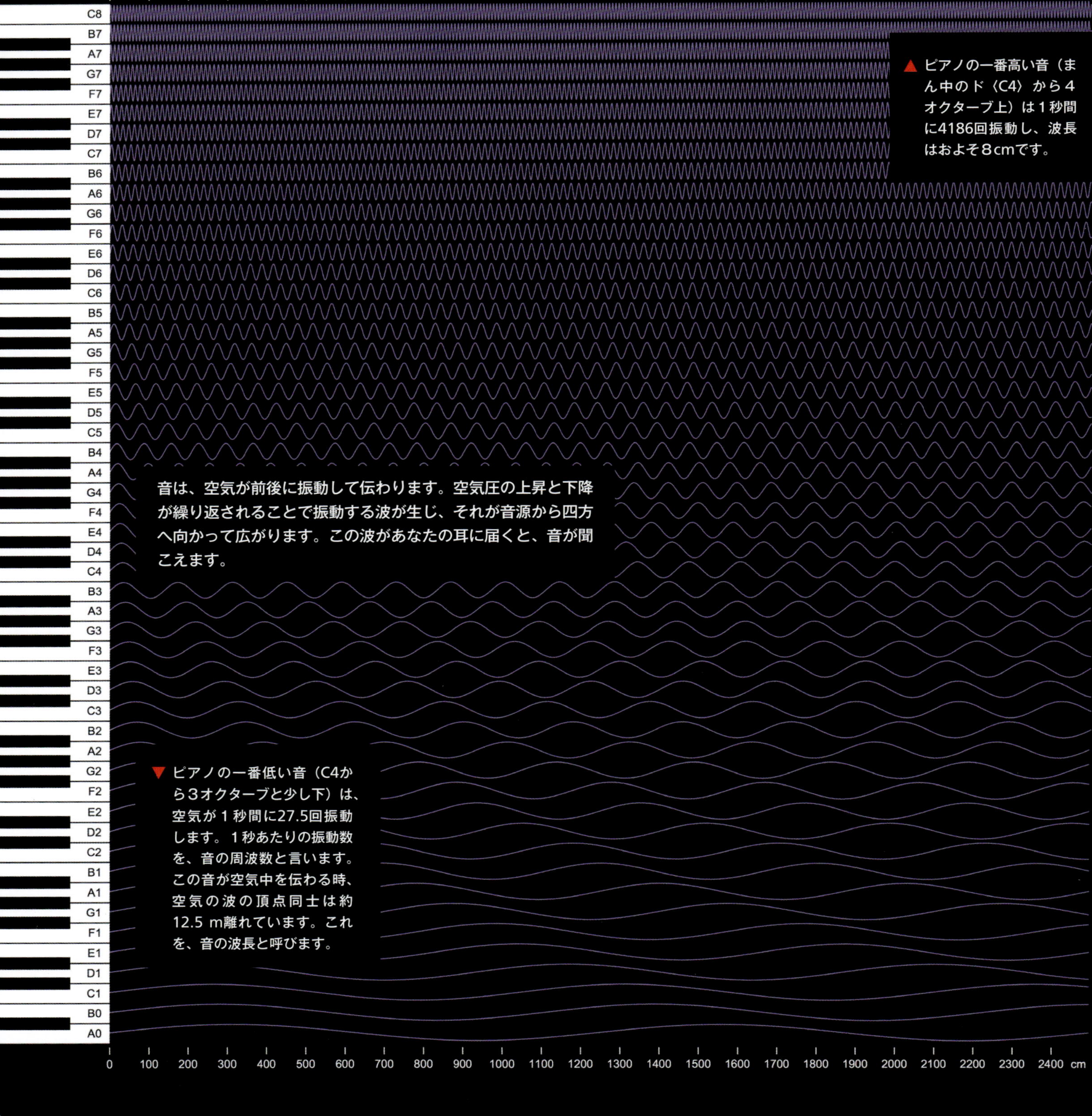

▲ピアノの一番高い音（まん中のド〈C4〉から４オクターブ上）は１秒間に4186回振動し、波長はおよそ８cmです。

音は、空気が前後に振動して伝わります。空気圧の上昇と下降が繰り返されることで振動する波が生じ、それが音源から四方へ向かって広がります。この波があなたの耳に届くと、音が聞こえます。

▼ピアノの一番低い音（C4から３オクターブと少し下）は、空気が１秒間に27.5回振動します。１秒あたりの振動数を、音の周波数と言います。この音が空気中を伝わる時、空気の波の頂点同士は約12.5 m離れています。これを、音の波長と呼びます。

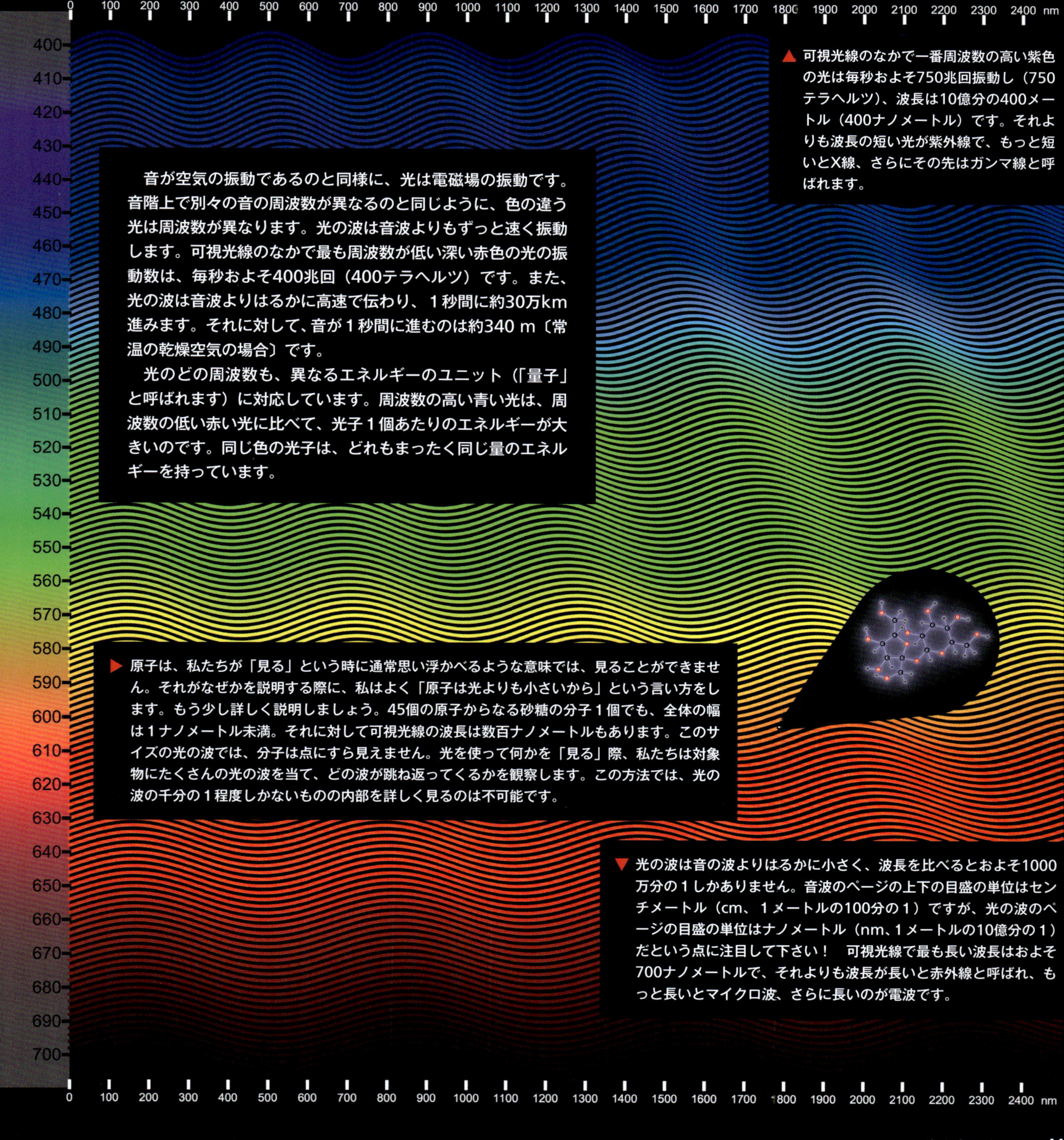

音が空気の振動であるのと同様に、光は電磁場の振動です。音階上で別々の音の周波数が異なるのと同じように、色の違う光は周波数が異なります。光の波は音波よりもずっと速く振動します。可視光線のなかで最も周波数が低い深い赤色の光の振動数は、毎秒およそ400兆回（400テラヘルツ）です。また、光の波は音波よりはるかに高速で伝わり、１秒間に約30万km進みます。それに対して、音が１秒間に進むのは約340 m〔常温の乾燥空気の場合〕です。

光のどの周波数も、異なるエネルギーのユニット（「量子」と呼ばれます）に対応しています。周波数の高い青い光は、周波数の低い赤い光に比べて、光子１個あたりのエネルギーが大きいのです。同じ色の光子は、どれもまったく同じ量のエネルギーを持っています。

▲ 可視光線のなかで一番周波数の高い紫色の光は毎秒およそ750兆回振動し（750テラヘルツ）、波長は10億分の400メートル（400ナノメートル）です。それよりも波長の短い光が紫外線で、もっと短いとX線、さらにその先はガンマ線と呼ばれます。

▶ 原子は、私たちが「見る」という時に通常思い浮かべるような意味では、見ることができません。それがなぜかを説明する際に、私はよく「原子は光よりも小さいから」という言い方をします。もう少し詳しく説明しましょう。45個の原子からなる砂糖の分子１個でも、全体の幅は１ナノメートル未満。それに対して可視光線の波長は数百ナノメートルもあります。このサイズの光の波では、分子は点にすら見えません。光を使って何かを「見る」際、私たちは対象物にたくさんの光の波を当て、どの波が跳ね返ってくるかを観察します。この方法では、光の波の千分の１程度しかないものの内部を詳しく見るのは不可能です。

▼ 光の波は音の波よりはるかに小さく、波長を比べるとおよそ1000万分の１しかありません。音波のページの上下の目盛の単位はセンチメートル（cm、１メートルの100分の１）ですが、光の波のページの目盛の単位はナノメートル（nm、１メートルの10億分の１）だという点に注目して下さい！　可視光線で最も長い波長はおよそ700ナノメートルで、それよりも波長が長いと赤外線と呼ばれ、もっと長いとマイクロ波、さらに長いのが電波です。

118ページと119ページのグラフを見比べて下さい。人間に聞こえる音の周波数の範囲は、人間に見える光の周波数の範囲に比べてどれだけ広いことか！　ピアノの音は、１オクターブ上がるごとに周波数が２倍になります。一般的なピアノの音階は７オクターブと少しで、最高音の周波数は最低音の150倍ちょっとです。人間の聴覚はそれより広い範囲の音を知覚でき、多くの人（特に、若い人）は最低音と最高音の差が400倍かそれ以上（８オクターブか９オクターブ）の範囲で音を聞き取れます。

ところが、光に関しては、１オクターブの範囲を見ることさえとんでもない！　一番周波数の高い紫は、一番低い赤の２倍にも届きません。

また、人間が音の周波数の微妙な違いを聞き分ける能力は、光の周波数の違いを見分ける能力よりはるかに優れています。内耳の中にある渦巻き型のセンサーは、数百もの純音の違いを判別することができます。絶対音感の持ち主は、何かの音が鳴るのを聞いただけでその音の高さを正確に言い当てます。

それに比べて、目は情けないくらい大雑把です。目が識別できる光の周波数は３つだけで、その３つはだいたい赤、緑、青に対応します。音でたとえれば、低い音とまん中へんの音と高い音しか捉えられず、その３つの中間にある音はどれも、３つの音の領域が別々の割合で混ざっているとしかわからないようなものです。

他の生物のなかには４種類以上の色を見ることができるものもいますが、音の聞き分けと同じくらい精密に色を識別できるのは、分光器と呼ばれる装置だけです（分光器は後でまた登場します）。

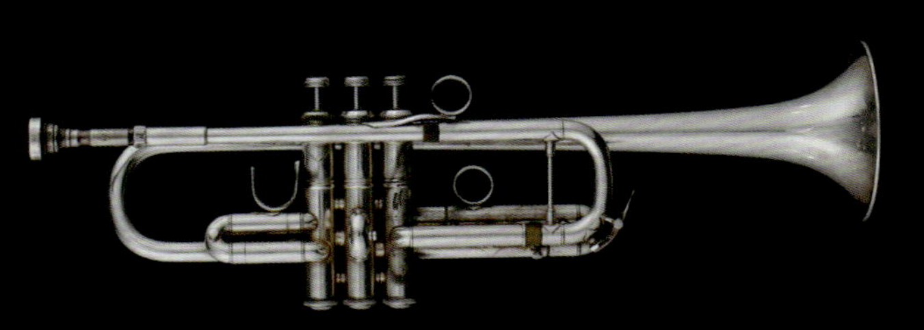

私たちの耳は数百通りの周波数の違いがわかるだけでなく、複数の周波数を同時に聞いてそれぞれの音を判別することもできます。たとえば、上に波のグラフを描いた３つの音〔ドとミとソ〕が同時に奏でられると、心地よいハ長調の和音として聞こえます。低い音と高い音が同時に鳴った時も、難なく聞き分けられます。

色ではそのどれもまったく不可能です。どんなに優秀なインテリアデザイナーでも、混ぜて作られた色を見て、その色を構成している周波数はこれとこれとこれだ、と言い当てる能力は持っていません。

このページのグラフは、音について「私たちがあたりまえだと思っているけれど実はそうではない」ことを、それとなく示しています。私たちは、楽器やスピーカーから何か特定の音を出したい時には、望みどおりの周波数を出すように装置にはたらきかけて音を作っているのだ、ということを。

ピアノでハ長調の三和音が欲しい時、私たちはしかるべき３つの鍵盤を叩き、３種類の周波数の振動を発生させます。ギターならその和音が出る弦のセットを弾き、吹奏楽器では３本用意してそれぞれ適切な長さの管に息を吹き込みます。いずれの方法を使うにせよ、私たちは別々の周波数を合わせて和音を作ります。

そんなの当然？　では、それ以外の方法でやるとしたら？

C8 B7 A7 G7 F7 E7 D7 C7 B6 A6 G6 F6 E6 D6 C6 B5 A5 G5 F5 E5 D5 C5 B4 A4 G4 F4 E4 D4 C4 B3 A3 G3 F3 E3 D3 C3 B2 A2 G2 F2 E2 D2 C2 B1 A1 G1 F1 E1 D1 C1 B0 A0

0 100 200 300 400 500 600 700 800 900 1000 1100 1200 1300 1400 1500 1600 1700 1800 1900 2000 2100 2200 2300 2400 cm

ハ長調の三和音を作る別の方法として、ピアノのすべての鍵盤を同時に叩き、特殊な壁で必要な3つの音以外の波長をブロックするという手があります。残った3つの音は、ピアノの3つの鍵盤だけを叩くというオーソドックスな方法で作られた音とまったく同じに聞こえるでしょう。常軌を逸してる？　あながちそうとも言えません。

ピアノを使って全部の鍵盤の音を一度に出すのはたしかに馬鹿げていますが、電子回路なら、全部の周波数が同時に鳴っている音（「ホワイトノイズ」と呼ばれます）を簡単に出すことができます。ホワイトノイズは、ラジオのサーッという雑音に似ています。これにフィルターをかけると、一定の音の傾向を持つ「ピンクノイズ」を作れます。さらにフィルタリングを加えて、少数の純音だけを取り出すことも可能です。（調音した管で機械的に行う方法と、オーディオフィルターと呼ばれる回路で電子的に行う方法があります）。

▲ クラシックなアナログシンセサイザーの多くは、「減算合成」という方法を使ってホワイトノイズを奇妙な音に変えたり、重なり合う多くの周波数を含む音から一部の周波数を取り除いて音色を変えたりします。

化学反応をテーマにした本で、なんだってこんなに「音がどうして生まれるか」の話をするのか、怪訝に思う人がいるかもしれませんね。理由は、音の仕組みの理解が、光の仕組みの理解に本当に役立つからです。そして、光――とりわけ、色――は、原子と分子の世界を見る際の鍵になるのです。

光の吸収

音波を電子回路でフィルタリングできるのと同様に、光の波も特殊な素材で――いや、実はあらゆる素材で――フィルタリングが可能です。

▶ 前のページで述べたホワイトノイズの「ホワイト（白）」という名称は、文字通りの白――白色光――に由来します。ホワイトノイズが広範囲の周波数の音をまんべんなく含むのと同様に、白色光は光の周波数すべてを均等に含んでいます。私たちの周囲は、太陽の白色光やさまざまな人工光源の白色光で照らされています。右の写真は、光に関して言えば、全部の「光の鍵盤」を同時に叩きまくっているのと同じ状態です。（この完璧に美しい白色光でいっぱいの情景が、子供たちのワイルドな情熱によってどんなふうに変えられるかについては、142ページを見て下さい。）

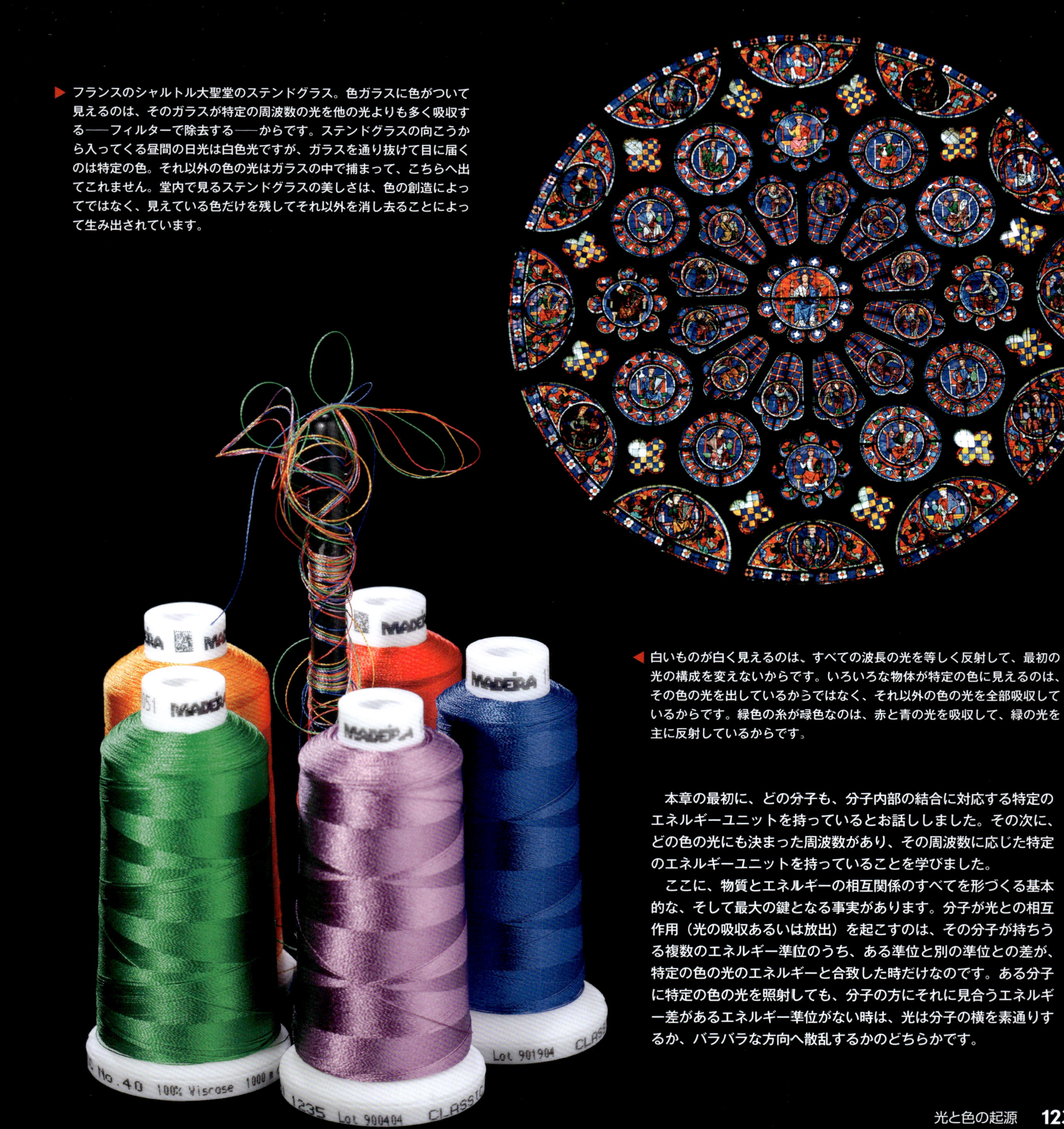

▶ フランスのシャルトル大聖堂のステンドグラス。色ガラスに色がついて見えるのは、そのガラスが特定の周波数の光を他の光よりも多く吸収する――フィルターで除去する――からです。ステンドグラスの向こうから入ってくる昼間の日光は白色光ですが、ガラスを通り抜けて目に届くのは特定の色。それ以外の色の光はガラスの中で捕まって、こちらへ出てこれません。堂内で見るステンドグラスの美しさは、色の創造によってではなく、見えている色だけを残してそれ以外を消し去ることによって生み出されています。

◀ 白いものが白く見えるのは、すべての波長の光を等しく反射して、最初の光の構成を変えないからです。いろいろな物体が特定の色に見えるのは、その色の光を出しているからではなく、それ以外の色の光を全部吸収しているからです。緑色の糸が緑色なのは、赤と青の光を吸収して、緑の光を主に反射しているからです。

本章の最初に、どの分子も、分子内部の結合に対応する特定のエネルギーユニットを持っているとお話ししました。その次に、どの色の光にも決まった周波数があり、その周波数に応じた特定のエネルギーユニットを持っていることを学びました。

ここに、物質とエネルギーの相互関係のすべてを形づくる基本的な、そして最大の鍵となる事実があります。分子が光との相互作用（光の吸収あるいは放出）を起こすのは、その分子が持ちうる複数のエネルギー準位のうち、ある準位と別の準位との差が、特定の色の光のエネルギーと合致した時だけなのです。ある分子に特定の色の光を照射しても、分子の方にそれに見合うエネルギー差があるエネルギー準位がない時は、光は分子の横を素通りするか、バラバラな方向へ散乱するかのどちらかです。

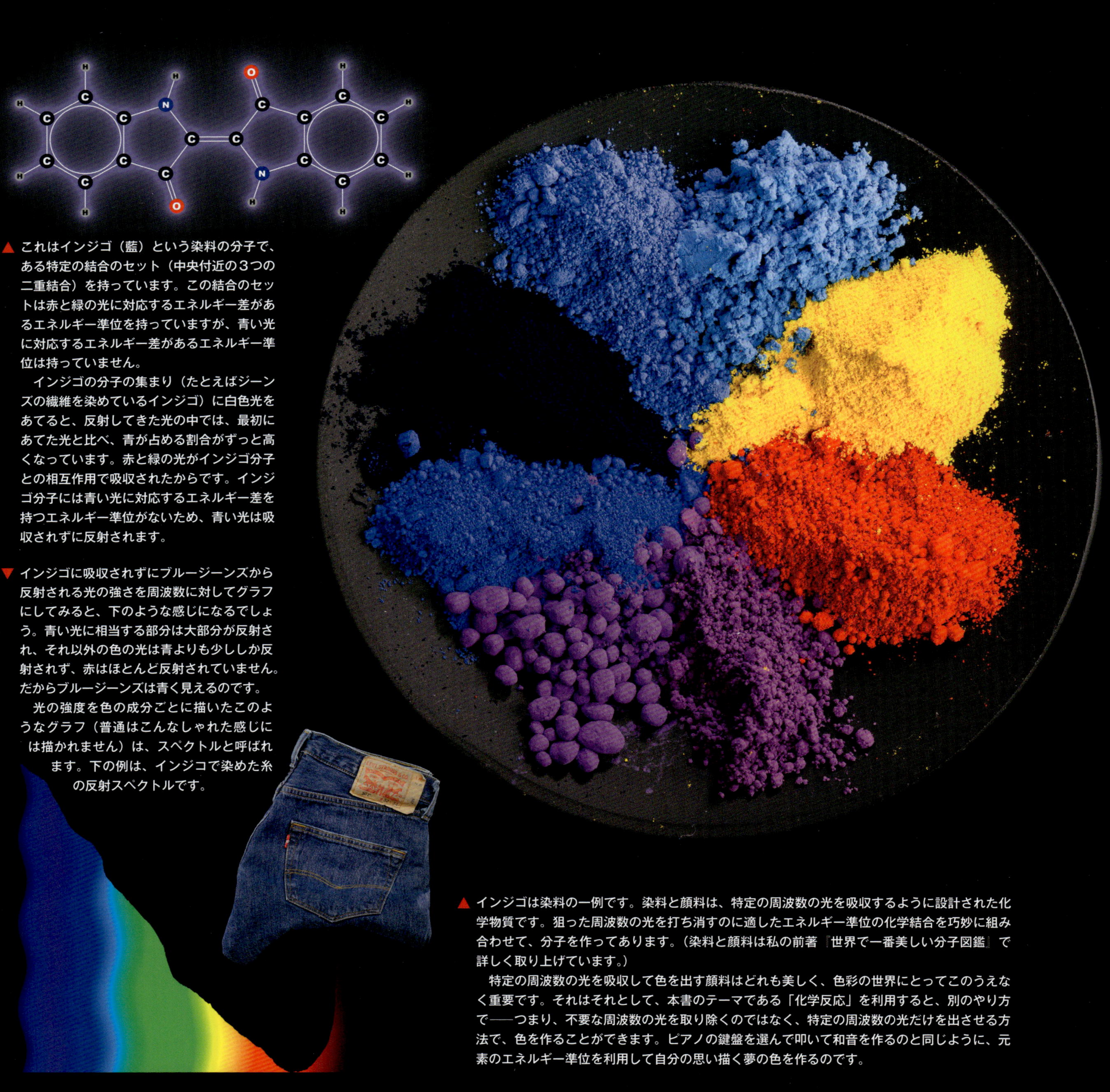

▲ これはインジゴ（藍）という染料の分子で、ある特定の結合のセット（中央付近の３つの二重結合）を持っています。この結合のセットは赤と緑の光に対応するエネルギー差があるエネルギー準位を持っていますが、青い光に対応するエネルギー差があるエネルギー準位は持っていません。

インジゴの分子の集まり（たとえばジーンズの繊維を染めているインジゴ）に白色光をあてると、反射してきた光の中では、最初にあてた光と比べ、青が占める割合がずっと高くなっています。赤と緑の光がインジゴ分子との相互作用で吸収されたからです。インジゴ分子には青い光に対応するエネルギー差を持つエネルギー準位がないため、青い光は吸収されずに反射されます。

▼ インジゴに吸収されずにブルージーンズから反射される光の強さを周波数に対してグラフにしてみると、下のような感じになるでしょう。青い光に相当する部分は大部分が反射され、それ以外の色の光は青よりも少ししか反射されず、赤はほとんど反射されていません。だからブルージーンズは青く見えるのです。

光の強度を色の成分ごとに描いたこのようなグラフ（普通はこんなしゃれた感じには描かれません）は、スペクトルと呼ばれます。下の例は、インジゴで染めた糸の反射スペクトルです。

▲ インジゴは染料の一例です。染料と顔料は、特定の周波数の光を吸収するように設計された化学物質です。狙った周波数の光を打ち消すのに適したエネルギー準位の化学結合を巧妙に組み合わせて、分子を作ってあります。（染料と顔料は私の前著『世界で一番美しい分子図鑑』で詳しく取り上げています。）

特定の周波数の光を吸収して色を出す顔料はどれも美しく、色彩の世界にとってこのうえなく重要です。それはそれとして、本書のテーマである「化学反応」を利用すると、別のやり方で――つまり、不要な周波数の光を取り除くのではなく、特定の周波数の光だけを出させる方法で、色を作ることができます。ピアノの鍵盤を選んで叩いて和音を作るのと同じように、元素のエネルギー準位を利用して自分の思い描く夢の色を作るのです。

光の放射

たとえば、下の写真のように白金の棒を高温に熱すると、光を放ちます。温度がまだそれほど極端に高くないあいだは、光は鈍い赤色です。さらに温度が上がるにつれて、赤からオレンジ色を経て黄色になり、そこでおしまいです。というのも、白金が融け落ちてしまうからです。

このタイプの光は連続スペクトルと呼ばれ、広い範囲にわたる波長の光がすべて混じっています。物質の温度が上がれば上がるほど、スペクトルは波長の短い高周波数の光の方へ（つまりスペクトルの青色側へ）シフトしていきます。非常に高い温度（2700℃前後）になると、私たちの目には白く見えはじめます。赤、緑、青の領域の光が全部含まれて、太陽光線に似た構成になるからです。

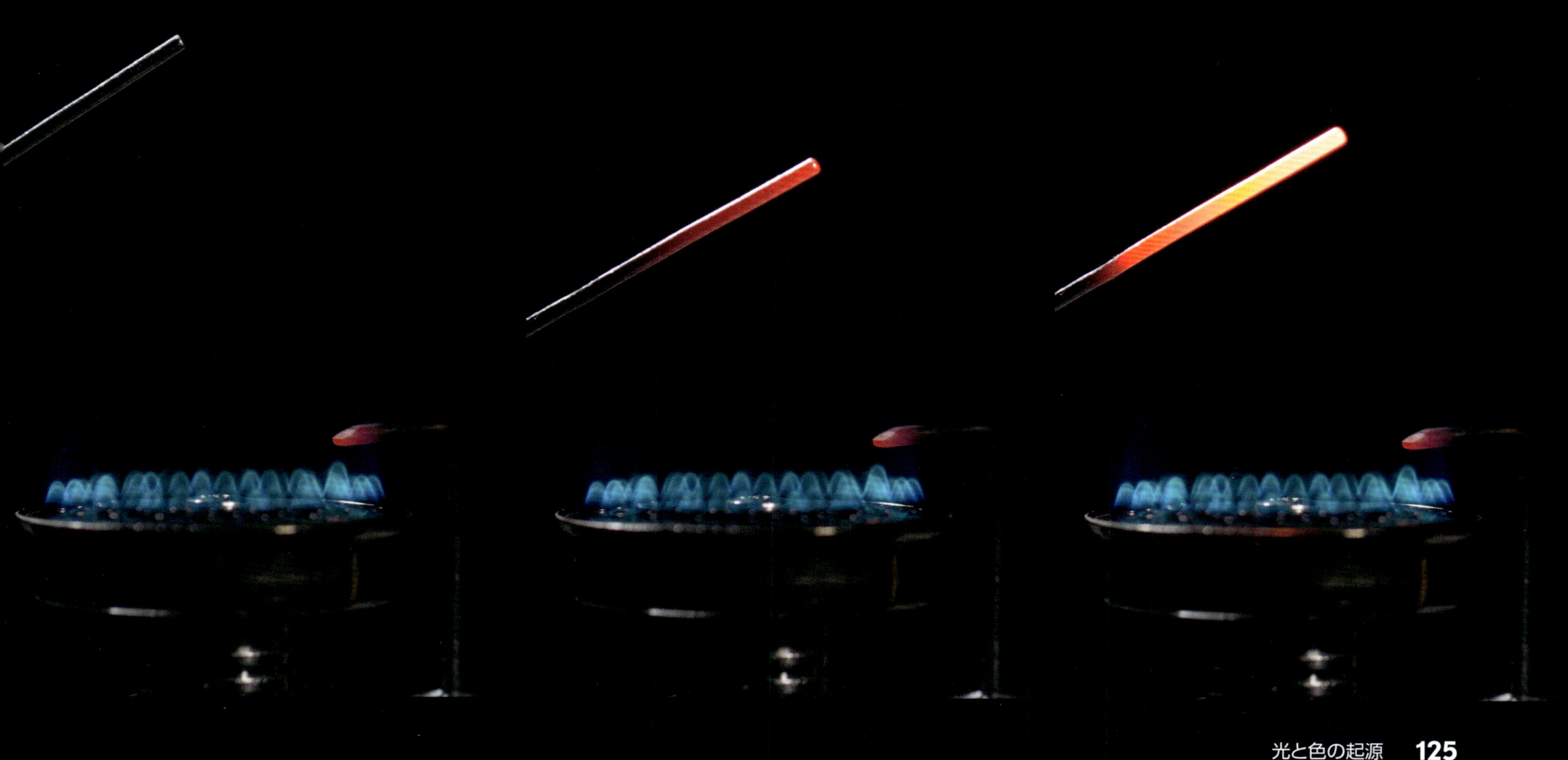

▼ タングステンの融点は白金の２倍くらい高いので、白金よりずっと高温になっても融けません。下の写真は、白熱電球用のタングステンフィラメントが約3000℃で光を放っているところです。この温度で出てくる光は、白色光にいくらか黄色が加わった色になります。

▲▼ 白熱電球が発明されるまで、劇場でスポットライト用に使われていたのはライムライト（石灰灯）でした。（「in the limelight」〔脚光を浴びる〕という英語の表現は、かつては文字通り舞台でスポットライトが当たることでしたが、今では注目を集めることの比喩で使われます。）ライムライトは、2800℃の酸水素炎――水素ガスと酸素ガスをバーナーの先端で混合しながら燃やした炎――を円筒状にした生石灰（酸化カルシウム）に吹き付けて発光させます。生石灰はそれだけの高温に耐え、とびきり心地よいクリーム色のやわらかい光を発するので、照明にぴったりでした。高出力の白色LEDが発明されるまでは、現代の技術をもってしてもライムライトに匹敵する美しさの光は作れなかったほどです。

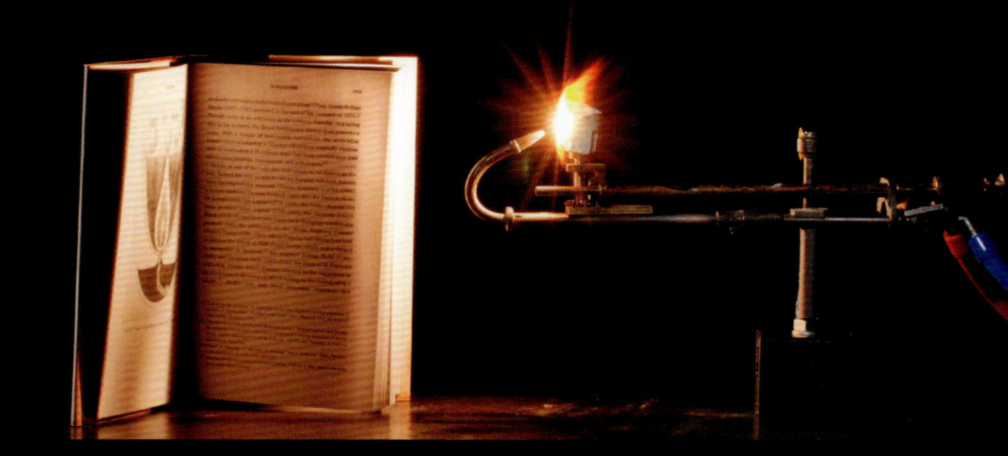

◀ 太陽の表面はおよそ5500℃という極端な高温です。太陽光線がほぼ純粋な白色に見えるのはそのためです。

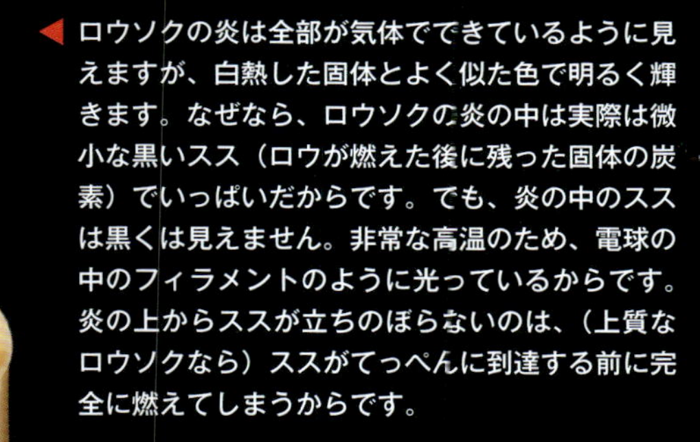

◀ ロウソクの炎は全部が気体でできているように見えますが、白熱した固体とよく似た色で明るく輝きます。なぜなら、ロウソクの炎の中は実際は微小な黒いスス（ロウが燃えた後に残った固体の炭素）でいっぱいだからです。でも、炎の中のススは黒くは見えません。非常な高温のため、電球の中のフィラメントのように光っているからです。炎の上からススが立ちのぼらないのは、（上質なロウソクなら）ススがてっぺんに到達する前に完全に燃えてしまうからです。

▶ ロウソクの炎の途中に細かい金網をかざすと、炎の燃焼がそこで止まり、上の部分に黒いススが見えます。（金網で火が止まるのは、191ページに出てくるデービー灯の炎が金網から外へ広がらないのと同じ原理です。）

このページの写真はどれも白熱光――非常に高温の物体が発する光――の例です。高温の物体から黄色がかった白い光が出ているのを見かけたら、たぶんこの種の白熱光だと思っていいでしょう。一般に、固体は気体より密度が高いので、高温にすると、より強い白熱光を放ちます。もちろん、液体も（溶鉱炉から出てきたばかりの）融けた熱い鉄のようにこうした光を出します。

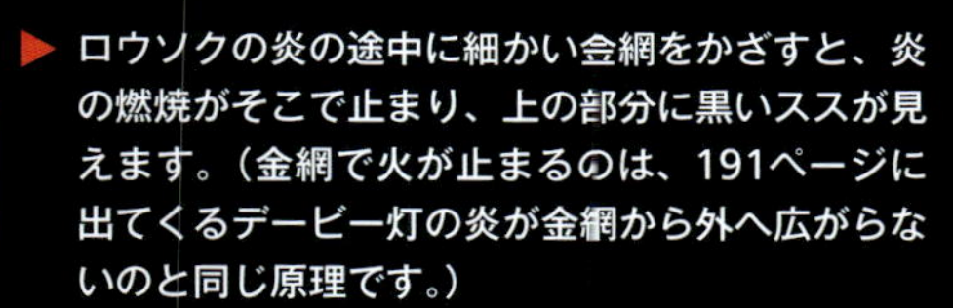

▼ 電灯の発明以前は、映画の映写や舞台のスポットライトに最適な照明器具はライムライト（石灰灯）でしたが、高価なうえ扱いが難しいのが難点でした。次善の策として選ばれたのがアセチレンの「発光体」で、この写真は古いプロジェクターで使われていたアセチレン発光体です。基本的には、ロウソクを強力にしたものと言えます。アセチレンガスが驚くほど明るく燃えるのは、大量のススが炎の中に放出され、即座に高温で光るからです。（その証拠に、アセチレンの炎の調節をしくじるとおそろしくたくさんススが出て、黒いススの分厚い雲が渦を巻きながら立ちのぼっていきます。）

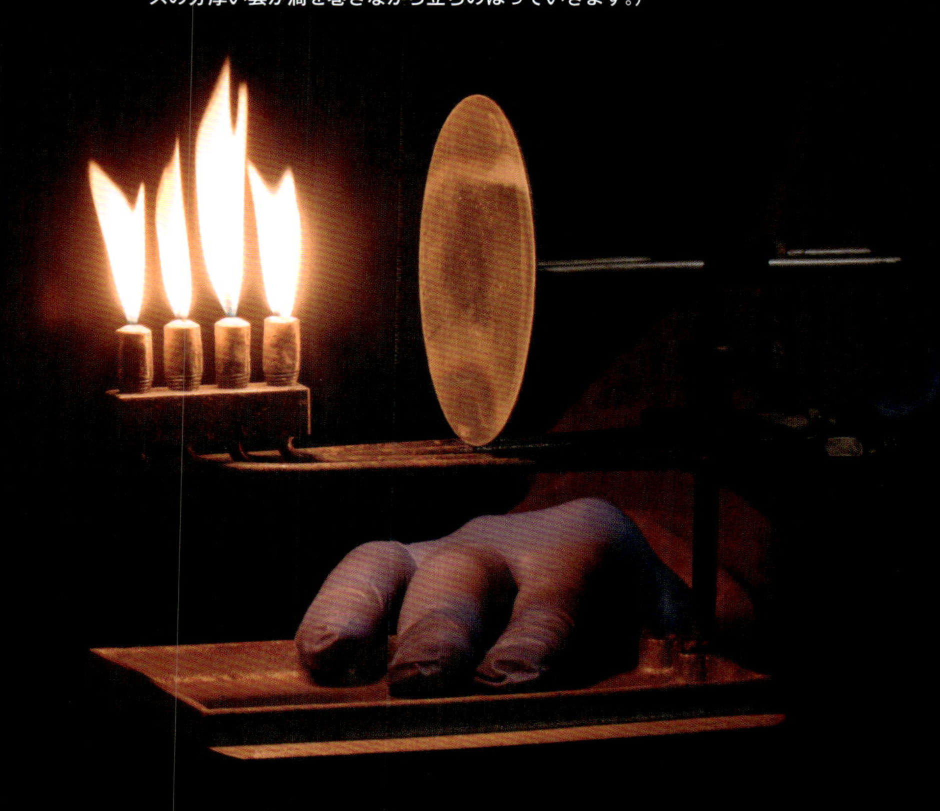

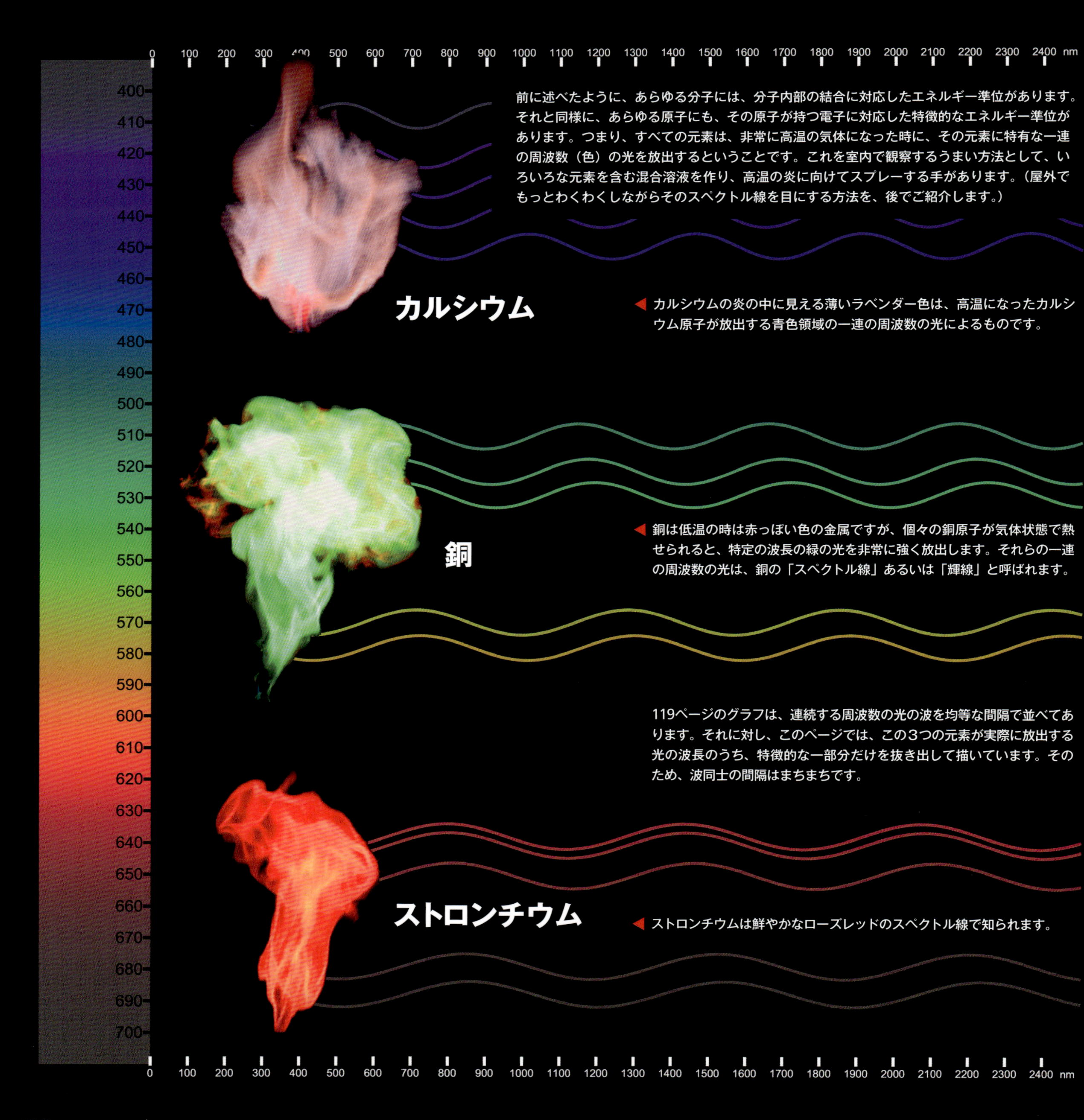

前に述べたように、あらゆる分子には、分子内部の結合に対応したエネルギー準位があります。それと同様に、あらゆる原子にも、その原子が持つ電子に対応した特徴的なエネルギー準位があります。つまり、すべての元素は、非常に高温の気体になった時に、その元素に特有な一連の周波数（色）の光を放出するということです。これを室内で観察するうまい方法として、いろいろな元素を含む混合溶液を作り、高温の炎に向けてスプレーする手があります。（屋外でもっとわくわくしながらそのスペクトル線を目にする方法を、後でご紹介します。）

◀ カルシウムの炎の中に見える薄いラベンダー色は、高温になったカルシウム原子が放出する青色領域の一連の周波数の光によるものです。

◀ 銅は低温の時は赤っぽい色の金属ですが、個々の銅原子が気体状態で熱せられると、特定の波長の緑の光を非常に強く放出します。それらの一連の周波数の光は、銅の「スペクトル線」あるいは「輝線」と呼ばれます。

119ページのグラフは、連続する周波数の光の波を均等な間隔で並べてあります。それに対し、このページでは、この３つの元素が実際に放出する光の波長のうち、特徴的な一部分だけを抜き出して描いています。そのため、波同士の間隔はまちまちです。

◀ ストロンチウムは鮮やかなローズレッドのスペクトル線で知られます。

私たちの耳は、音楽の個々の「スペクトル線」――和音を構成する、高さの異なる複数の音――を聞き分ける優れた能力を持っています。私たちの目は、光の色に関して同じことはできません。しかし、ありがたいことに分光器というシンプルな装置があり、光線を構成成分ごとに分けて見せてくれます。

▲ 白色光の光線

◀ 回折格子

▶ 白色光のスペクトル

▶ アイザック・ニュートンはガラスのプリズムで白色光を分けて虹を作ったことで知られますが、最近はプリズムではなく回折格子〔1mmに数百本から2000本程度の細い溝を等間隔に刻んだ素子〕を使う方が一般的です。（プリズムより安く、場所も取りません。）

光の個々の成分が見えると、とても便利です。なぜなら、それぞれの色の光は原子や分子の構造の内部にある特定のエネルギー準位と対応しているからです。絶対音感の持ち主が曲を聴いて何と何の音が鳴っているかを教えてくれるように、分光器は光線の中にどんな周波数の光が含まれているかを示し、それによって、その光を放射した原子や分子の中に、あるいは光をフィルタリングした原子や分子の中に、どんなエネルギー準位が存在するかを教えてくれます。

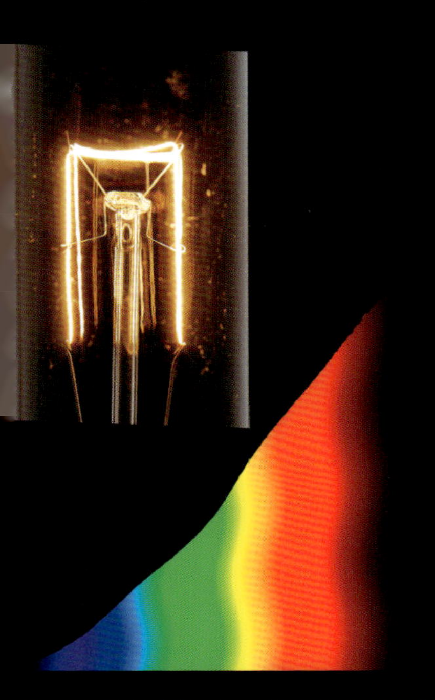

▲ ものすごく高温のもの（たとえば、もはや時代遅れとなった白熱電球のフィラメント）に分光器を向けると、連続的でなめらかな虹色が見えます。これが古典的な白色光で、赤から紫まで可視光領域の光がすべて混ざっています。太陽光線のスペクトルもこれと似た連続的でなめらかなものになります。だから私たちはこの色の光に親しみを感じ、その下で過ごすことを好みます。

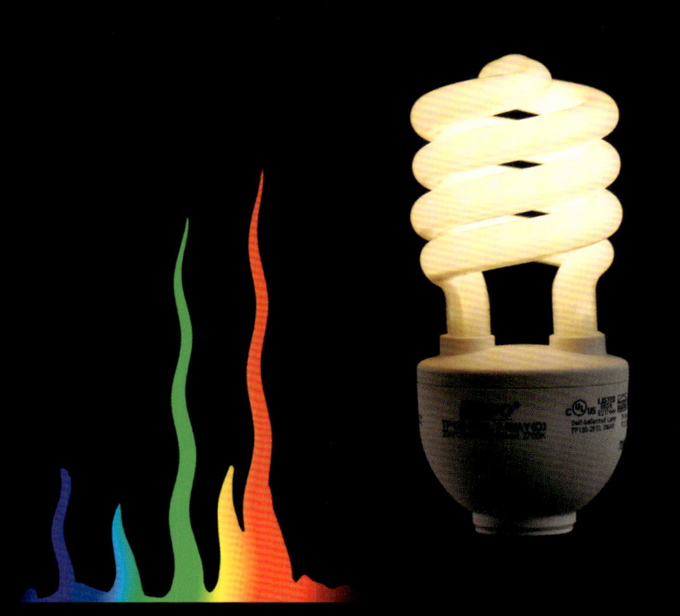

▲ 光源のなかには、この安物の電球型蛍光灯のように、一見すると白色光のような光を出すけれど、実際は狭い範囲の周波数の光をいくつか合わせただけのものもあります。人間の目は色を見分けるのがあまり上手くないので、この光も白く見えます。けれどもこの種の光は、照らされているものの色を歪める傾向があります。蛍光灯の照明で撮影した写真や動画の色にどこか違和感を感じることがあるのは、そのためです。

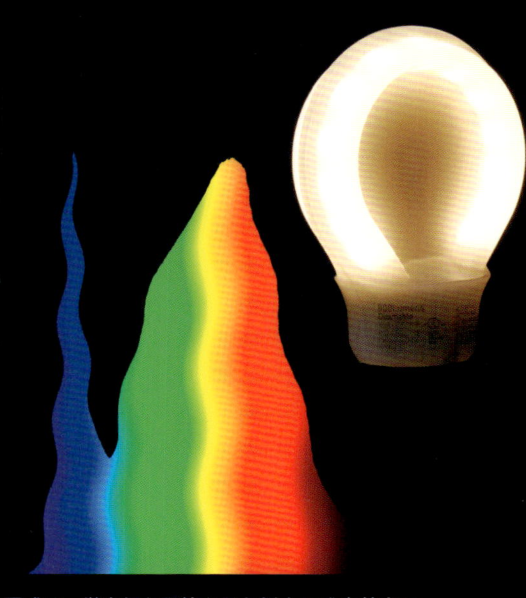

▲ LED電球は、蛍光灯と同等かそれ以上の発光効率の良さと、蛍光灯よりはるかになめらかなスペクトルを兼ね備えています。完璧ではありませんが、間違いなく上出来です！　LED灯は、従来の写真撮影用照明灯に取って代わりつつあります。なぜなら、丈夫で、熱を出さず、強力で、色の見栄えがとても良いからです。（プロの写真家用照明灯のスペクトルは、この家庭用LED電球よりさらに優れています。）

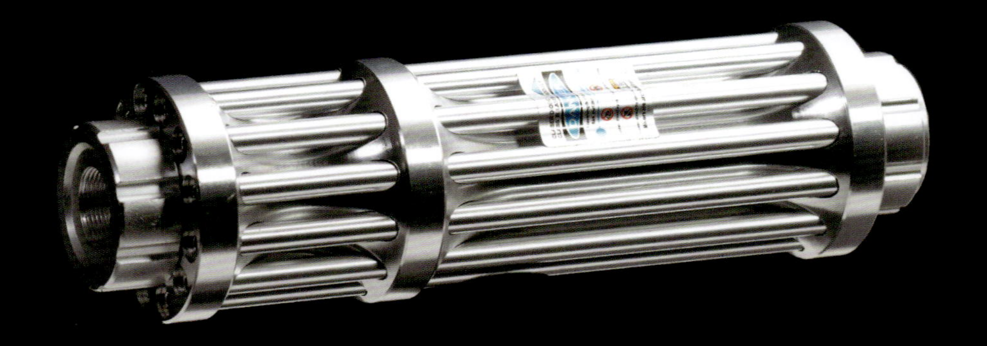

◀ レーザーは単一の周波数の光しか出しません。レーザー光線は回折格子やプリズムを通しても広がらず、ただ屈折するだけです。

▼ バーナーで熱せられている金属は何でしょう？　緑色の炎が出ているので、銅なのではないかと推測できます。でも、光の成分を分け、銅のみが持つ特徴的な光の周波数の組み合わせがあることを示して、本当に銅だと証明できるのは、分光器だけです。

　どの元素や分子も、それぞれ独自のスペクトル線の組み合わせを持っています。分光器によるスペクトル分析で、どの元素や分子が存在するかを調べ、同定することができます。

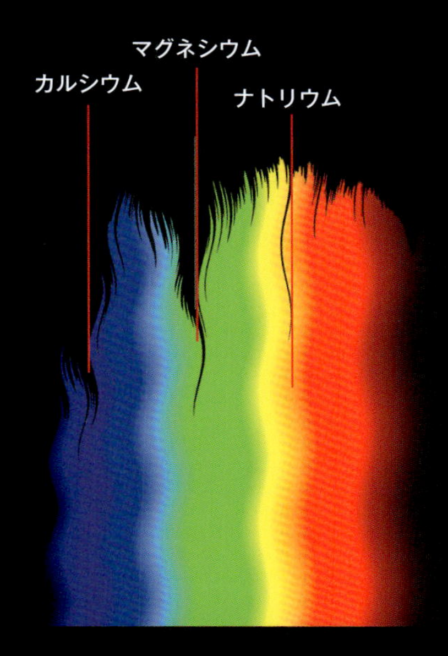

驚きの事実。分光器は、ある物体から発せられた光だけに基づいて、どんな元素や分子があるかを判定できますから、私たちはその物体に触れる必要がありません。その物体と同じ部屋にいなくても大丈夫です。同じ惑星の上にいなくたって、問題ありません。空に輝く星の光のスペクトルを見れば、その星にどの元素があるか、あるいはどの元素がないかを、一点の曇りもなく言い当てることができます。地球にいながら、銀河系の星々だけでなくもっと遠くの銀河について、スペクトルで成分を調べることができます。たとえば、広大な宇宙のどこかで星々が歌った“光の歌”が何千万年もかかって地球に届き、私たちがそれを理解する――そんなことが可能なのです。

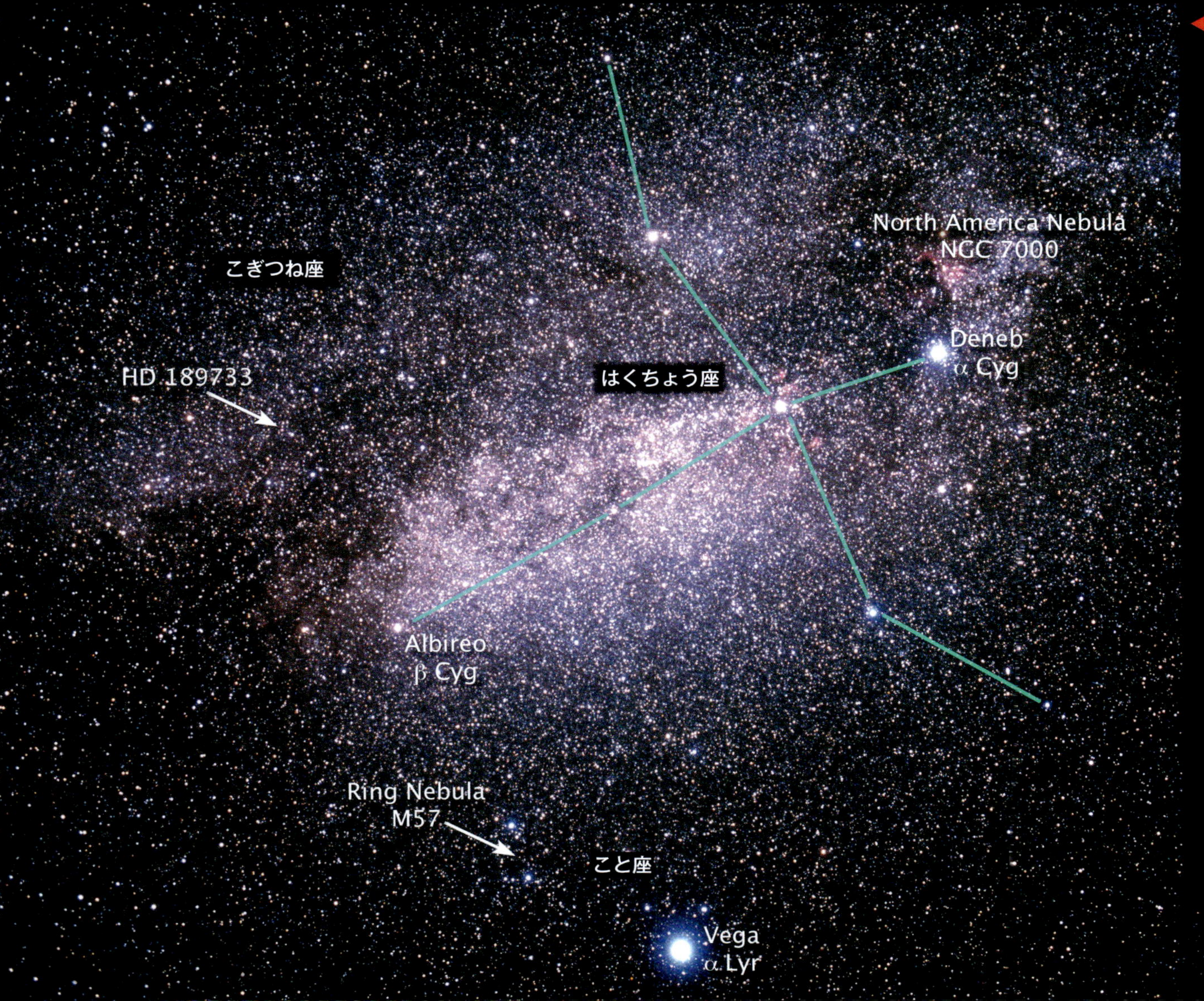

十分に高倍率の望遠鏡と十分に感度の高い分光器があれば、太陽系外の恒星の周囲を回っている惑星にどんな元素や分子があるかをスペクトルから読み取ることさえできます。遠くの恒星に新たな惑星が発見されたというニュースで、その惑星の大気に酸素が含まれているとか、硫酸の雨が降っているとか、メタンの結晶があるといった説明を聞くことがあるでしょう。どれも、その惑星から届く光のスペクトルを分析してわかったことです。たとえば、地球から63光年離れた場所にあるHD 189733と呼ばれる恒星の周りを回っているHD 189733bという惑星の大気には、酸素と水とメタンと一酸化炭素が含まれていることが判明しています。それを教えてくれたのは、はるか彼方から届く光を捉えて“絶対音感”ならぬ“絶対光感”で成分を識別した分光器です。

▼ このページは、いろいろな元素の原子が放出する光のスペクトル線です。（128ページで示したカルシウムと銅とストロンチウムの波形は、最も強い光の部分をいくつか抜き出した簡略版です。大部分の元素は、何十あるいは何百もの異なる波長の光を出します。）

特に強い輝線がスペクトルの特定の周波数範囲に集まっている元素がいくつか知られています。そうした元素は、高温にするとはっきりした色の光を出しますから、花火にぴったりです。

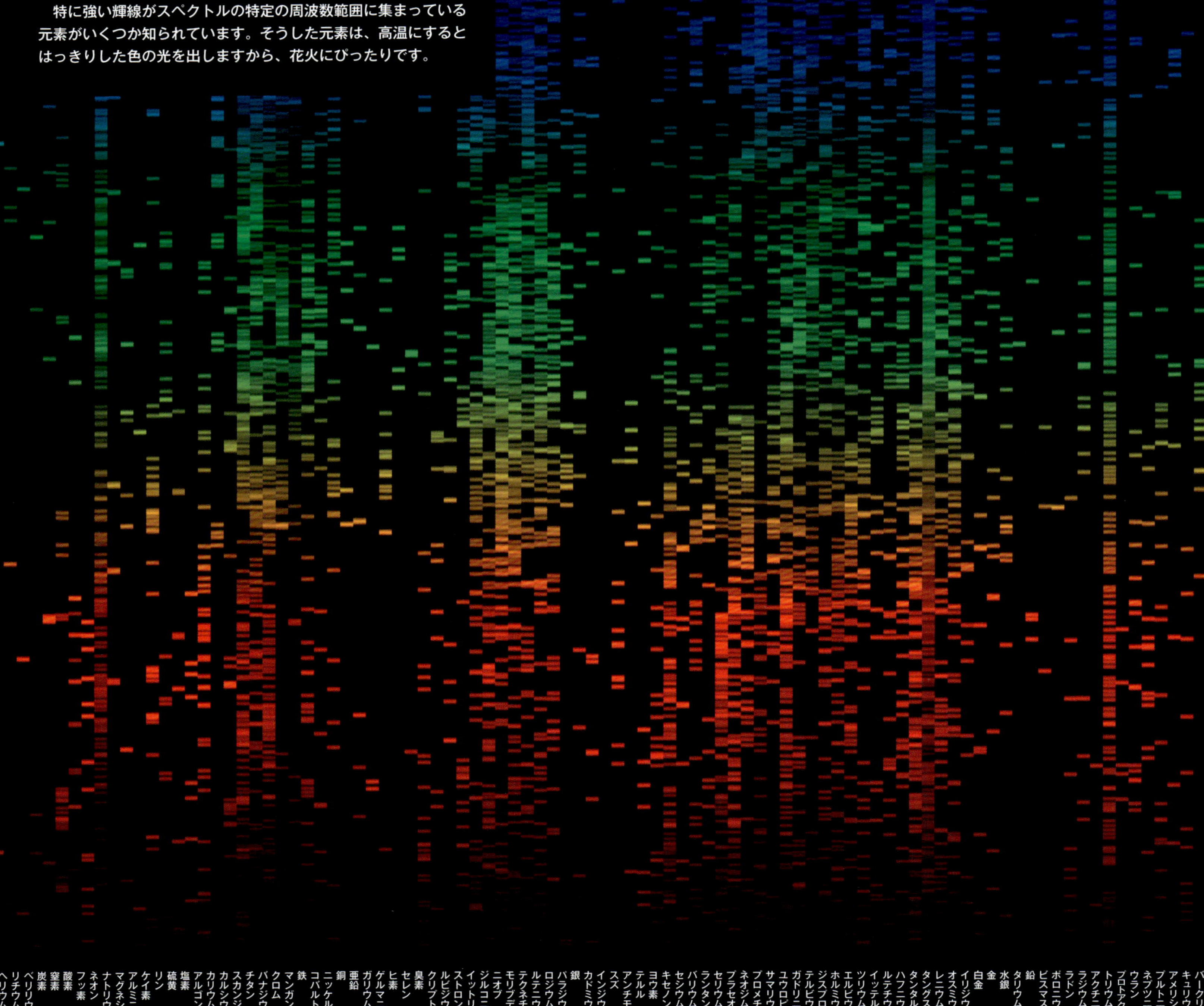

▶ 長い間、花火ではなかなか青い色を出せませんでした。銅はきれいな青い輝線を持っていますが、強い緑の輝線もあるうえ、そもそも元素を発光させるための熱を生み出すには火薬を燃焼させねばならず、それによってもっと強い黄色の光が出るので、青がかき消されてしまうのです。しかし、比較的低い温度で燃焼するポリ塩化ビニルと塩化ゴム燃料の開発で、ついに花火職人は鮮やかで美しい青色を出せるようになりました。

▶ 緑色の輝きを出すには、バリウム塩を使うのが一般的です。

▶ 原子の輝線のデモンストレーションとして、色鮮やかな花火くらい魅力的で説得力のある見本はありません。この赤い光は、ストロンチウム原子に由来します。ストロンチウムはおそらく炭酸ストロンチウムの形で添加されているのでしょう（花火の成分は企業秘密ですが、スペクトルを見れば使われている元素はわかります）。

花火は原子の発光スペクトルをわかりやすく見せてくれます。花火はまた、「古代中国の化学配合術」と私が呼ぶ技術に本気で取り組めば、激しい化学反応を見事に制御できることを物語る、絶好の見本でもあります。

古代中国の化学配合術

化学者は、化学反応を「分類して一度にひとつずつ行うべきもの」と考える傾向があります（ちょうど、２ページ前で私たちが元素をずらっと並べ、それぞれがどんな色を出すかを載せたように)。花火師は同じ化学反応を、美しい絵を描くためのパレットとして捉えます。見る人に美しくてスリリングな経験を味わってもらうため、化学反応が次から次へと連続的に起こるように配合と順番を組み立てるのが、花火師の腕の見せ所です。

化学反応の配合や配列が一番はっきりわかるのは、花火の色の部分です。しかし、花火作りの技は、もっと前、花火に点火する導火線のところから始まっています。

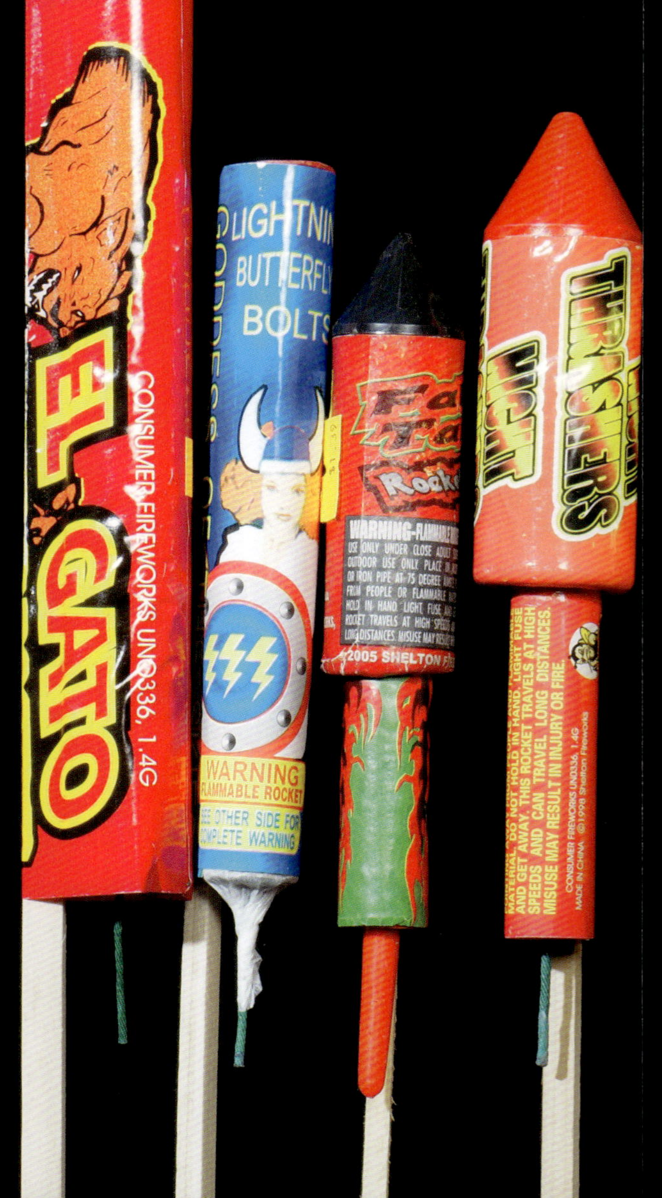

▼ 古典的なロケット花火。私が住むイリノイ州では違法ですが、50kmほど東のインディアナ州という無法地帯では当たり前に売られています。ロケット花火は家庭の裏庭の花火遊びでは人気がありますが、プロが演出する花火大会では見かけません。

▲ 化学者が花畑を作ると、きっとこんな配置になります。すべてが整然と直線に並び、詳しく研究しやすいよう分けられています。

▶ 花火師が花束を作ると、こんなふうになるでしょう。大事なのは芸術的な構図、バランス、バラエティの豊かさで、化学反応がごちゃまぜでもオッケーです。

派手な花火が見たい時には、ロケット花火ではなく、発射筒から打ち出す迫撃砲式がよく使われます〔日本ではこのタイプは市販されていないようです〕。発射筒で打ち上げる方が安全で効率も高いからです。写真のような直径５cmほどの小さな迫撃砲弾タイプの花火は、ロケット花火と同じ売り場に置かれていて、誰でも買えます。ショーなどの花火を担当する専門業者は直径7.5 cmから30 cmまでのさまざまな口径の発射筒を使いますが、素人が手に入れるのは困難です。〔日本の花火で最も大きい四尺玉は、直径約120 cmの筒で打ち上げられます。〕

▼ 火薬を含んだ導火線に火をつけると、花火への助走が始まります。（火薬については第６章で詳しく説明します。）

なぜ発射筒を使うのでしょう？　ロケット花火は飛行中ずっと推進力が働いているため、何かの拍子にコースが変わって観客の方に飛んでしまうおそれがあります。発射筒式なら、定まった方向へ向けて花火を打ち出せば、それ以外のコースにそれることはありません。迫撃砲タイプの花火の中身はほとんどすべて、空中で破裂して花火になるための火薬です。これがロケット推進機構付きだと、重量があるうえ、誰かの頭の上に落ちる危険性もあります。

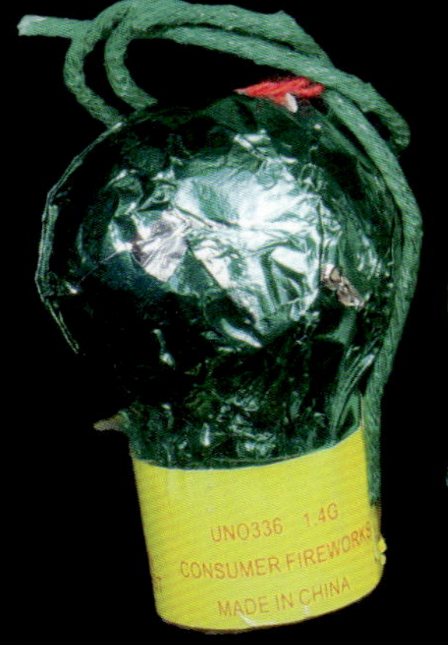

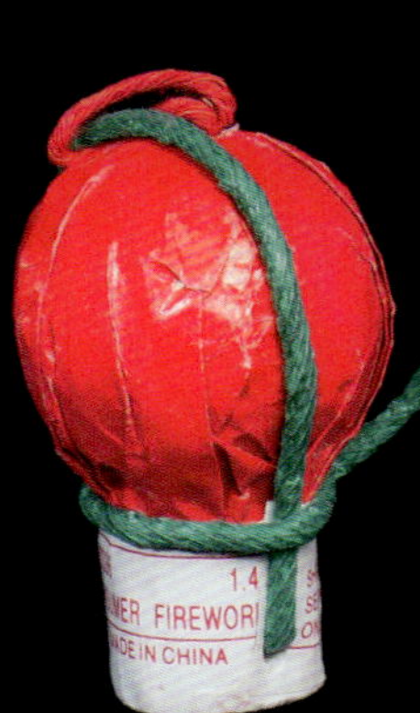

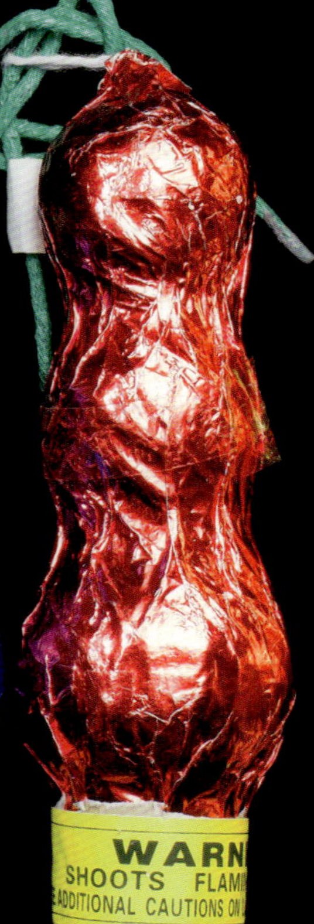

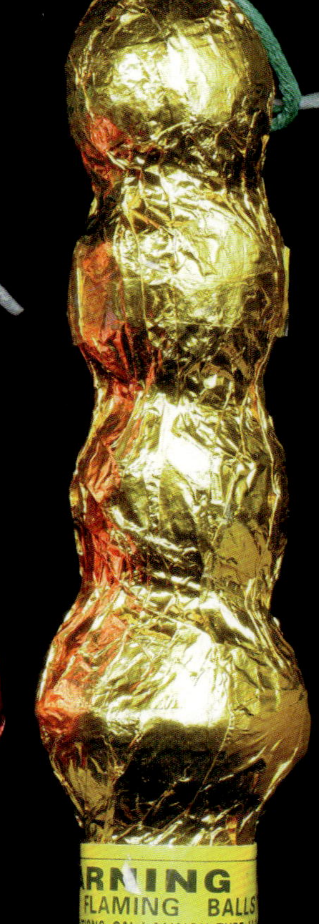

下の写真は、私が「インディアナ級」と勝手に命名した迫撃砲型の打ち上げ花火の断面と中身です。（専門的には「1.4G消費者グレード」の花火といいます。このタイプを合法としている州はインディアナ以外にもいくつもありますが、私にとって重要なのは、自分がこれを買えるのはインディアナ州だということです。）火を付けた時に筒の中がどうなっているかは、195ページをご覧下さい。

▼ 球形の外殻の中心には、「割薬」が入っています。これは火薬より爆発力の強い閃光粉です。（爆薬の種類は第６章で説明します。）

▼ もみがらは、花火の玉に詰めたものが動かないようにするために使われます。爆薬の量は法律（およびコスト）による制限があるので、隙間をもみがらやワタのタネ（木綿ワタを取った残りの種子）など、乾燥していて圧縮できるもので埋めます。〔日本の花火大会の打ち上げ花火は、もみがらなどに黒色火薬をまぶしたものを割薬として詰めています。〕

▼ 空中で光るのが、この「星」と呼ばれる火薬玉です。割薬の役割は、空中で星を狙い通り四方八方へ飛ばすことです。星は、燃料の火薬と、燃えた時に特定の色を出す元素を混ぜて作られています。キラキラ光ったり色が変わったりするように、中心から外側へ向かって何層か重ねた構造の星もあります。星によって、全方向に広がる美しい光のシャワーが生み出されます。

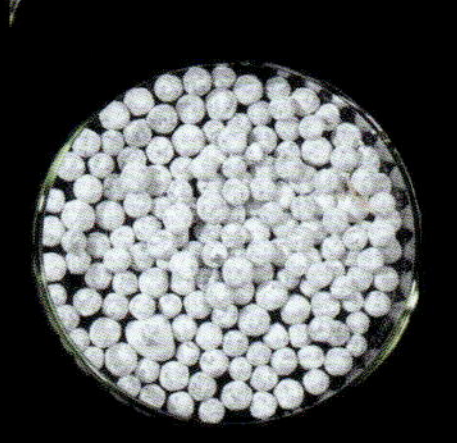

▼ 導火線は、「発射薬」――花火の玉を空中に発射するための黒色火薬――につながっています。

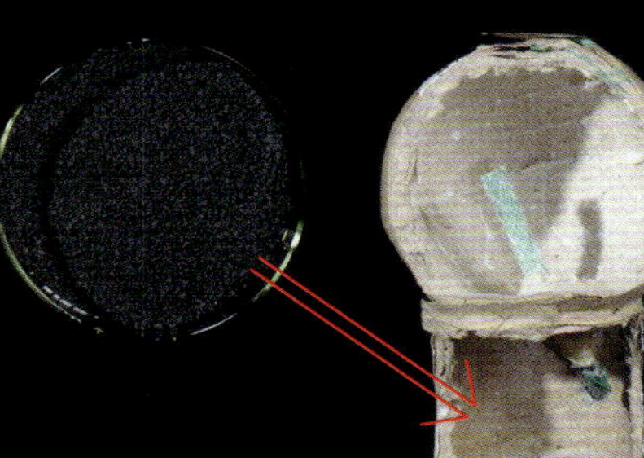

▼ 迫撃砲タイプの花火を半分に切ってみると、導火線がまず底部の発射薬に達し、それから少し時間を置いて玉の中心の割薬に点火するようにつながれているのがわかります。玉が空へ向けて飛び出し、ちょうど最高点に到達したところで花火が破裂するように調節されているのです。

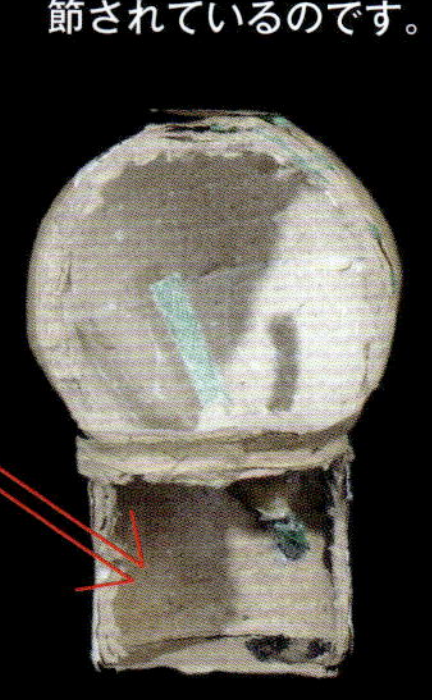

◀ いろいろな金属塩をアルコールに溶かした溶液を丸めた綿に含ませ、火を付けると、その金属塩が花火に使われた時にどんな色が出るかがわかります。

▶ ロウソクのロウに色を付けるのは簡単です。簡単に手に入る顔料をロウに混ぜればいいだけです。しかし、そうやって作った色ロウソクと同じ色の炎を出させるのは、ずっと大変です。ロウに溶かした有機顔料は単に燃えてしまい、炎に色はつきません〔燃えない無機顔料は、たとえ炎に色が出ても、もとの色と同じとは限りません〕。右ページの写真のバースデーキャンドルは、花火に使われるのと同様の元素を混ぜ、輝線スペクトルを利用してロウと同じ色の炎を出しています。混ぜ込んだ元素はロウの色には影響しません。元素を含むロウが燃えると、元素は炎の熱エネルギーを得て励起状態（エネルギーが高い状態）になり、そこから元の状態に戻る時に特有の色の光の形でエネルギーを放出します。ロウの色と同じ色の輝線を持つ元素を組み合わせれば、ロウソクと炎のカラーコーディネートができるというわけです。

▼ 下の写真の花火の色のほとんどは、6種類ほどの元素によって出されています〔日本の花火で使われる元素はもう少し種類が豊富です〕。花火を「光と音のシンフォニー」と表現する人たちもいます。私はそんな陳腐な定型句を口にする気はありませんが、技術的な面に関してはその表現は極めて正確です。花火は、それぞれの「星」（火薬玉）が炸裂して中の元素が特定の周波数の光を出し、全体としてひとつの和音を奏でる“楽器”に似ています。花火の光の色は、文字通り、元素の力によるものなのです。

第5章

退屈な章

The Boring Chapter

本章は、「ペンキが乾いていくのを見物する〔退屈な行動のたとえ〕」のと同じくらいの面白さになるでしょう。そう、全部が全部面白いわけではないかもしれません。たとえば、イネ科植物の成長を観察する話では、私はたった1通りの殺人方法しか挙げられませんでした。水の沸騰を眺める話は、ペンキの乾燥・硬化や植物の生長のように話題が豊富なテーマと比べると、なんだかバカのひとつ覚えのようにも思えました。もちろん水の沸騰は命にかかわる重大な問題になることもあるのですが。

ともかく、まずは、塗料（ペンキ）が乾く様子の見物からこの章を始めましょう。

塗料が「乾く」とよくいいますが、液体成分が蒸発してなくなる意味での「乾く」とはあまり関係がありません。たしかにペンキが乾く際には水分（あるいは他の溶剤）の蒸発が起きることもありますが、重要なのは、溶剤がほとんど蒸発した後、塗料がどろっとした液体から頑丈な固体になるところです。この丈夫な固体は何年にもわたってその場にとどまり、雨や雪や雹（ひょう）や、強烈な日光や、小さい子供の狼藉（ろうぜき）との戦いを繰り広げます。

もしペンキが文字通り「乾く」だけで何の化学的変化も起こさなかったら、同じ溶剤に出会えばすぐにまた溶けてしまいます。水性塗料は水に濡れただけで剝げ落ちるでしょうし、油性塗料が溶剤耐性を持つこともありません。

耐水性のない水性塗料や溶剤耐性のない油性塗料もありますが、最良の塗料は巧妙な「乾き方」の技を持っています。

ペンキが乾くのを眺めてみよう

洗濯で簡単に落とせるように作られた、キッズ用ウォッシャブルペイント。ほぼ水の蒸発だけでペンキを「乾かす」塗料の一例です。このタイプの塗料は乾いた後でも水にすぐ溶けることが目標なので、乾く過程で不可逆的な化学反応が起きては困ります。そのため、顔料粒子を短鎖の水溶性ポリマーでつないであるだけです。本格的な塗料というよりは子供のおもちゃです。髪の毛やカーペットやテーブルクロス、衣類、さらには小型犬などに塗りたくっても、洗えば落とせることだけが売りです。（ただし、犬はもとどおりになりますが、白い服は決して真っ白い状態には戻りません。）

ラッカー

“ただ蒸発するだけ”の方式でも、それなりに本格的で実用に耐える塗料を作れます。それには、水ではなく、塗った後の塗料がまず遭遇しないような溶媒を使えばいいのです。使える溶媒としては、アセトン、トルエン、ベンゼン、その他の有機溶媒が挙げられます。ただし、特有のにおいがあるうえ、毒性・可燃性・発がん性があったり、環境汚染物質だったりします。こうした溶媒を塗料に使うと、必然的に塗料が乾く時に空気中に溶媒が蒸発しますから、それによる悪影響を避けるのは困難です。そのため、このタイプの塗料（主にラッカーとシェラックニス）は、世界の多くの地域で、一度に大量に使うことが禁止されています。

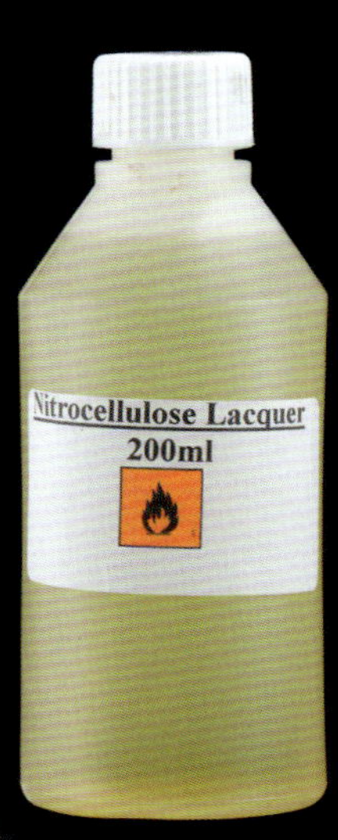

▶ ラッカーは、溶媒の蒸発だけで「乾く」本格的塗料の良い例です。蒸発する溶媒は水ではなく、アセトンやトルエンやその他の有機溶媒です。塗ってから何年も経った後でも、塗装面に同じ種類の溶媒がかかると、ラッカーが溶けて光沢仕上げがだいなしになります。反面、いいこともあります。ラッカー塗装が傷んだら、溶媒ではがし、新しいラッカーで塗り直せるからです。化学反応で硬化した塗料ではそうはいきません。

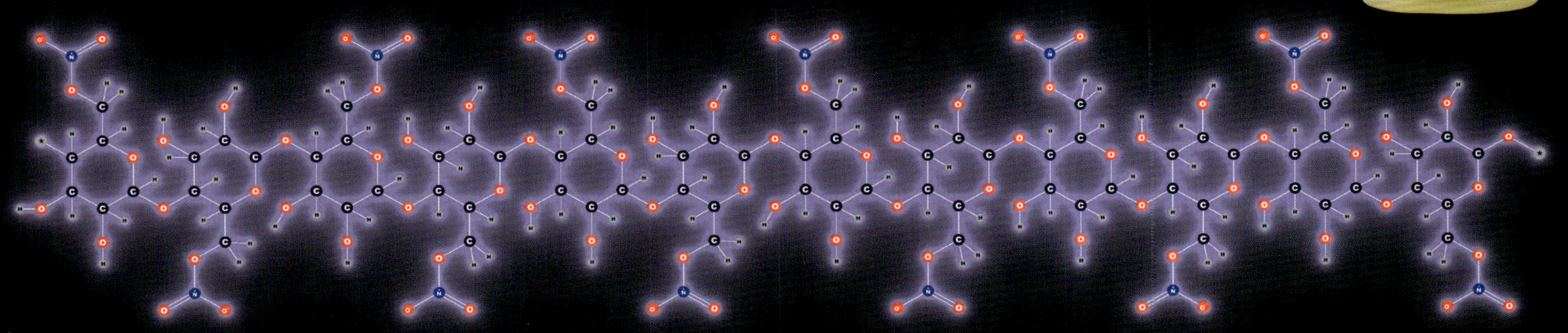

▲ 大量の有機溶媒が蒸発すると、いやなにおいがするうえ環境が汚染されます。ですから、このタイプの塗料は、少量を特別な用途で使う以外にはおすすめできません。たとえば、ニトロセルロースのラッカーはギターなどの楽器の仕上げというニッチな場面で使われます。このラッカーだと楽器の音が良くなると言う人もいますが、それは想像や願望かもしれません。

▶ ニトロセルロースは非常に可燃性が高い物質です。固体の表面に塗装されている時は燃えませんが、ニトロセルロースでできた厚みのあるフィルムがそのまま置かれているとなると、話は別です。むかし映画用に使われていた「ナイトレートフィルム」は、恐ろしいほど燃えやすい代物でした。ナイトレートフィルムは、ニトロセルロースラッカーに樟脳油（しょうのう）（これも可燃物）を加えることで柔軟性を保ったまま乾燥させて、厚みのあるフィルムにしたものですから、燃えやすいのは当然です。このフィルムに、映写機から高温のアーク灯の光を当てて、スクリーンに映画を映したのです。爆発物並みに燃えやすいフィルムのそばに、ひとつ間違えば“点火装置”になる映写灯という組み合わせは、危険極まりないものでした。ナイトレートフィルムが原因で歴史に残るほどの映画館火災が何度も起き、多くの犠牲者が出ました。

なぜニトロセルロース・ラッカーはそんなにも燃えやすいのでしょう？これには、「ニトロ」という名前が関係しています。

▶ ラグペーパー〔布の裁断くずなどを原料にした紙〕と木綿の布は、成分のほぼ100パーセントが普通のセルロースです。どちらもよく燃えますが、それは、セルロース分子が酸素分子と反応して二酸化炭素（CO_2）と水（H_2O）になる際にエネルギーが放出され、高温の炎が生み出されるからです。ただし、周囲の空気から酸素の供給を受ける必要があるので、燃え方はわりあいゆっくりです（私たちが紙を燃やす時に経験するのと同じです）。炎に向かって空気を吹きかけると一段と明るく燃え上がるのは、酸素が余分に供給されるからです。

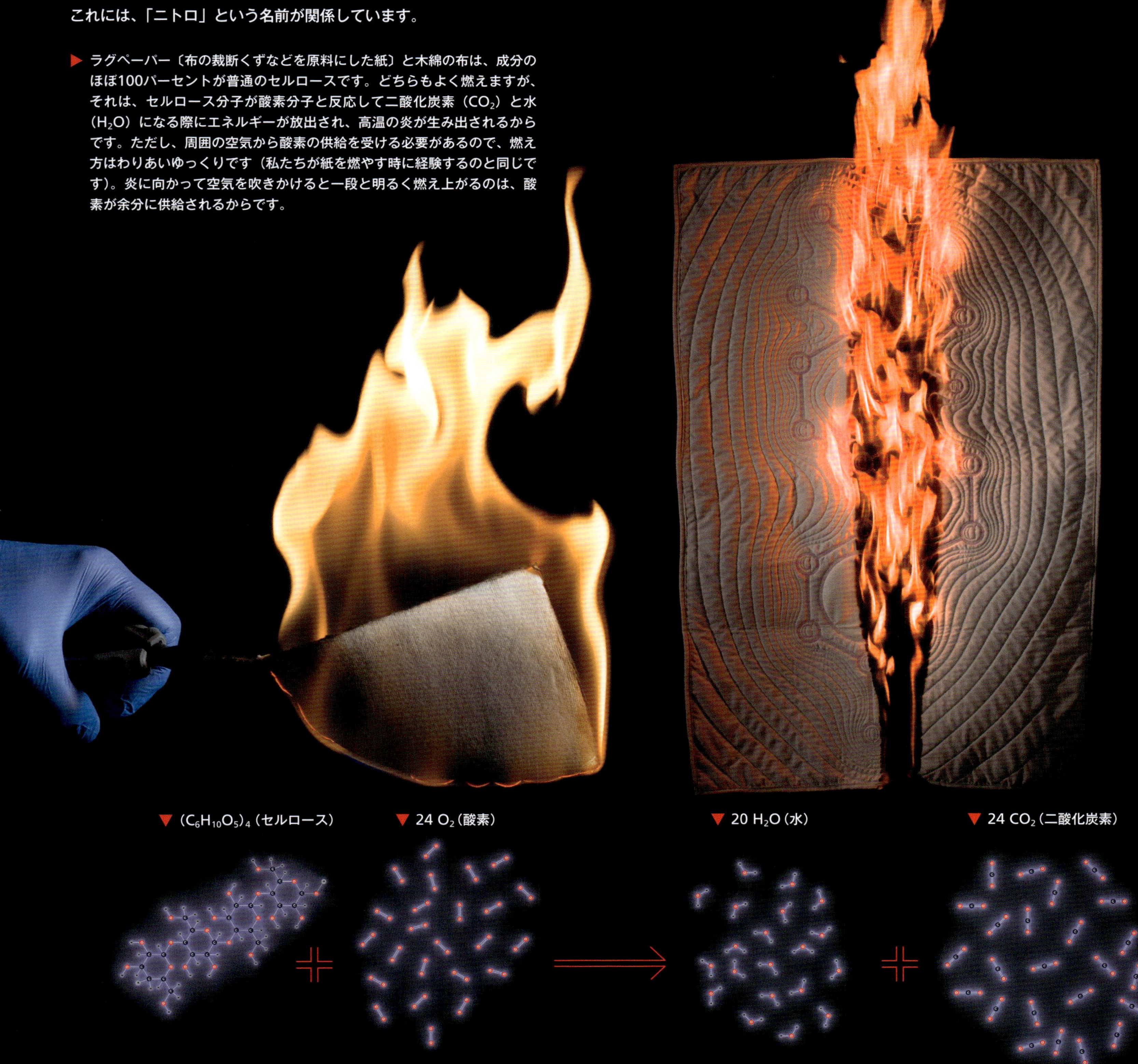

▼ $(C_6H_{10}O_5)_4$（セルロース）　▼ 24 O_2（酸素）　▼ 20 H_2O（水）　▼ 24 CO_2（二酸化炭素）

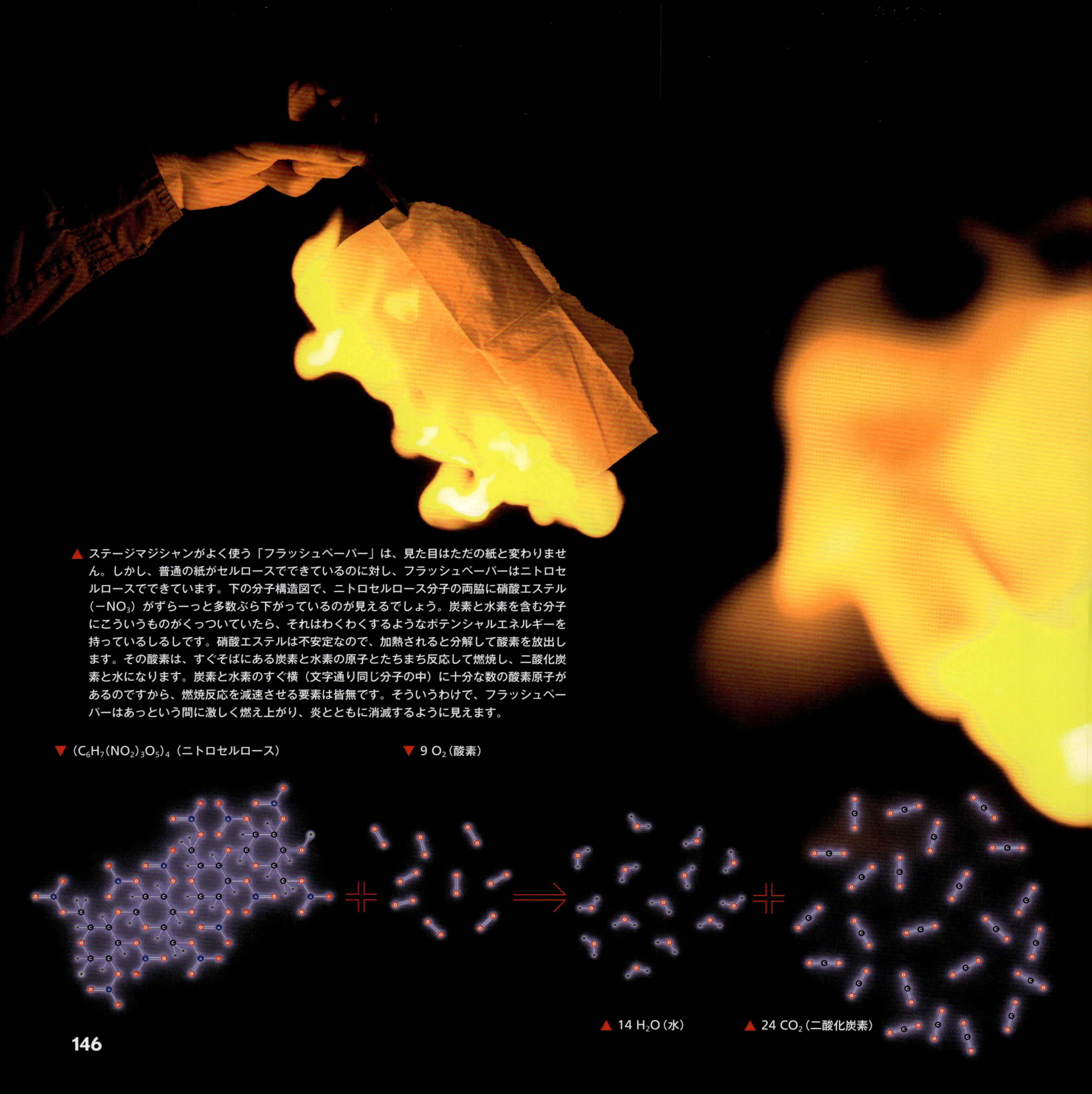

▲ステージマジシャンがよく使う「フラッシュペーパー」は、見た目はただの紙と変わりません。しかし、普通の紙がセルロースでできているのに対し、フラッシュペーパーはニトロセルロースでできています。下の分子構造図で、ニトロセルロース分子の両脇に硝酸エステル（$-NO_3$）がずらーっと多数ぶら下がっているのが見えるでしょう。炭素と水素を含む分子にこういうものがくっついていたら、それはわくわくするようなポテンシャルエネルギーを持っているしるしです。硝酸エステルは不安定なので、加熱されると分解して酸素を放出します。その酸素は、すぐそばにある炭素と水素の原子とたちまち反応して燃焼し、二酸化炭素と水になります。炭素と水素のすぐ横（文字通り同じ分子の中）に十分な数の酸素原子があるのですから、燃焼反応を減速させる要素は皆無です。そういうわけで、フラッシュペーパーはあっという間に激しく燃え上がり、炎とともに消滅するように見えます。

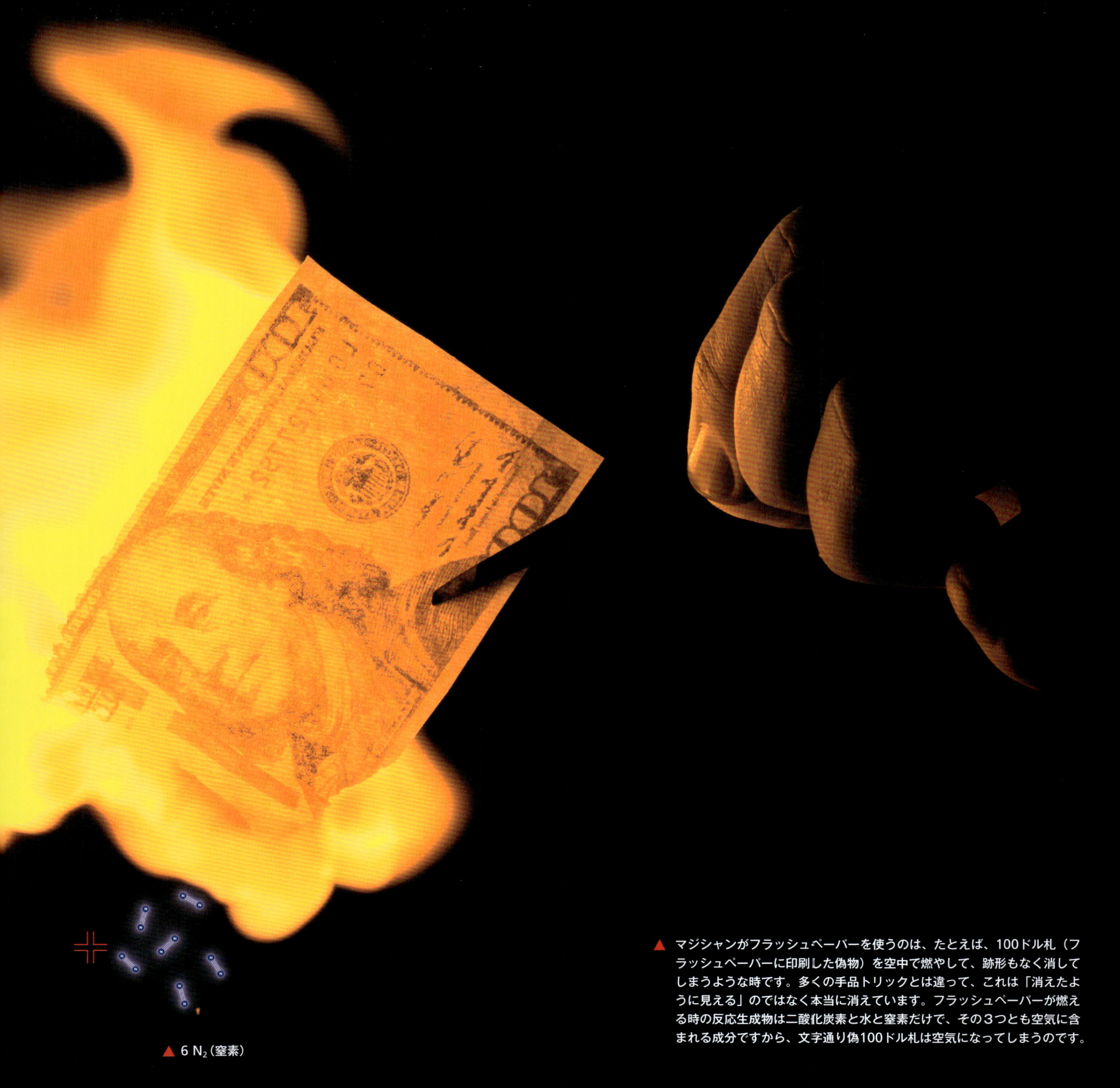

▲ $6\ N_2$（窒素）

▲ マジシャンがフラッシュペーパーを使うのは、たとえば、100ドル札（フラッシュペーパーに印刷した偽物）を空中で燃やして、跡形もなく消してしまうような時です。多くの手品トリックとは違って、これは「消えたように見える」のではなく本当に消えています。フラッシュペーパーが燃える時の反応生成物は二酸化炭素と水と窒素だけで、その３つとも空気に含まれる成分ですから、文字通り偽100ドル札は空気になってしまうのです。

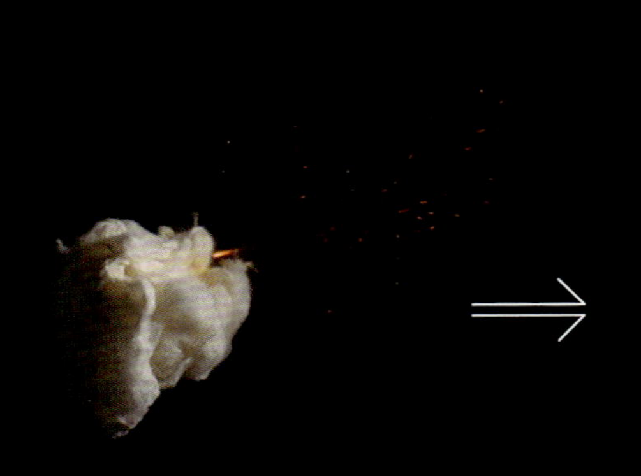

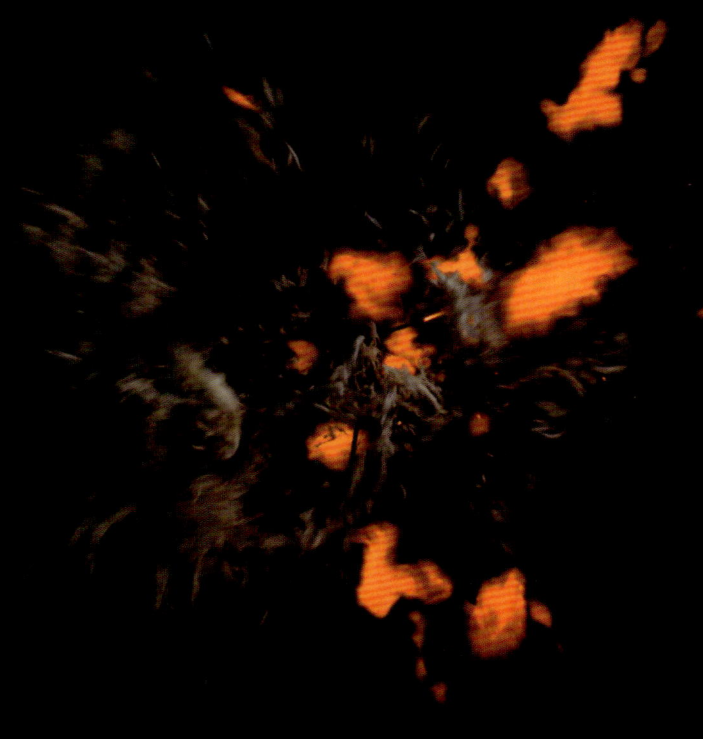

▲ニトロセルロースを綿状にしたものは、別名「綿火薬」といいます。銃弾用として使えば、十分な威力で爆発し、煙も出ないため、黒色火薬より優れた代替品となります。酸素と炭素と水素の反応でエネルギーと大量のガス、すなわち二酸化炭素（CO_2）と水蒸気（H_2O）が生み出されるだけでなく、硝酸エステルの窒素原子が窒素ガス（N_2）となって一層大きなエネルギーとガスを放出することにより、銃身内で銃弾を後ろから押す圧力がより大きくなります。

もしニトロセルロースラッカーと綿火薬が同じものでできているなら、乾いたラッカーで銃を撃てるでしょうか？　そこで私は実際に挑戦してみましたが、残念ながら無理のようです。ただのセルロースを「硝酸エステル化」してニトロセルロースにする時には、分子に$-NO_3$基をいくつ付けるかをコントロールできます。綿火薬は$-NO_3$基を多数くっつけて作られますが、ラッカーはセルロース１単位あたりの$-NO_3$基がそれよりずっと少数です。そのため、ラッカーは可燃物止まりで、綿火薬のような爆発性は持ちません。乾いた塗料で銃が撃てたら、最高の気分を味わえたでしょうに！　私にできたのは、銃身の途中で銃弾が止まって、弾詰まりを起こすところまででした。それだけでもちょっとした功績と認めてもらえるでしょうか？

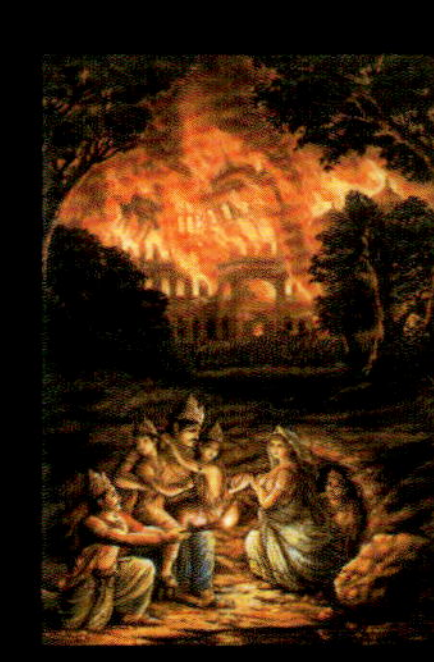

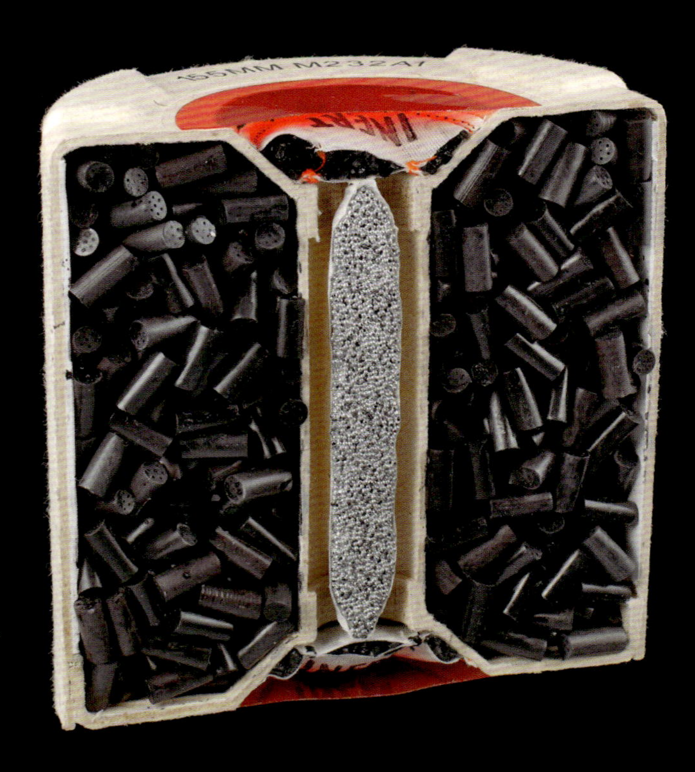

▶大型の砲弾の場合、炸裂弾殻（目標まで飛んでいって破裂する部分）と、推進薬（砲弾を飛ばすための部分）には別々に火薬が装填されているのが一般的です。右の写真は155ミリ榴弾砲の砲弾推進用装薬で、射程に応じ複数を重ねて使用します。ラッカーの話をしていたのになぜこれが出てきたかというと、厚紙製の筒に何かの爆薬の粒が詰まっているように見える部分は、ほぼすべてニトロセルロースでできているからです。厚紙の筒自体も、ニトロセルロースの紙（基本的にはフラッシュペーパーと同じもの）で作られています。なぜ？　筒も含めてすべてが爆発と推進に役立ち、発射後の砲身の中に何も残らないようにするためです。（オーケー、本当のことを言いましょう。実はこの写真は訓練用のダミーで、すべて不燃性の材料でできています。それでも、見た目は本物にそっくりです。）

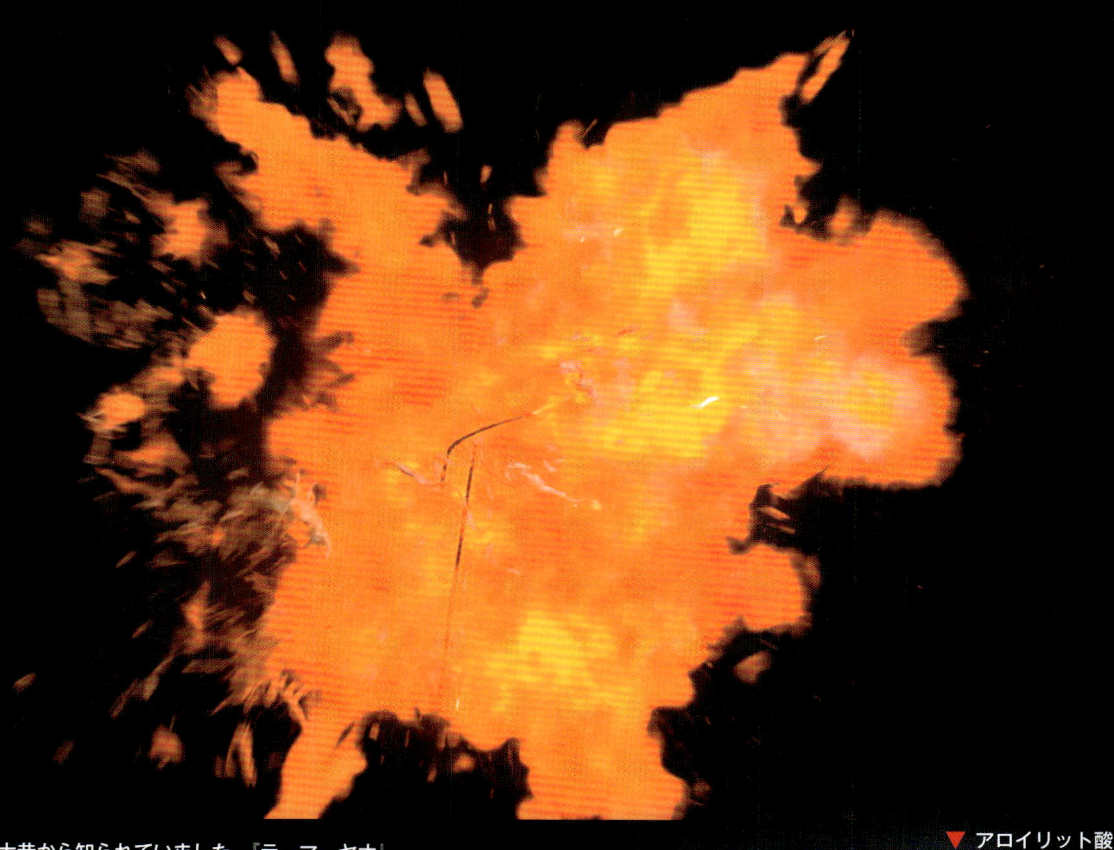

◀ ラッカーやニスが燃えやすいことは､大昔から知られていました。『ラーマーヤナ』と並ぶ古代インドの二大叙事詩のひとつである『マハーバーラタ』には、王位を狙うドゥルヨーダナがライバルのパーンダヴァ兄弟を亡きものにしようと画策するエピソードがあります。ドゥルヨーダナは、麻や樹脂や脂など燃えやすい材料をふんだんに使った館を建て、壁土にも脂や大量の「ラック」を混ぜておき、パーンダヴァ兄弟を滞在させたうえで、放火して殺そうとします。「ラック」はラックカイガラムシの分泌物で、ラッカーという言葉の語源でもあり、これを原料にしたニスが昔からあるシェラックニスです（ちなみにニトロセルロースラッカーが発明されたのは1920年)。『マハーバーラタ』のいくつかあるバージョンのひとつでは、館の建材に硝石も使われたとされています。これは建物を格段に燃えやすくするのに役立ったでしょう。硝石とは硝酸カリウム、つまり黒色火薬の主成分のひとつなのですから（193ページ参照)。

▼ アロイリット酸

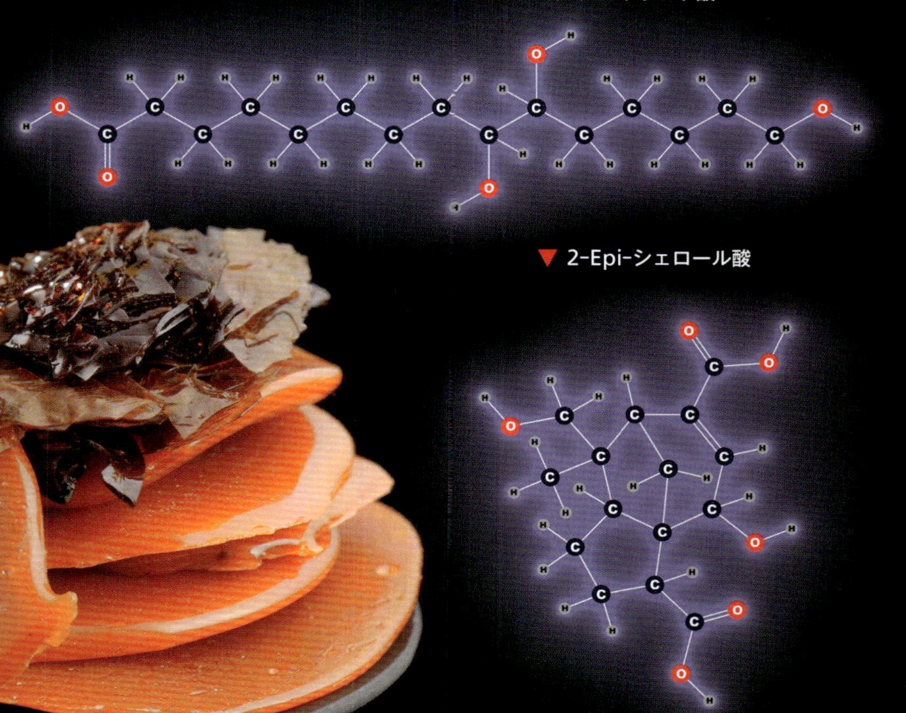

▼ 2-Epi-シェロール酸

▶ ラックカイガラムシの分泌物を原料にしたシェラックニスは、やはり「溶媒が蒸発するだけの塗料」のひとつですが、ここではこれ以上取り上げません。なぜなら、シェラックは爆発物にならないからです。シェラックニスのリスクのほとんどは、ラックを溶かしている溶媒の可燃性です。シェラックはよく、右の写真の一番上に乗っているようなフレークの形で売られています。これをどの溶媒に溶かすかは、買った人次第です。フレークの下の「ボタンラック」は、インドの工場で作られ、ひとつひとつにスタンプが押された、原料そのままのシェラックです。

ラテックス塗料

水性のラテックス塗料は、日曜大工、建設会社、工作好きの人をはじめとして、あまりお金をかけずにたくさんの塗料を使って広い面積を楽に塗りたい人たちが最もよく使う塗料です。使いやすく、そんなにひどいにおいがせず、環境への影響が（水以外に何が含まれているかによって製品ごとに程度の差はあれ）ほとんどないと考えられています。

ラテックス塗料もやはり「ただ乾くだけ」の塗料のひとつですが、ある巧妙な工夫がほどこされています。

◀ 本を書くことの大きなメリットは、長年あいまいだったり疑問だったりした点をはっきり解明できることです。読者に誤った内容を伝えないよう、徹底的に調べなければいけませんからね。たとえば、ラテックス塗料にラテックス〔ゴムノキ類の樹液〕がまったく含まれていないことをご存知でしたか？　私は知りませんでした。

▶ 私にとって「ラテックス」はなによりラテックスゴム、つまり医療用手袋やハロウィーンの仮面の材料になるゴムのことです。しかし、ラテックスという言葉が使われるのは、ゴムだけではありません。実は「ラテックス」は、ポリマー（長鎖分子）の微粒子が水中に分散して存在している乳濁液をあらわします。どんな種類のポリマーかは関係ありません。ラテックスゴムは、特定の種類の植物性ゴムのポリマーが含まれた、特定の乳濁液のことです。一方、ラテックス塗料は、アクリル、ビニル、ポリ酢酸ビニル、あるいはその他いくつかの種類のポリマーが使われていますが、ラテックスゴムはまったく含まれていません。

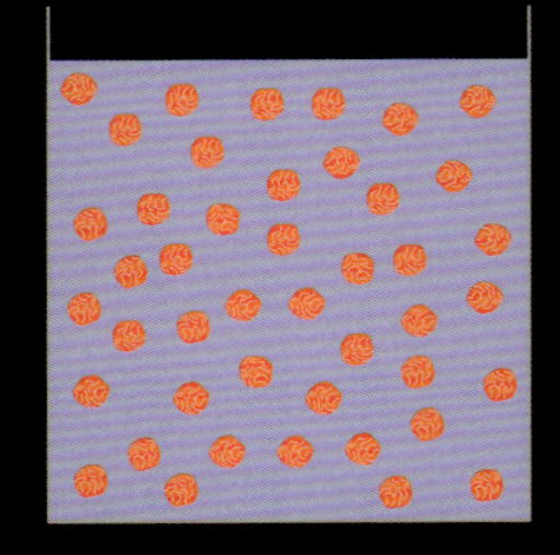

▲ 缶の中のラテックス塗料は、激しく振って混ぜ合わせたイタリアンドレッシングにいくらか似た状態になっています。オリーブオイルが小さな粒状になって酢の中に散らばっているドレッシングと同様に、ラテックス塗料では、顕微鏡でないと見えないくらい微小な油滴が水の中に散らばっています。油と水は溶け合わないので、油滴はどんなに小さくても水に溶けません。分離液状ドレッシングとは違って、塗料には油滴同士をわずかに反発させる特殊な成分が添加されています。こうすれば、油が再び集まって分離するのを防げます。

塗料中の微小な滴に含まれる“油”の正体はテキサノールと呼ばれる溶媒で、特定の蒸発速度を持っているゆえに選ばれています。このテキサノールに、中程度の長さのアクリルポリマーの鎖がたくさん溶けています。このポリマーはテキサノールには溶けますが、水には溶けませんから、周囲を水で囲まれている限り、微小な溶媒の滴の中にとどまっています。

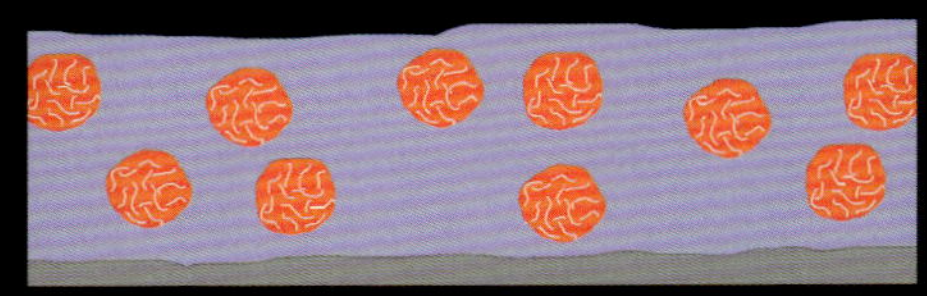

▲ 塗料を塗った直後は、まだ塗料の大部分は水で、ポリマーを含んだテキサノールの微小な滴が水の中に散らばっています。

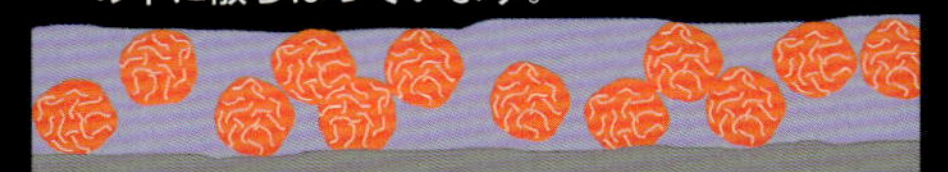

▲ 水が蒸発するにつれ、テキサノールの滴同士の間隔が狭くなりますが、滴は互いに反発しあうので、融合して塊になることはありません。

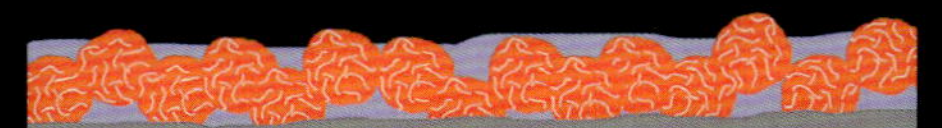

▲ やがて水があらかた蒸発すると、微小な滴同士が触れ合わざるをえなくなって、融合します。

▲ 水がすべて蒸発すると、ポリマー入りテキサノールの層が残ります。テキサノールは水よりもずっとゆっくり蒸発します。その間に、ポリマー同士が接触しはじめます。

▲ テキサノールが徐々に蒸発するに従って、ポリマー同士は絡み合い、緻密になっていきます。

▲ テキサノールが完全に蒸発すると、絡み合って丈夫な層を作ったポリマー（および、その中に捉えられた顔料粒子）だけが残ります。

◀ テキサノールが溶媒に使われているのは、水よりもずっとゆっくり蒸発するからです。水がすべて蒸発した後には、塗りたての時よりずっと厚さが減ってはいるもののまだ液状の塗料の層が残っています。これは水性の液体ではなく、テキサノールをベースにした液体です。テキサノールの微小な滴に閉じ込められていたアクリルポリマーが自由になり、テキサノールの層の中に拡散して、ポリマー同士が絡まります。

テキサノールがゆっくり蒸発するに従い、塗料層はどんどん薄くなり、最後には丈夫で硬いアクリルフィルムだけが残ります。このプロセスでは、強い化学結合が新しく形成されることはありませんが、きつく絡まったアクリルポリマーの鎖の間の比較的弱い結合がポリマー同士を可能な限り一体化させて、頑丈なプラスチックと同じくらいの強度を生み出します。ただし、ポリマーはさまざまな有機溶媒に出会うと再び溶け出してしまうので、ラテックス塗料は架橋結合の塗料（152ページ以下を参照）と比べると耐薬品性が劣ります。

もしラテックス塗料が水の蒸発だけで「乾く」のであれば、子供用のウォッシャブル塗料と一緒で、水がかかったらとれてしまいます。それではほとんど塗料として役に立ちません（特に屋外では）。しかし、実際のラテックス塗料は有機溶剤がかからなければ大丈夫です。普通の家庭内で有機溶剤が使われることはそんなにありません。

見方を変えれば、ラテックス塗料は、有機溶媒の蒸発で硬くなる点で、以前からあったニトロセルロースラッカーやシェラックニスに少し似ていると言えます。けれども、使用する有機溶媒の量を大幅に減らすために、第二の液体成分として水を使うという巧妙な手が使われています。有機溶媒が極めて少量しか含まれていないので、法律で揮発性有機溶剤の使用が厳しく制限されている場所でも、ラテックス塗料は規制にひっかかりません。

▶ 水の中のテキサノールの微小滴の模式図。あくまでイメージで、縮尺や分子の数は合っていません。滴の中には、長いポリマー分子（実際はこれよりはるかに長い）と、短いテキサノール分子が混在しています。現実には、１滴にどちらの分子もとてつもない数が含まれています。

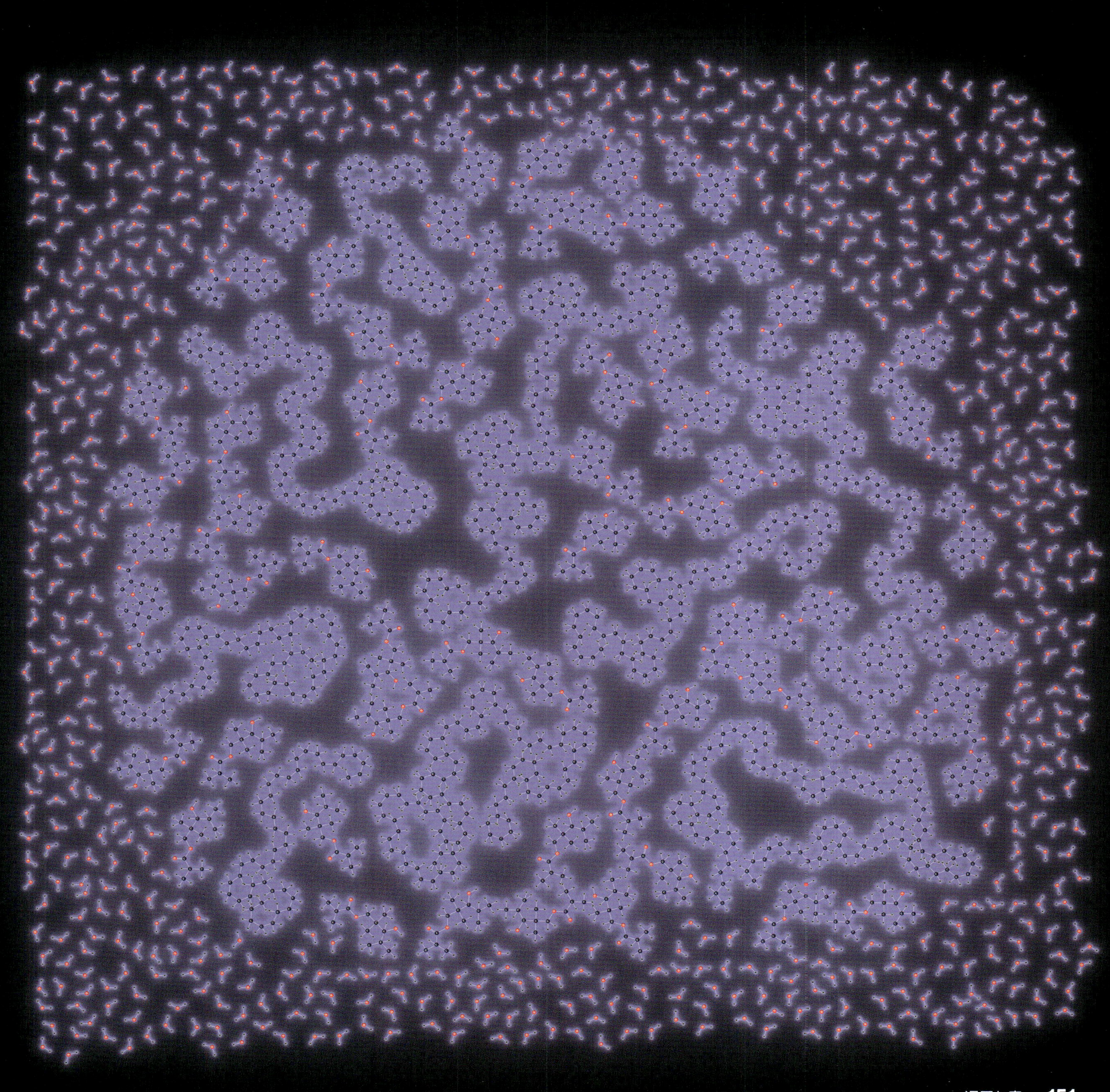

油性塗料

文字通り溶媒が蒸発するだけで、化学変化によって固まるわけではない塗料にも、それはそれで必要とされる場面があります。けれども、本当に堅牢な仕上がりを求めるなら、不可逆的な化学反応を経て固まり、その状態がいつまでも続く塗料が欲しくなります。このタイプの塗料では、「乾く」ではなく「硬化する」という表現が使われます。塗料の最大の謎のひとつは、缶の中では液状なのに塗った後ではじめて硬化反応が起こるのはどういう仕組みなのか、という点です。これには、根本的に異なる2種類のやり方が用いられています。そのうち片方は、しばしば、痛ましい住宅火災の原因になります。

油性塗料は（天然塗料と合成塗料のどちらも）、成分の化合物が空気中の酸素と反応することで硬くなります。缶の中で固まってしまわないのは、蒸発しないからではなく、密閉されていて外から酸素が入り込まず、反応が起きないからです。缶を開けると中身の表面に薄い膜が張っていることがよくありますが、それは蓋をしたとき缶の中にあった空気の酸素と塗料が反応した結果です。

このタイプの塗料は硬化するために酸素が必要なので、必ず、表面から硬化が始まります。一番外側が固まると酸素が内部に侵入しにくくなりますから、あまり厚塗りすると下の方はいつまでも硬化しません。一度に塗ってよい厚みに限度があるということです。そのため、薄く塗って乾かしては重ね塗りする作業を何度か繰り返す方が、いっぺんに厚く塗るよりずっと早くきれいに仕上がります。

▲ 亜麻仁油は、生（絞ったまま）またはボイル油として売られています。この油はおよそ1500年前から塗料として使われてきました。原料の亜麻という植物は3万年以上前から知られており、亜麻仁油の方は少なくとも9000年前から利用されています。面白いことに、健康にいいオメガー3脂肪酸が含まれているとして多くの人が食べている「オーガニック・フラックスシードオイル」は、亜麻仁油と同じものです。亜麻とフラックスは同じ植物の別々の呼び名ですし､仁はシード（種子）のことです。フラックスシードオイルを食事に取り入れているあなたは、塗料を食べていることになります。（ただし、早とちりして塗装用の亜麻仁油を食用に使わないように！　ほとんどの塗装用亜麻仁油には、乾いて硬くなるのを促進するために金属塩が添加されていて、健康に良くありません。）

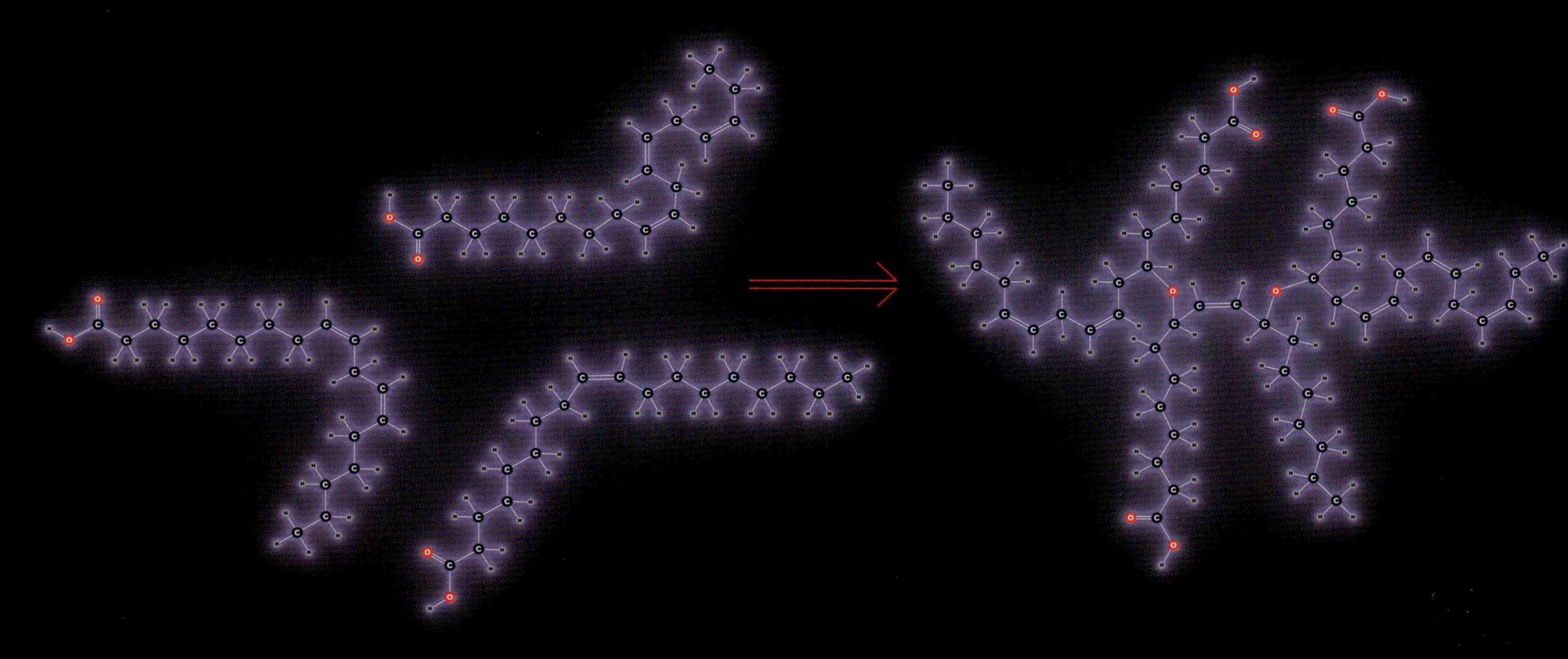

▶ アマ（亜麻）は、可憐なだけでなく、とても役に立つ植物です。種子を圧搾すると食用や塗装用の亜麻仁油が採れます。茎の繊維を糸にして織ったものが麻（リネン）の生地です。

◀ ペンキが乾くのを眺める行為が、生死にかかわることもあります。たとえば2005年から2009年までの間に、ペンキが乾くのを適切なやり方で眺めなかったせいで、７人が死んでいます。いや、ペンキが乾くあいだずっとそばで見張る必要はありませんし、ペンキを塗った壁が燃え出すこともありません。しかしながら７人死亡という統計は本当です。亜麻仁油その他の、特定のいくつかのタイプの油性塗料がしみこんだ木綿のぼろきれを放置すると、８時間くらい経ってから自然発火する可能性がかなりあるのです。

その際に起こっているのは酸化反応――塗料を硬化させる反応――です。酸化の際に放出されるエネルギーは、塗料の温度を上昇させます。広い面に薄く塗料を塗ってあれば、温度上昇はほんのわずかで、誰も気付きさえしないでしょう。ところが、塗料がしみこんだぼろ布を積み重ねておくと、熱が逃げずにエネルギーがどんどんたまっていきます。そして、たいていの場合そうであるように、温度が上がるにつれて化学反応の進行は速くなります。塗料の硬化／酸化反応は急速に進み、放出されるエネルギーが増えてますます高温になり、やがてぼろ布がくすぶりはじめ、ついには炎が上がります。ですから、賢明な人たちは専用の金属製耐火容器を用意しておき、塗料が付着した布や紙はそこに入れます。〔塗料だけでなく、山盛りの揚げかすや、アロマオイルのしみ込んだタオルでも、油の酸化による自然発火で火災になることがあります。〕

◀ 油性塗料に使われる油には、トリグリセリドと脂肪酸の分子が含まれています。これらの分子は隣り合う炭素原子の間に何ヵ所か二重結合（分子構造図で二重線になっている部分）があります。二重結合があることで、その油は「不飽和脂肪」になります（トリグリセリドや不飽和脂肪という言葉で食生活のアドバイスを連想する人もいるかもしれませんが、前のページに書いたように、天然の塗装用オイルは食用と同じ原料植物から採った同じ油ですから、化学的性質も同じです）。

油性の塗料が「乾く」際には、二重結合が酸化して（二重結合部分の炭素が酸素と反応して）単結合になり、隣の分子と新しい結合を作る余地が生まれます。すると、隣り合う分子同士がつながって（これを「架橋」といいます）、あたかも塗装の皮膜全体をネットワーク化したような巨大な分子ができあがります。塗料がいったん架橋すると、もはや水でも油でも一般的な有機溶剤でも溶かすことはできません。

面白いことに、あなたが食事でフラックスシードオイル（またはその他の植物性不飽和脂肪）を摂ると、体内でよく似た酸化反応が起こります。ただ、体内で架橋が起きて硬い膜ができるのではなく、トリグリセリドが分解されてエネルギーが取り出されます。なんだ違うじゃないか、と思ってはいけません。油性塗料が乾くのも、あなたの体が植物性油脂を分解し消化するのも、出発点は同じ化学反応なのです。

▲ これは高度な技術で作られた、塗料安全乾燥チャンバー（油のしみこんだ布や紙を捨てる缶）です。万一中身が発火した時のことを考え、容器の内底と床の間に空間を取るために、通気孔のあいた台座部分が設けられています。バネ仕掛けで閉まる耐火性の蓋が中身を確実に閉じ込めます。塗料の乾燥は真剣に扱うべき問題です。わかりますか？決して退屈なんかではありません。

▲ サンフランシスコ湾に架かるゴールデンゲートブリッジについては、端から塗り替えを始めて反対側へ順に塗っていき、最後まで塗り終わったらすぐにまた最初の端から塗り替えが始まるので、いつでも塗装作業が行われている、という都市伝説がよく語られます。何年もかけて反対側の端までたどりついたところでカップケーキを手にちょっとしたセレモニーが行われ、親方が「よし、野郎ども、わかってるな。明日またスタート地点で会おう！」と言うんだと想像している人もいます。

絶え間なく塗装作業が行われているのは本当です。しかし、端から順に塗っているのではありません。現在の塗装クルーは塗装工28人、塗装助手５人、塗装主任１人のチームで、塗装の補修が最も必要な箇所がどこかをチェックして回っています。橋全体の塗り替えは、1968 ～ 1995年（作業開始から完了まで27年かかりました）以降は行われていません。

▲ 1937年完成のゴールデンゲートブリッジは、当初は亜麻仁油に鉛丹ペースト（主成分は四酸化三鉛の粉末）を68%混ぜた塗料で塗装されました。当時は鉛入り塗料がもてはやされていたのです！

現在では鉛入り塗料は有害なため販売されていません。今のゴールデンゲートブリッジは、ケイ酸亜鉛のプライマー（下塗り）の上にアクリル塗料のトップコート（上塗り）という塗装です。亜鉛は防錆(ぼうせい)性を高め、トップコートは鮮やかな色を出すとともにプライマーを保護します。

▲ ゴールデンゲートブリッジにしても他の橋にしても、絶えず塗り替えや修復をしつづけなければならない理由はたったひとつ――「鉄は錆(さ)びる」という残念な事実があるからです。もしも鉄が、最も安価で最も強度があり最も加工しやすいだけでなく、錆びない金属であったなら、人間が橋の塗装の維持に莫大な費用をかける必要はなく、橋はむき出しの金属のままでよかったでしょう。ゴールデンゲートブリッジのきれいな「インターナショナルオレンジ」色が好きだという人は、そのオレンジ色の背景には鉄の腐食によって世界経済に毎年約１兆ドルのコストがかかっているという事情があることを、忘れないで下さい。

▲ 本格的な近代的塗料（ペンキやワニス）の最も一般的な製品には合成油が使われていますが、合成油も基本的には亜麻仁油と同じです。事実、多くの合成油の製造工程は、最初は亜麻仁油かそれに似た数種の植物性油からスタートします。これらの油からいろいろな脂肪酸を分離し、他のさまざまな成分と組み合わせることで、ただ植物油を加熱しただけのものよりも、目的に合った性質と組成の樹脂を作れる油ができます。

エポキシ塗料

多くの人は、エポキシ塗料よりもエポキシ接着剤の方になじみがあるかもしれませんが、どちらも広く出回っていて、原理も同じです。塗料でも接着剤でも、使用直前に「A剤」と「B剤」を素早く混ぜます。エポキシの硬化はこの２種類の物質の化学反応によるため、２剤を別々にしておけば反応は決して起こらず、「缶の中で固まってしまう」問題とは無縁です。

▼典型的なエポキシのA剤には、この３つの図のように、同じ化合物が違う個数つながってできた、何通りかの長さの物質が含まれています。一番上の化合物は、ビスフェノールAジグリシジルエーテルという麗々しい名前です。両端に、非常にひずんだエポキシ基が付いているのがわかりますね。これこそ、この分子が他のものとすぐに反応してより長い鎖を作りたくてうずうずしている証拠です。

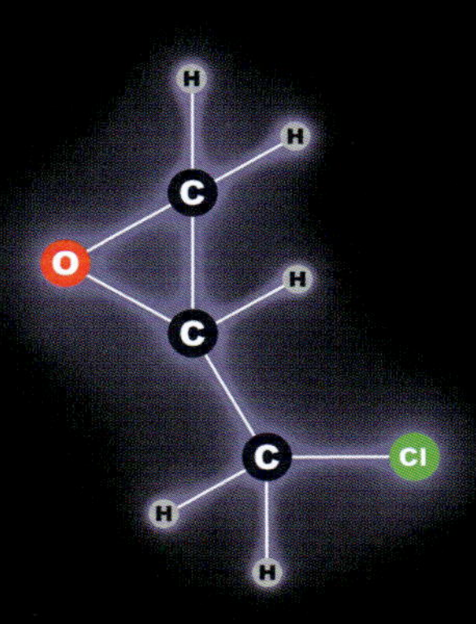

▲「エポキシ」という名前は、エポキシ接着剤や塗料の成分の化学物質にエポキシド（エポキシ基）が存在することから来ています。エポキシドは、たとえて言えば非常に“張りつめた状態に”あります。化学の世界では「環」がよく見られ、中でも６個の炭素が作る六員環は一番おなじみです。それより大きな環はグニャグニャとたわみやすくなるだけですが、環が小さくなればなるほど結合同士の角度が小さくなって、結合が好む角度の範囲からどんどん逸脱し、そのぶんひずみ（無理がかかった状態）が強くなります。作ることが可能な最小の環は、言うまでもなく三員環です。三員環は特にひずみが強いので、とても反応性が高くなっています。三員環を持つ化合物は例外なく、環を壊してくれる相手と反応したがっています。酸素原子１個と炭素原子２個からなる三員環を持つエポキシドも、まさにそうです。上の図はエピクロロヒドリンという化合物で、多くのエポキシ接着剤や塗料に含まれる前駆物質です。

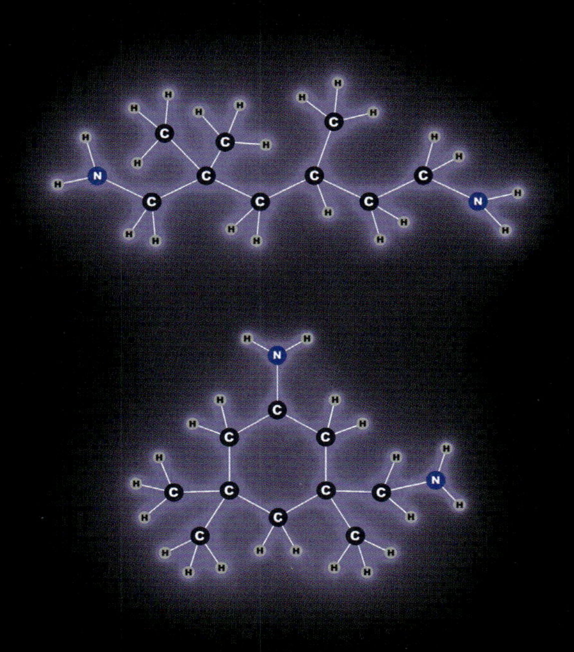

◀典型的なエポキシのB剤には、この２つ（上がトリメチルヘキサメチレンジアミン、下がイソホロンジアミン）のような化学物質が混ざり合って含まれています。これらの化学物質の大事なポイントは、名前でも特定の構造でもなく、２個の$-NH_2$（アミノ基）がくっついていることです。アミノ基には、A剤の分子のエポキシ基と結合する能力があります。

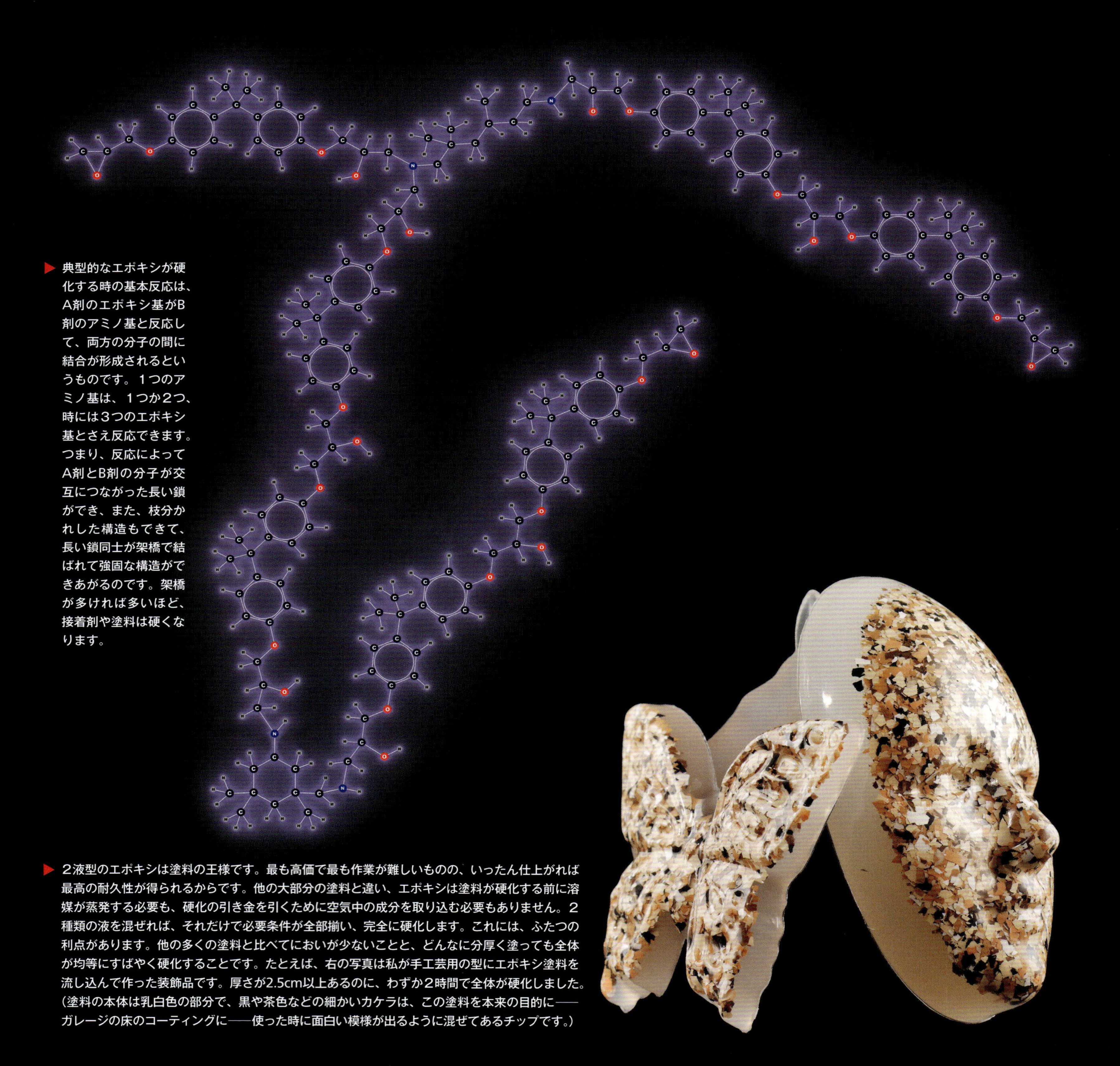

▶ 典型的なエポキシが硬化する時の基本反応は、A剤のエポキシ基がB剤のアミノ基と反応して、両方の分子の間に結合が形成されるというものです。１つのアミノ基は、１つか２つ、時には３つのエポキシ基とさえ反応できます。つまり、反応によってA剤とB剤の分子が交互につながった長い鎖ができ、また、枝分かれした構造もできて、長い鎖同士が架橋で結ばれて強固な構造ができあがるのです。架橋が多ければ多いほど、接着剤や塗料は硬くなります。

▶ ２液型のエポキシは塗料の王様です。最も高価で最も作業が難しいものの、いったん仕上がれば最高の耐久性が得られるからです。他の大部分の塗料と違い、エポキシは塗料が硬化する前に溶媒が蒸発する必要も、硬化の引き金を引くために空気中の成分を取り込む必要もありません。２種類の液を混ぜれば、それだけで必要条件が全部揃い、完全に硬化します。これには、ふたつの利点があります。他の多くの塗料と比べてにおいが少ないことと、どんなに分厚く塗っても全体が均等にすばやく硬化することです。たとえば、右の写真は私が手工芸用の型にエポキシ塗料を流し込んで作った装飾品です。厚さが2.5cm以上あるのに、わずか２時間で全体が硬化しました。（塗料の本体は乳白色の部分で、黒や茶色などの細かいカケラは、この塗料を本来の目的に——ガレージの床のコーティングに——使った時に面白い模様が出るように混ぜてあるチップです。）

▶ エポキシの硬化では熱が放出され、その熱で反応速度が上がるため、実は厚塗りした方が早く固まります。ただ、あまりに厚く塗ると、高温になりすぎて問題が起きます。たとえば、エポキシ塗料の残りをバケツに入れっぱなしにすると、触ったらやけどするくらい高温になり、最後にはこの写真のようにバケツを鋳型にした塊ができます。エポキシは、残った塗料を取っておいて後で使うことができません。どんなに密封したところで無駄です。一度混ぜたら、すぐに使い切らなければいけません。

▲ これは、エポキシ接着剤とエポキシ塗料の両方にまたがる製品──純粋なエポキシ樹脂です。顔料は一切入っておらず、固まると完全に透明になります。ある意味ではニスに似ていますが、ニスとは違って、どんな厚さにもできます。樹脂全体が一様に硬化するからです。

◀ このテーブルは、古くてひび割れた丸太の輪切りを使って私が作りました。幅が最大で5cmもある割れ目を埋めるなんて、透明エポキシ樹脂の“ニス”にしかできない芸当です。表面のエポキシ層の厚みは約3mmですが、割れ目に流し込んだぶんの純粋エポキシ樹脂はおよそ1ガロン（3.8リットル）で、それはもうお金がかかりました。でも、それだけの価値はあると思いませんか？　実にしゃれた味わいになっていますし、エポキシ樹脂以外ではこの効果は出せないのですから。

▼ 目玉が飛び出るくらい高価な自転車のフレームは、たいていカーボンファイバー製です。この手の「カーボン」製品は、細い炭素繊維をエポキシ樹脂で何層も重ね貼りして作られています。ですから、持ち主は繊維と塗料に乗って走っていると言ってもいいでしょう。

イネ科植物が伸びるのを眺めてみよう

私が育った土地では、人々はとあるイネ科植物の生長を眺めることに多くの時間を費やしていました。その植物には何十億ドルもの価値があり、世界の人口の多くを支えています。夏には毎日ラジオで生育状況が伝えられ、植物を見守る人たちがその日の天気のどこにどう不満を感じているかが論じられていました。

その植物が毎年どの時期にどのくらいの高さまで伸びているかの言い習わしもありました。「7月4日には膝の丈（Knee high by the Fourth of July）」。（この言い方は実際には時代遅れです。注意深い選抜育種を何代も重ねたおかげで、今では「7月4日には目より上」という方が当たっています。）

平均的なアメリカ人の肉体のかなりの部分は、中西部の広大な平原に広がる畑で育つこの植物が空気と水から固定した炭素と酸素と水素でできています。

３～５メートルにまで育つトウモロコシは、イネ科植物としては中くらいのサイズの種です。イネ科で最ものっぽのタケには、50 m以上になるものもあります。タケは種類によっては１日に30 cm以上も伸びる、最も生育が速い生物のひとつです。

イネ科植物の成長は眺めるに値します。しかしそれは、栽培規模、生育速度、経済的価値が群を抜いているからだけではありません。ありふれた芝草の内部にも、原子１個１個を材料にして巨大な分子を組み上げていく、想像できないほど複雑な機構が存在しているからです。

前ページまで見てきた塗料の多くは、成分として植物油を含んでいました。塗料の油は生きているものではなく、塗料の中で極めて単純な化学反応をするだけです。一方、植物は、油を構成する化学物質を文字通り「空気から」生み出します。そして、化学物質を作ると同時に、その化学物質を作るためのしくみと、そのしくみを新たに複製して作るためのしくみと、それらのしくみが壊れたり食べられたり感染症にやられたりするのを防ぐためのしくみも作っています。生育中のイネ科植物の細長い葉っぱの中で起こっていることは、自動車工場で行われている作業よりずっと複雑です。ただ、サイズが小さすぎて、コンピューターシミュレーションの助けを借りなければ見ることができません。

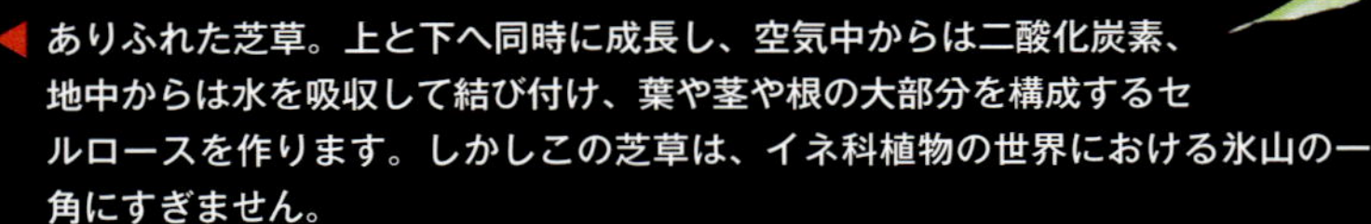

◀ ありふれた芝草。上と下へ同時に成長し、空気中からは二酸化炭素、地中からは水を吸収して結び付け、葉や茎や根の大部分を構成するセルロースを作ります。しかしこの芝草は、イネ科植物の世界における氷山の一角にすぎません。

▶ 立派なトウモロコシ！　中西部が誇る極上の資源の代表格です。この株は、本書の写真を担当したカメラマンのニックが７月20日に近所の畑からこっそり抜いてきました。草丈は３m50 cm以上あります。残念ながら穂軸は１つですね。多くの場合２つ以上あるのに。（この話はあまり大声で言わないで下さい。この手の話はデリケートな問題です。）それより、全部の葉が茎から交互に左右に出て、同一平面上に並んでいるのを見て下さい。これは、トウモロコシという植物に方向性があることをあらわします。トウモロコシが太陽の光をどれだけ受け取れるかは、どの向きで生えているかによって違ってきます。農家が気にするのはそこです。ある研究によれば、最初にタネの向きを注意深く最適に揃えて蒔けば、生えてくるトウモロコシを決まった向きにできるそうです。畑全体でこれを実行すると、面積あたりの収量が10 ～ 20パーセント増えます。そうなるようにタネを蒔く機械が発明できたら、経済に大きな影響を与えるでしょう。「この地域の人たちがイネ科の植物の生長を本当に真剣に眺めている」というのは、冗談でもなんでもなく、ちゃんとした根拠があるのです。

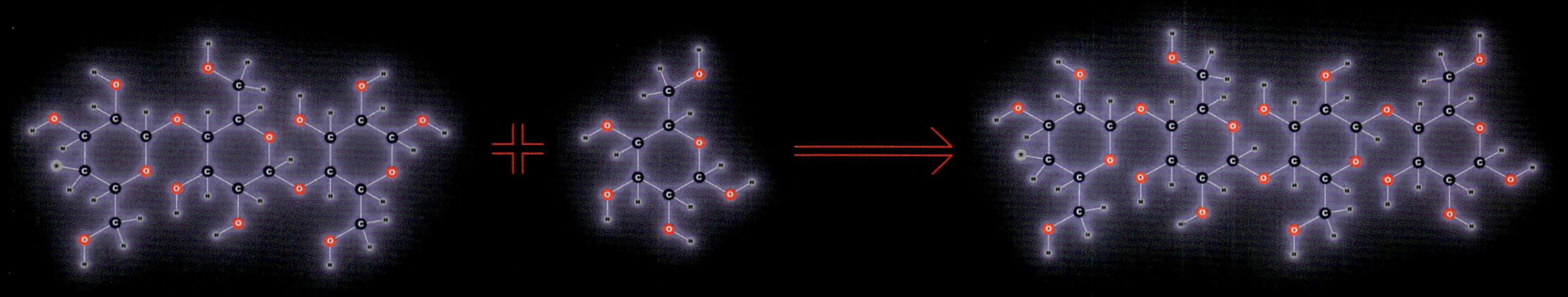

第２章（48ページ）で見たように、植物には太陽光線のエネルギーを捕捉して化学エネルギーに変えるという驚くべき能力があります。

植物は、そうやって得たエネルギーをたっぷり使って大きく生長します（なぜなら、多くの場合、植物は他の植物と「どちらが早く高いところまで伸び、日光を一番多く浴びるか」を争っているからです）。生長期の植物は、新しい細胞を作り、新しいクロロフィルの日光捕捉構造を作り、それらをつないでまとめるための新しいセルロース繊維を作って、大きくなっていきます。木質部も葉も茎も根も、主成分はセルロースです。

驚くべきことに、セルロースそのものは、ほとんど糖だけで——具体的にはグルコースで——できています。グルコースは小さな分子ですが、それが何万個もつながると巨大なセルロース分子になります。セルロース分子が何十億個も集まると、細い繊維ができます。その繊維が何十億本も集まったものが、１株の植物です。

植物の内部でこの一連の作業をしているのは、タンパク質でできた“装置”が詰まった複雑な“セルロース合成工場”というべきものです。

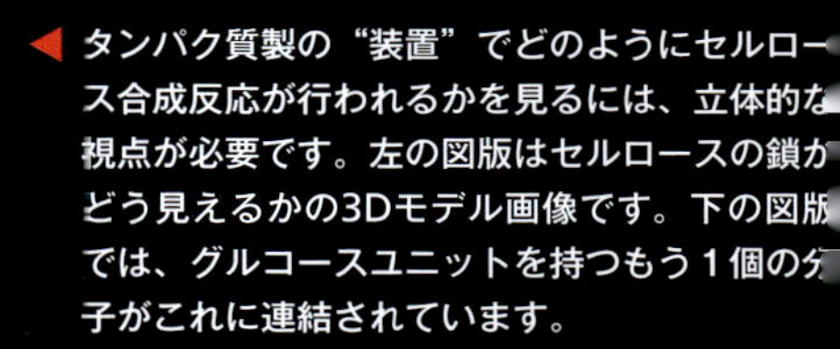

タンパク質製の“装置”でどのようにセルロース合成反応が行われるかを見るには、立体的な視点が必要です。左の図版はセルロースの鎖がどう見えるかの3Dモデル画像です。下の図版では、グルコースユニットを持つもう１個の分子がこれに連結されています。

植物の内部では、タンパク質でできた酵素によって、グルコースのユニットがセルロースの鎖に足され、鎖が伸びていきます。酵素はまず、伸びつつあるセルロース鎖と向きを揃えて新しいグルコース分子を配置し、次いで反応の引き金を引いて両者をくっつけます。（生体内の化学反応を助ける酵素の働きについては、86ページを参照して下さい。）

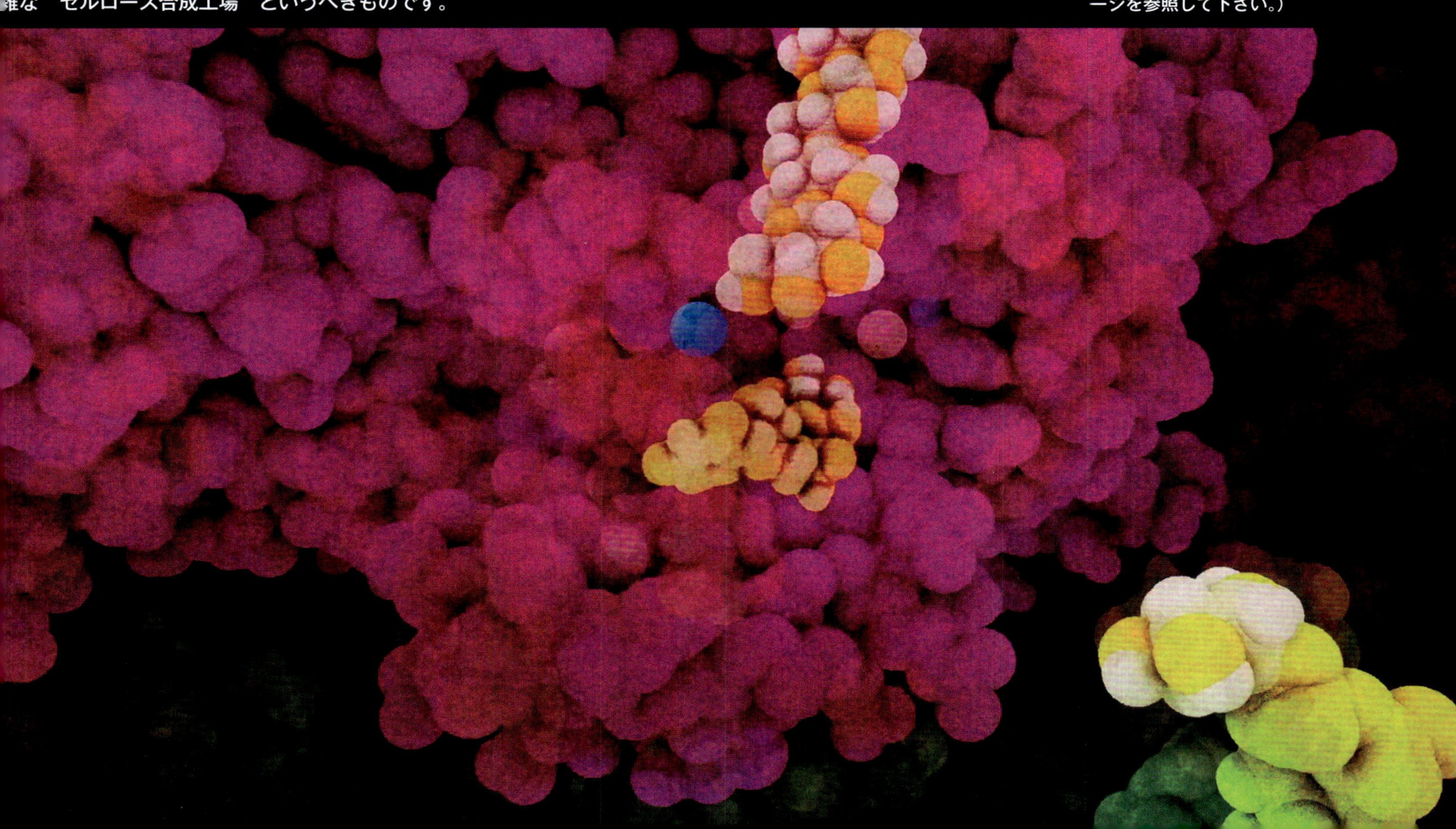

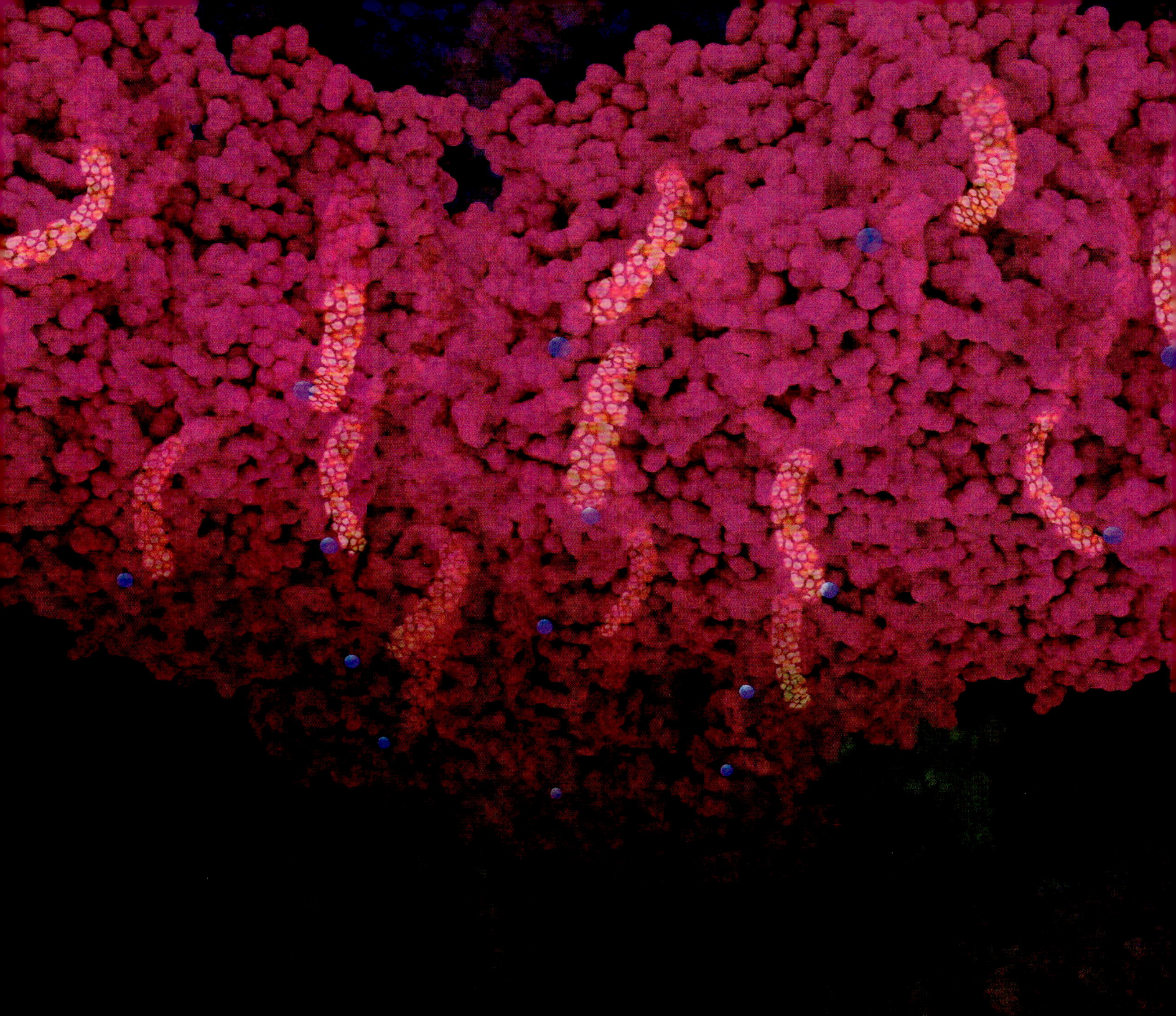

細胞膜の内側からロゼットを見たところ　（CGモデル）

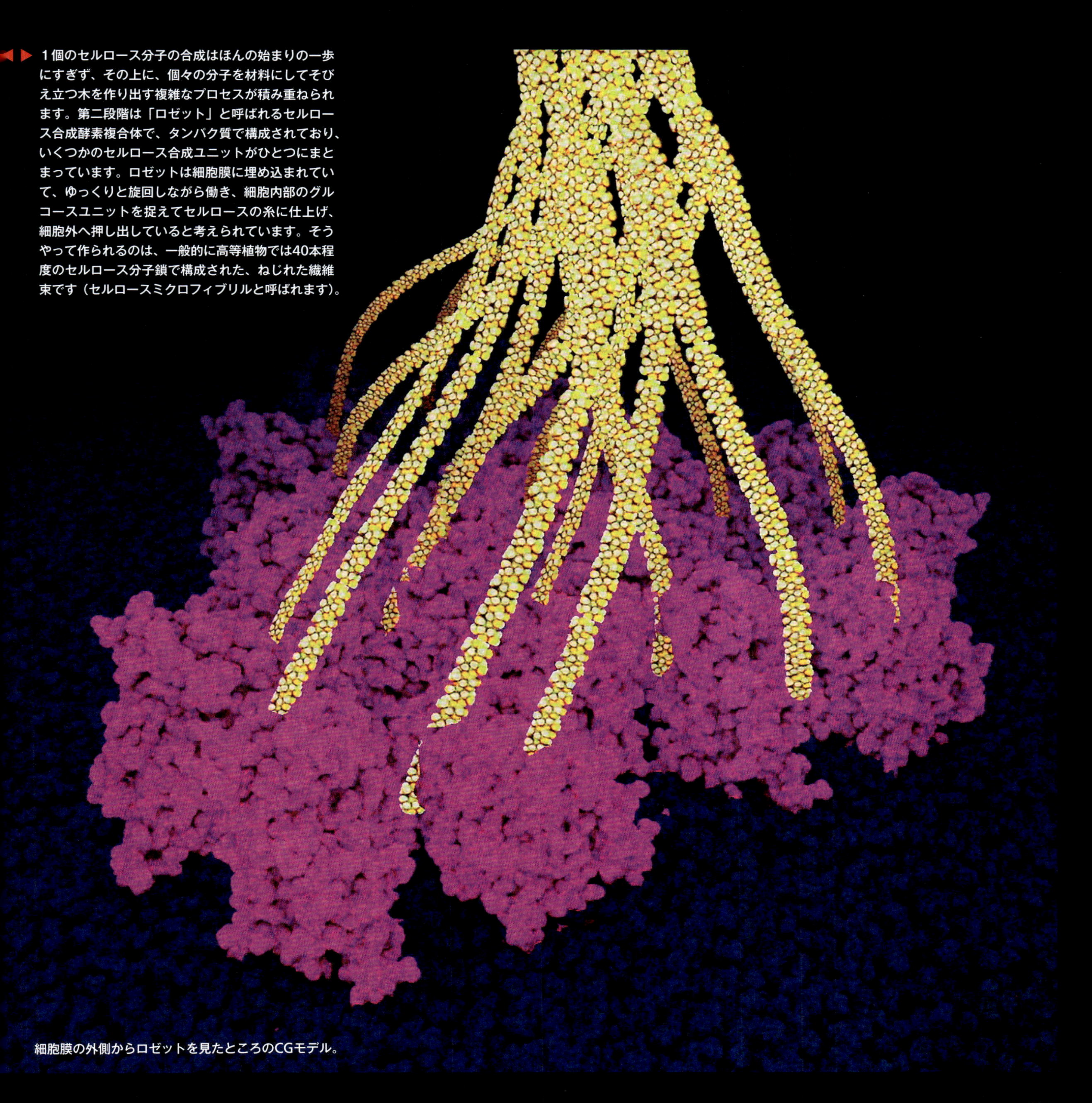

◀▶ 1個のセルロース分子の合成はほんの始まりの一歩にすぎず、その上に、個々の分子を材料にしてそびえ立つ木を作り出す複雑なプロセスが積み重ねられます。第二段階は「ロゼット」と呼ばれるセルロース合成酵素複合体で、タンパク質で構成されており、いくつかのセルロース合成ユニットがひとつにまとまっています。ロゼットは細胞膜に埋め込まれていて、ゆっくりと旋回しながら働き、細胞内部のグルコースユニットを捉えてセルロースの糸に仕上げ、細胞外へ押し出していると考えられています。そうやって作られるのは、一般的に高等植物では40本程度のセルロース分子鎖で構成された、ねじれた繊維束です（セルロースミクロフィブリルと呼ばれます）。

細胞膜の外側からロゼットを見たところのCGモデル。

▲ 多数のロゼットが同時に働いて、何百個～何千個というセルロース分子からなる太い糸を作ります（“太い”といっても肉眼では見えません）。これまでに知られているなかで最も驚異的な「ナノマシーン」（ナノサイズの“装置”）のひとつであるロゼットは、一部の植物細胞の中では、タンパク質製の微小な“線路”の上を列車のように走っています。多数の線路をロゼットが走り回り、すれ違ったり交差したりして複雑なパターンを織りなします。“路線図”の形によって、できあがる繊維の“織り方”が決まります。だから、植物の繊維は驚異的なまでに多様な特性を持っているのです。人工の繊維は、それほど精緻なレベルには近づくことすらできません。（図はCGモデルです。）

◀ 高性能の顕微鏡を使うと、微細な繊維ができつつあるところを人間が見られるくらいの倍率がようやく得られますが、このレベルでは個々の分子は見えません。

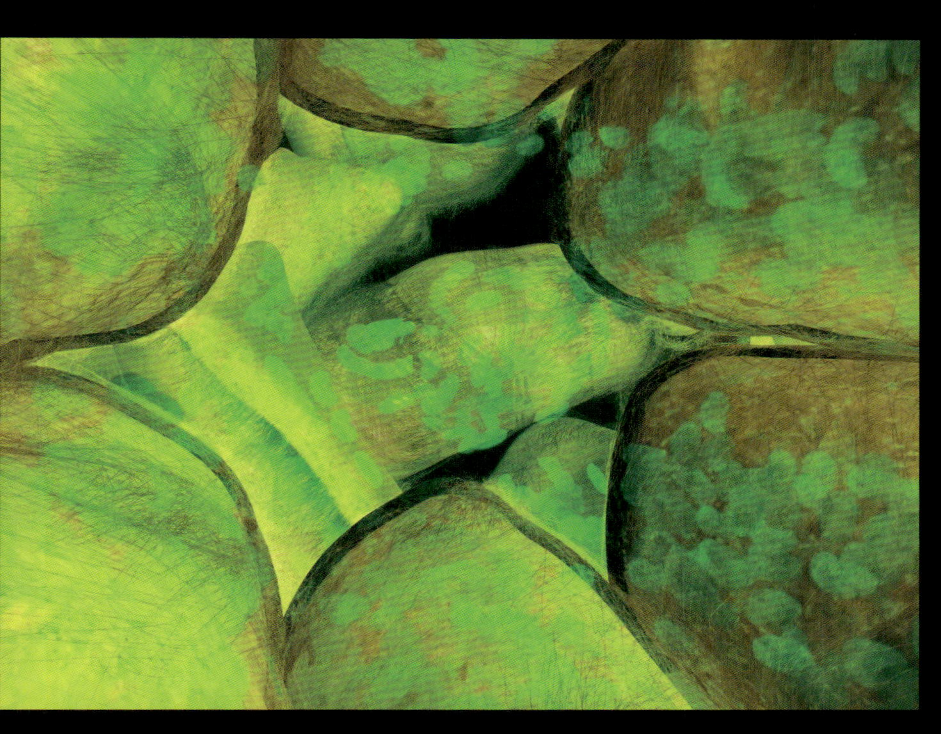

◀ この画像くらいの倍率になると、個々の植物細胞がいくつか見えます。どの細胞も、細胞自身が築いた丈夫なセルロースの壁で包まれています。肉眼でも、よくよく見れば、ひとつひとつの細胞を見分けられることがあります。

▶ イネ科植物の１枚の葉は、何百万個もの細胞が集まってできています。１個の細胞に数千のロゼットがあり、そのひとつひとつがセルロースの糸を十数本かそれ以上作っています。掛け算をすれば、ある瞬間に１枚の葉で作られているセルロース分子は何百億個にもなることがわかるでしょう。セルロース分子１個は、１秒間におよそ10個の割で新しいグルコースユニットを付け足されています。ですから、１枚の葉は毎秒何千億個ものグルコース分子を作っていることになります。葉っぱ１枚だけで、です。

◀ この芝生では想像を絶する圧倒的な量の活動が繰り広げられています。何兆もの細胞、数えきれないほどの分子装置がすべて働いて、セルロースの帝国をまさに築きつつあるのです。それでもこれを「退屈」と言いますか？

まだ何の感慨もわかないって？　それなら、これから言うことをじっくり考えて下さい。ここで働いている装置は途方もなく高い効率を持っています。最も効率の良い植物（専門的に言うと、ある種の光合成細菌）は、10時間ぶん程度の日光さえあれば、最初に持っていた光合成機構およびそれを動かすのに必要な補助装置すべてを、もう一組作ることができます。想像できますか？　ソーラーパネル１枚のわずか２日ほどの発電量で、同じ規格のソーラーパネル１枚の生産工程すべてを稼働させることを？　不可能です！

庭や公園の芝生は、それだけの離れ業をやってのけているのです。

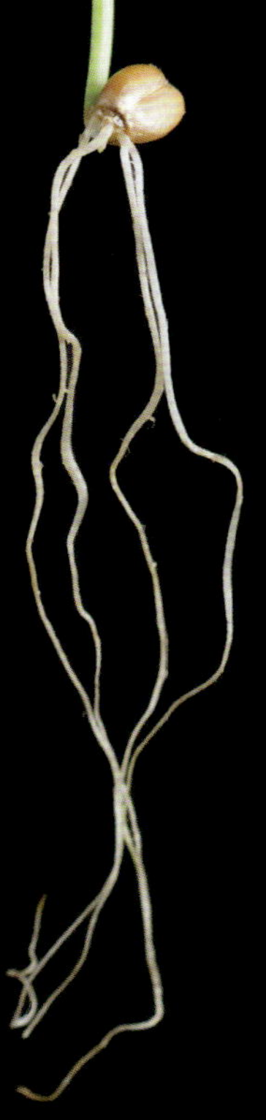

地面から頭を出しかけたタケノコの上に人間を動けないように固定しておくと、2、3日のうちにタケノコはその人間の肉体を貫通すると言われています。ベトナム戦争中にベトコンがこの方法で拷問をしたという噂もまことしやかにささやかれていますが、実際に行われた明白な証拠はありません。それよりいくらかは裏付けがありそうな話として、東南アジアの別の集団がアブラヤシ（パーム油が採れるヤシ）の一種で同じことをしたとも伝えられていますが、アブラヤシは本節で取り上げているイネ科植物とは別の科に属するので、ここでは無視することにします。

ただ、人間の肉と似た素材とタケノコで実験したところ、実行は可能だろうという結果が出ています。どうやらタケノコは本当に人間の肉体を貫きそうです。私はこの章のどのトピックでも「死」の話題を絡める方針なのですが、他にイネ科植物の生育による殺人方法を見つけるのは難しいので、タケノコ殺人でよしとしましょう。ひとつ確かなのは、自分の腹に向かって伸びてくるタケノコを眺めている人は決して退屈ではありえない、ということです。穴が開くほど見つめるという言い方はありますが、視線の先のタケノコが自分の身体にじわじわ穴を開けにくるなんて、たまったもんじゃありません。

タケノコは、空想的拷問道具にもできますが、美味しく食べる方がずっといいです。アメリカでも缶詰や冷凍のタケノコ（この写真）を買うことができます。

米国で売られているほぼすべての炭酸飲料は、異性化糖〔トウモロコシから採ったコーンシロップを原料とする糖で、日本では「果糖ブドウ糖液糖」と表記されることが多い〕で甘味がつけられています。もしカロリーをこうした炭酸飲料に頼っているなら、あなたはトウモロコシによって生きている、つまりイネ科植物のおかげで生きていることになります。サトウキビから採った砂糖の入った炭酸飲料を飲んでいる場合も、やはりイネ科植物のお世話になっています（サトウキビもイネ科ですから）。イネ科植物を避ける唯一の方法はダイエットコーラを飲むことで、これなら糖分の摂り過ぎも防げます。

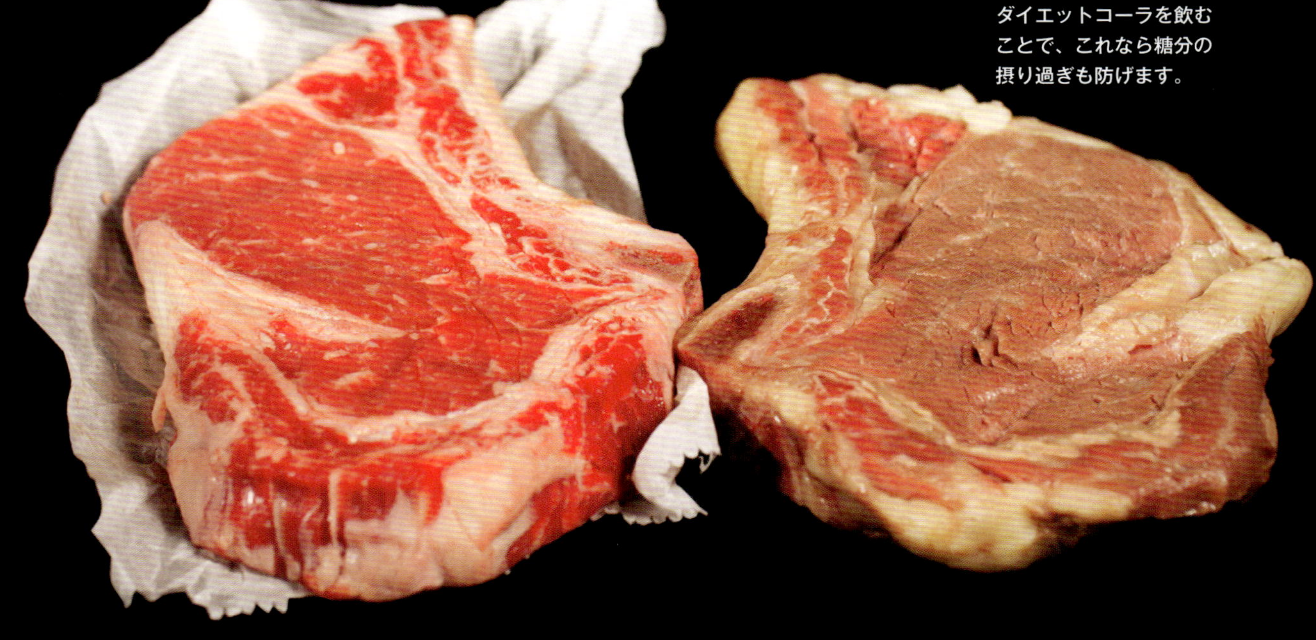

肉牛のエサは牧草やトウモロコシで、牧草の大半はイネ科植物です。ですから、あなたが牛肉を食べる時には、間接的にイネ科植物を食べているといえます。トウモロコシなら、人間も直接食べることができます。トウモロコシの実（種子）にはデンプン、糖、タンパク質、セルロースが含まれていますからね。けれども、人間は牛とは違って、トウモロコシの実以外の部分や、牧草は食べられません。人間の消化器官は、草や茎の主成分であるセルロースを分解してエネルギーを取り出す化学反応を起こせないからです。牛も、自力ではセルロースを消化できませんが、第一胃（反芻胃）の中にいる共生微生物がセルロースを分解してくれます。

水が沸騰するのを眺めてみよう

人類の歴史には、金属と、合金と、化合物の名前が付いた時代（鉄器時代、青銅器時代、石器時代）があります。しかし、同じ物質で２つの時代の名前になっているのは、水だけです（氷河時代と“蒸気時代”）。氷は固体の水、蒸気は気体の水です。

たしかに、比較的短かった蒸気時代は、いわゆる「歴史上の時代」とは違うかもしれません。それでも、人類史の重要な一時期だったことは間違いありません。蒸気時代には史上最も美しい機械のいくつかが作られましたし、200年後にスチームパンク・ヒップスター（後述）というジャンルを生み出すもとになりました。そのすべての土台が、沸騰する水です。

液体の水が水蒸気（気体の水）になるのは、一般には化学反応とは考えられていません。しかしこれはまぎれもなく化学的なプロセスです。液体の水にある水素結合が壊れて、個々の水分子が液体状態の水の集団から放逐され、上にある空気の中に活路を見出すからです（これが蒸発と呼ばれる現象です）。驚くべきことに、水の蒸発が分子レベルでどのように起こっているのかは、よくわかっていません。最高のコンピューターを使ったシミュレーションが何通りかありますが、蒸発がどのように起こるかという基本的な問題への答えが食い違っているのです。

ただ、「どんな温度の時でも、ポットの水面の上には一定量の水蒸気が存在する」とは言うことができます。この“蒸気圧”は水が冷たい時には低く、温度の上昇につれて上がっていきます。「沸点」は、蒸気圧が周囲の空気の圧力と正確に同じになる、特定の温度のことです。

沸点に達すると、水蒸気のかたまりが水面より下でも形成可能になり、それが水を押しのけるだけの力を持ち、蒸気の泡となって表面に上がっていきます。これが沸騰です。

▶ 私たちはポットの口から噴き出して見える白い湯気を「水蒸気」だと思いがちですが、これは専門的にいえば水蒸気ではありません。本物の水蒸気が凝縮により液体の水に戻って形成した、ごく小さな水滴です。別の言い方をするなら、目に見えている時点でそれはもう水蒸気ではありません。１個の水滴は肉眼では見えないほど微小ですが、世界の全人口の２倍くらいの数の水分子を含んでいます。

100℃の気体の水（水蒸気）。本当の水蒸気は目に見えない気体です。最初は水面下で泡として誕生し、浮上し、水面で放出されます。

このへんにある液体の水の温度は100℃よりわずかに下です。

100℃の液体の水。泡がポットの底から出るのは、ヒーターで加熱されている底に接する水の温度が、水面近くよりもわずかに高いからです。熱い水は上昇するので、底と上の温度差は、１℃の何分の１かを超えることはありません。

▼ ひとり者がお茶を飲む時にカップ１杯分だけ湯を沸かすのに使う、携帯式コイルヒーター。実にわびしさが漂います。しかしこのヒーターは、蒸気の泡の１個１個がどんなふうにできるのかを見るには重宝します。写真のような泡ができるのは、その温度での蒸気の圧力が水を押し下げる空気圧より上である時だけです。蒸気圧が低いと、泡を作ろうとしても押し潰されてしまいます。温度が十分に高くなると、ようやく蒸気圧が空気圧を超えて、泡ができはじめます。泡は一定の大きさになってはじめてヒーターから離脱し、水面へ上がっていきます。そして水面ではじけてコポコポと音を立て、孤独なティータイムの始まりを告げるのです。

▼ 水が蒸気の泡を作れるくらい高温になったとしても、必ず蒸気の泡ができるわけではありません。泡ができるには、蒸気が集まる中心の“核”になる何かが必要なのです。小さな塵でもいいし、ポットの内側のざらざらした部分でもかまいません。ところが、何の混じり物もない水を清潔で表面が滑らかな容器に入れて加熱すると、沸点よりかなり上の温度まで全く泡ができないことがしばしばあります。こうした過熱状態の水はとても危険です。なぜなら、何かちょっとした刺激が引き金となって突然激しい沸騰が起き、熱湯や蒸気が飛び散るからです。これを「突沸（とっぷつ）」といい、ポットの近くにいる時には絶対起きてほしくない現象です。化学者は極度に清潔なガラス容器で純度の高い水を加熱することがよくあるので、突沸は現実的な問題です。そこで、対策として、沸騰石（シリカやテフロン製が多い）を数個ポットに入れておきます。沸騰石は多孔質の（たくさんの細かい穴があいた）物質で、温度が沸点に達したらすぐにその細かい穴の中の空気が微細な泡になり、沸騰の“核”を提供します。〔突沸はきれいな水に限らず、電子レンジで加熱しすぎるとコーヒーや豆乳などでもよく起こります。レンジ使用時には注意しましょう。〕

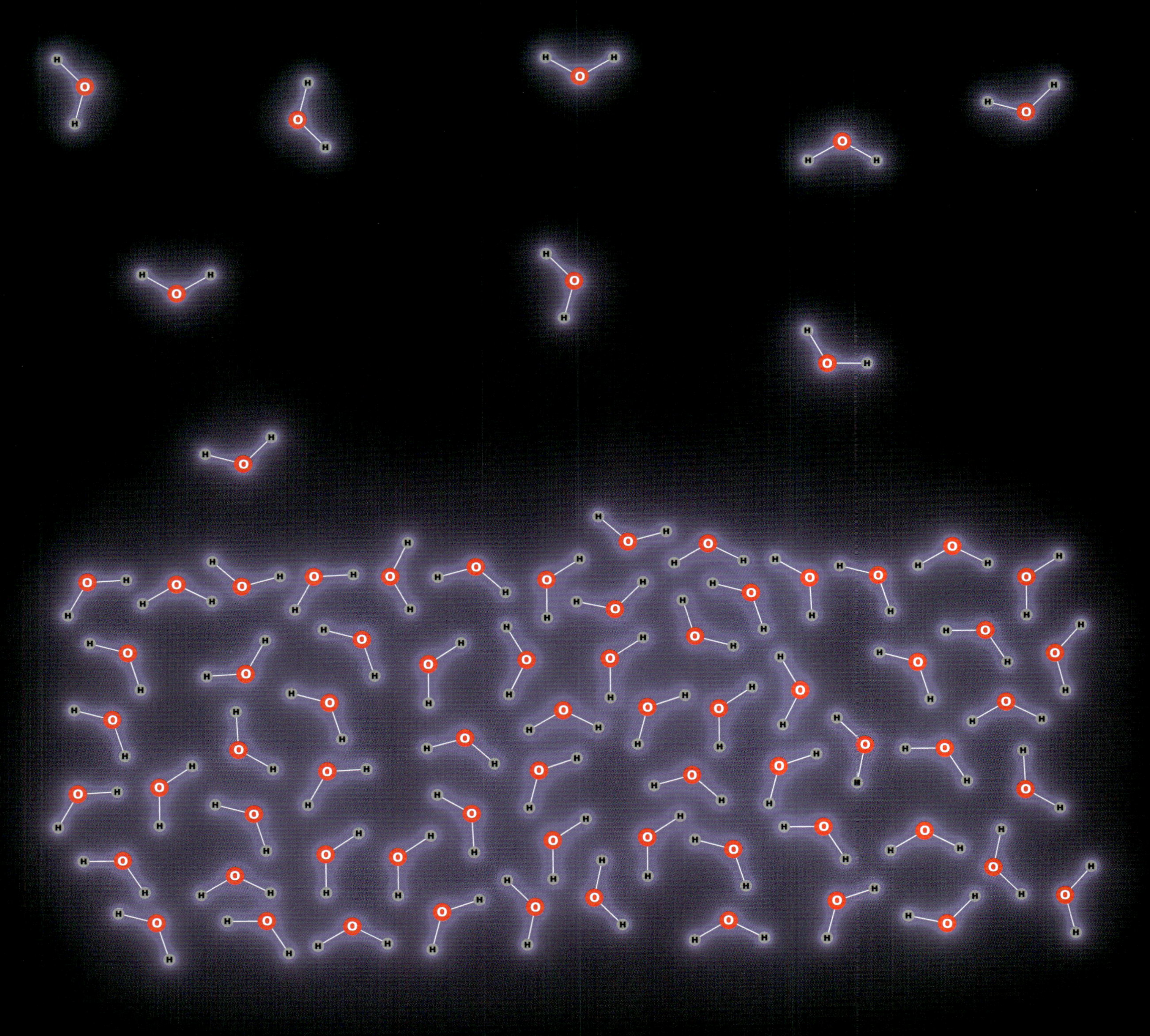

▲ 水の分子は単純ですが、水という液体は非常に複雑です。隣りあう水分子同士の間に生成する水素結合（203ページ参照）によって、液体の水はナノスケールで結びついた構造をほんのつかのま作り、分子の集団を形成しては数ナノ秒ごとにその集団を組み換えることを繰り返します。水の表面近くでは、水分子はより秩序立った並び方になり、「表面張力」を生み出します（アメンボが水の上を歩けるのは表面張力のおかげです）。それでも、水分子同士のでたらめな衝突は防げず、それによって時折１個の水分子が仲間からはじき出され、窒素ガスと酸素ガスに満ちた過酷な環境──空気──の中へ放り込まれます。これが「蒸発」です。温度が高いほど水分子の運動速度が上がり、蒸発が起きやすくなります。蒸発の歯止めがきかなくなった状態が、沸騰と呼ばれます。

▶ 水の沸騰の理論的シミュレーションをめぐる問題のひとつは、どうシミュレートしても、計算上は、実際に観察される温度よりずっと高温でなければ沸騰は起こりえないという結果になることです。水分子同士をつないでいる結合はかなり強いため、もっと高温まで液体状態を維持できるはずなのです。現時点では証明されていませんが、面白い理論として、水の表面の分子スケールの波が熱エネルギーを波頭に集め、そこから水分子を空中に解放するという説が唱えられています。もしあなたが、「今や人間は、この世界のさまざまな事象をずいぶんよく理解している」と考えたくなったら、ちょっと立ち止まりましょう。そして、理論上はヤカンの水が沸くまでもっとずっと長い時間待たなければいけないはずなのに、現実はそうではない理由がいまだにわかっていない、ということを思い出して下さい。

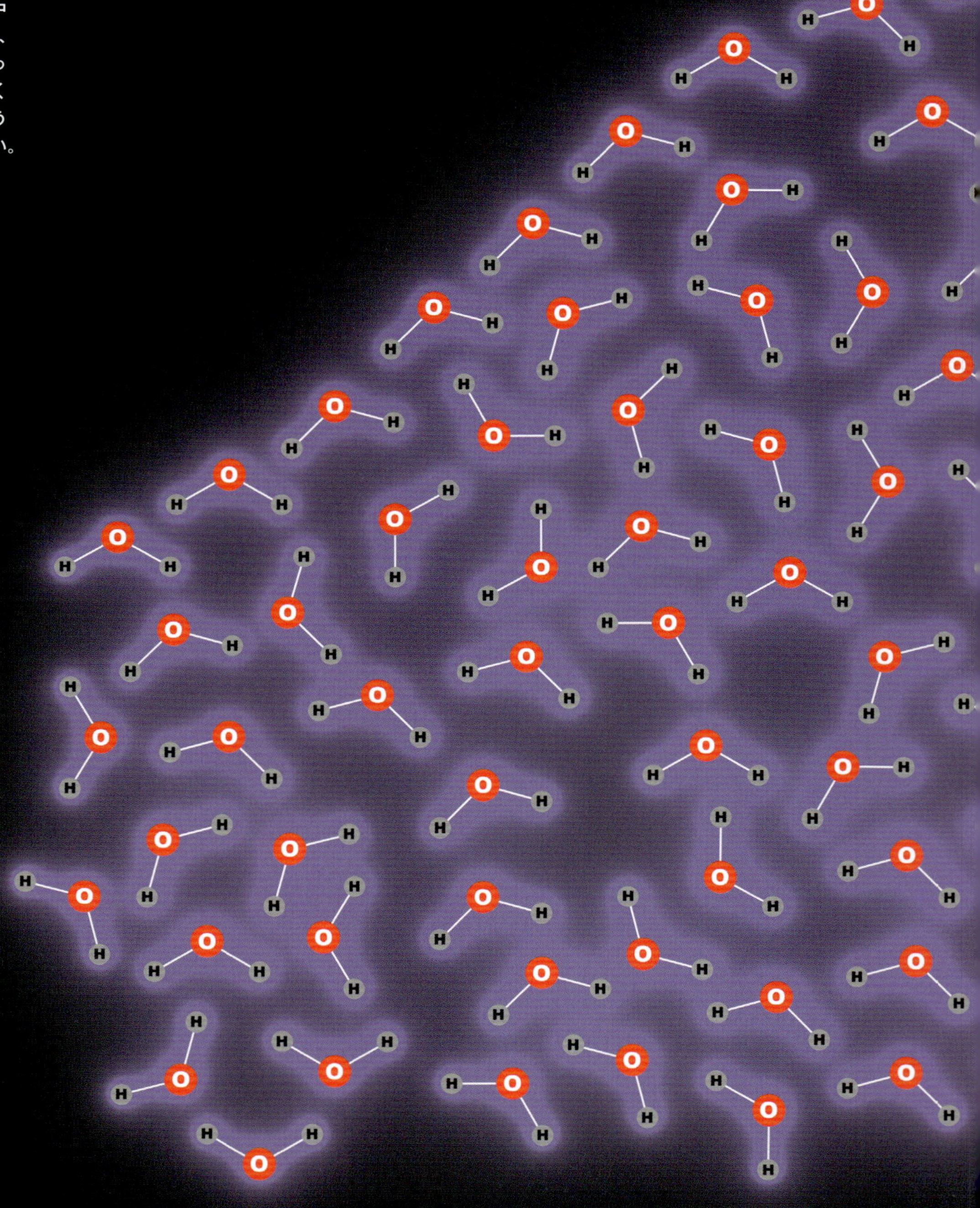

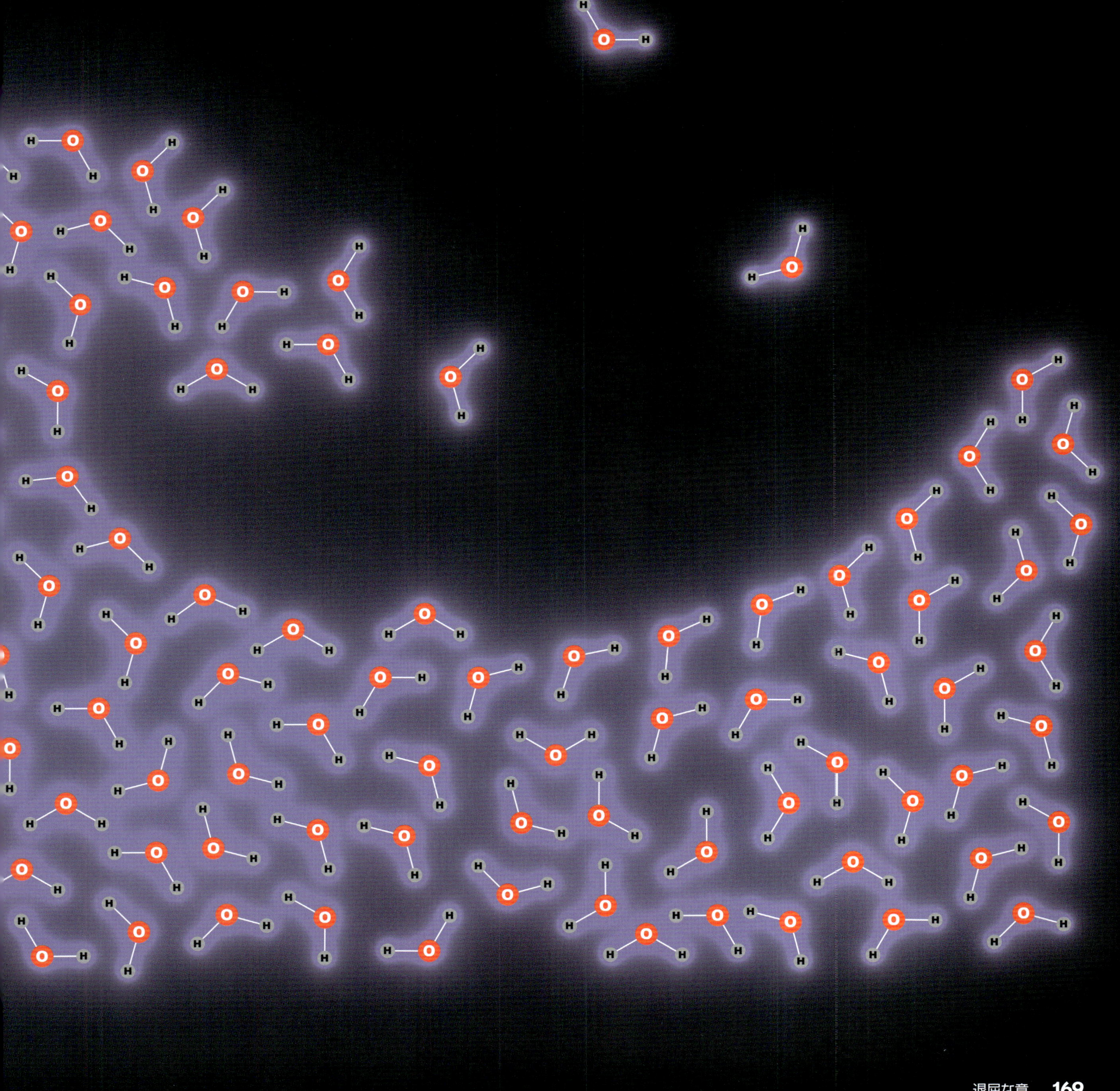

◀ 高地で料理する時はゆで時間を長く取るように、という指示をよく見かけませんか？　標高が高いと空気圧が低く、低地で湯を沸かす時よりも低い温度で蒸気圧と大気圧が等しくなるからです。別の言い方をするなら、高地ほど沸点が低いということです。温度が低いと食品が煮えて軟らかくなるのに時間がかかるので、長く煮ないといけません。実際に影響は大きく、標高1600 mのコロラド州デンバーでは、海面と大差ないニューヨーク市に比べ、5℃低い温度でお湯が沸きます。

これを極端にしたものが真空容器で、圧力をうんと下げさえすれば室温で水が沸騰します。宇宙服を着ずに宇宙空間に出るわけにいかない理由のひとつは、それです。生身で真空にさらされると目や皮膚の水分がたちまち沸騰しはじめて、大変なことになります。〔ごく短時間なら大丈夫という報告があります。NASAの減圧実験中の事故で真空に近い状態に十数秒間さらされて、後遺症もなく生還した例があるそうです。〕

▲ 熱いフライパンと、もっと熱いフライパンで、後者の方が水の沸騰が遅いなどということがありうるでしょうか？　答えは、「時にはある」です。高温のフライパンに水滴を落とすと、水滴が玉になってかなり長いこと転がり回るのを見たことがありませんか？　これは、水滴の底から出る水蒸気の薄い層で水滴が空中に浮き上がり、高温のフライパンに直接接触しないからです。もう少しフライパンの温度が低いと、水滴を浮き上がらせるだけの水蒸気が発生せず、水滴の底がフライパンに触れてすぐに全体が蒸発します。このように高温固体の上で液体が転がり回ることを、ライデンフロスト効果と呼びます。

▶ 沸騰する水に手を入れたところ？　いいえ、違います。私が手を突っ込んだのはものすごく低温で沸騰している液体窒素です。私の手が凍りつくのを防いでいるのも、熱いフライパンの上で水玉を転がすのと同じ、ライデンフロスト効果です。この場合は、私の手が高温のフライパン、液体窒素が水にあたります。マイナス195.79℃で沸騰する液体窒素にとって、私の手は真っ赤に焼けた火かき棒のようなものです。手の熱で気化した窒素ガスの層の断熱効果のおかげで、手は（短時間ならば）凍りません。

号の打ち上げ時の写真で、発射
れた16ミリカメラが１秒間に
ドで撮影したフィルムのうちの
射台39Aの放水システムがピー
よそ7000ポンド（3.2トン）の
1ロケットエンジン５基が１秒
4.5トン）の燃料を燃焼させて
撃を受ける発射台を守っている
。最初のうちは、放出された水
沸騰して水蒸気になります。こ
ので目に見えません。ロケット
なって、どれだけ大量の放水が
はじめて見えてきます*。

が始まり、エンジンが発射台か
ます。

う高熱！　史上最も強力な推進
ターン５型月飛行用ロケットの
ー噴射です。

トンもの水が噴射されますが、
時に水蒸気に変わってしまうた
は見えません。

は空へ去り、いくらか水が見え
す。ホールドダウン・アームの
の保護コーティングが燃えてい

焦げて黒くなります（保護コー
が焦げることで下の金属が守ら
水がはっきり見えるようになり

発射からまだ間もなくです。放
猛烈な火にさらされた大切な
冷却しています。

射シークエンスの最後。見たこ
くらい大量の水が流し込まれて
見て取れます。

Apollo 11 Saturn V Launch
」で動画検索すると、この場面
かるはずです。写真よりもずっ
わかります。(「日本語のページ
なく「すべての言語」で探すこと。)

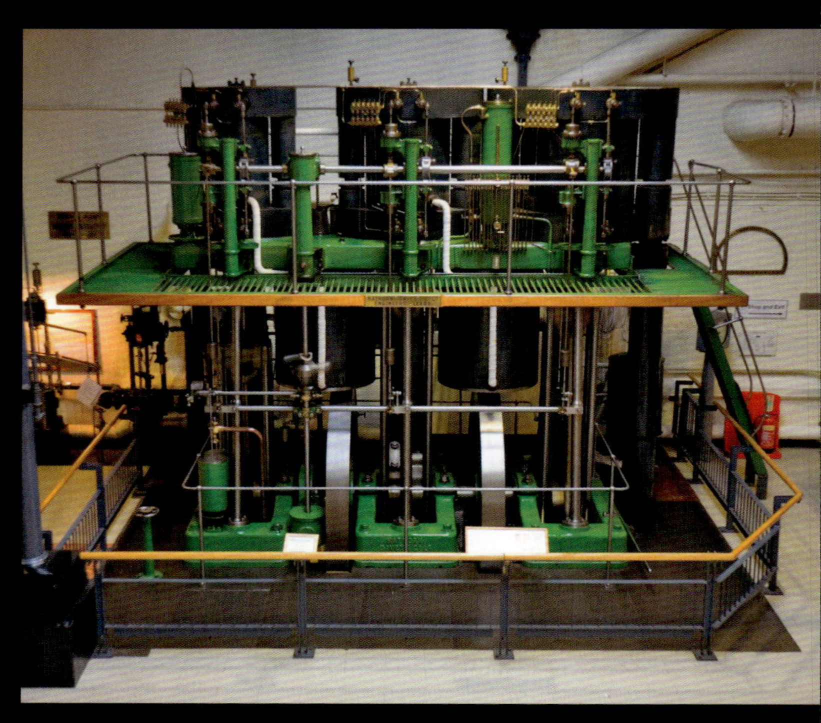

▲ かつて咆哮を轟かせていたこの“偉大な獣”は、動力機が粗削りで熱くて格好よかった時代の名残りです。その頃の機械は、本物の機械のあるべき姿のとおりに、蒸気や煙を吹き出していました。“蒸気時代”は、機械が純粋に機械らしかっただけでなく、今の機械とは違って重要な動作部分を全部目で見ることができ、どういう仕組みで動いているのかをすぐに理解できたという点で、並ぶもののない時代でした。この写真のような美しい機械が現在使われていないのは、エンジンとしては優れていないからです。バスくらいの大きさがある重さ100トンの怪物の出力は、今の平均的なコンパクトカーのエンジンにも及びません。

▲ ボイラーの爆発は大惨事を招きます。被害は甚大で、広範囲の設備が壊れたり、建物全体が吹っ飛んだりします。これは、米国のある工場で1893年に起きたボイラー爆発事故の写真です。蒸気圧の力を甘く見てはいけません。

▶ 蒸気時代の機械はいいようもなく美しく、150年が経った今でも、ヒップスター〔アメリカ中流層出身で独特のライフスタイルやサブカルチャーを好む若者層〕のチープなアクセサリーにインスピレーションを与えています。ヒップスターたちのスタイルはスチームパンクと呼ばれていますが、私が大いに不満なのは、彼らの作る品物のどれひとつとして実際に動かないことです。あたかも、一見するとしゃれた楽器なのに鍵盤が溶接され、弦は石膏でできているようなものです。シリンダーの側面に浮彫りされただけの歯車？　見るだけで情けなくなります。

◀ 幸いにも、ヒップスターとは別種の人々もいます。彼らは本物の古い蒸気機関の装置をまるで新品のように手入れして実際に動かしつづけることに喜びを見出しています。私も、晴れて隠居したあかつきにはこれを趣味にしたいですね。お、いいぞ！　今ちょうどこの章を最後まで書き上げたので、隠居生活に一歩近づきました！

第6章

速いか遅いか、それが問題だ

The Need for Speed

化学反応は、ある化学物質が別の化学物質に変化することです。必然的に、反応には時間がかかります。どのくらい時間がかかるかは反応によってものすごく違い、地質時代をはるかに遡るくらいの長い眠りのうちに徐々に進む反応もあれば、瞬きする間に起こるものもあり、さらには瞬きの時間が山の浸食くらいゆっくりに感じられるほどの刹那に完了する反応まであります。

反応速度には、速いものから遅いものまで想像を絶するほどの幅があります。本章で扱う一番速い反応と遅い反応は、速度が25桁も違います（10倍の10倍のそのまた10倍……と25回掛け算を繰り返すということです）。数字で書くと、本章の最速反応は、最も遅い反応と比べて10,000,000,000,000,000,000,000,000倍速い、となります。

極低温の宇宙空間や、あらゆる恒星から遠く離れた惑星上でもない限り、分子はつねに高速で動いています。何世紀もかかる反応に参加している最中であっても、個々の分子はいつでも非常に速いスピードで動いています。ですから、最初に、「どういう場合に化学反応は遅くなるのだろう？」という疑問への答えを探しましょう。

これからゆっくりとその説明をしていきます。文字通りゆっくりした反応の例から。宇宙空間では今から挙げる例よりも遅い反応が起きていますし、地球の地下深くでもたぶんそうでしょう。しかし私は自分の目で見られ、手で触れるものが好きなので、地上で見ることのできる化学反応の中で一番速度が遅いと考えられる「風化」でこの章を始めることにします。

風化

風化と浸食は専門用語としては別々のことをあらわします。浸食は、岩が物理的な力を受けて壊れて砂になったり、砂や土が流失したりすることです。これは雨や氷や風や流水の力で起こります。たとえば、グランドキャニオンは雨と風とコロラド川の流れによって硬い岩が浸食されてできました。浸食は長い時間をかけて壮大な仕事を成し遂げますが、本書のテーマである化学反応とは違います。

それに対し、風化は化学的なプロセスで、私たちがここで論じている範囲に含まれます。風化の大部分は水と二酸化炭素が一緒になって起こすので、そのふたつがどのように“共同作業”をするのかを、これから見ていきましょう。

▲ 地上で私たちが目にすることのできる最も遅い反応には、当然ながら地球上で最も古いものが、すなわち山が――そして、かつて山だった丘陵や、かつて丘陵だった平原、かつて平原だった峡谷が――関係しています。この写真は、私の大好きなスイスアルプスの山です。なぜ好きかというと、私の子供たちがむかし（山とは違ってあっというまに成長して変わってしまうよりも前に）遊んだ場所だからです。私や子供たちは時を経てずいぶん変わり、山はほんの少しだけ変化しました。今や氷河はほとんどなくなりました。岩はまだそのまま残っています。山もまた年を取り、姿を変えます。ただ、人間よりはるかに長い時間がかかります。

▲ 子供たちが遊び、もっと前には私も遊んだスイスアルプスは、山脈としては若く、峰が鋭く険しい角度でそびえています。やがて歳月とともに山も（私たち同様に）丸くなり、見た目がやわらかく落ち着いた感じになっていきます。こちらの写真は、世界で最も古い山脈のひとつ、米国東部のブルーリッジ山脈です。この山々がまだ若くて尖っていた頃から数えて、10億年以上が経過しました。

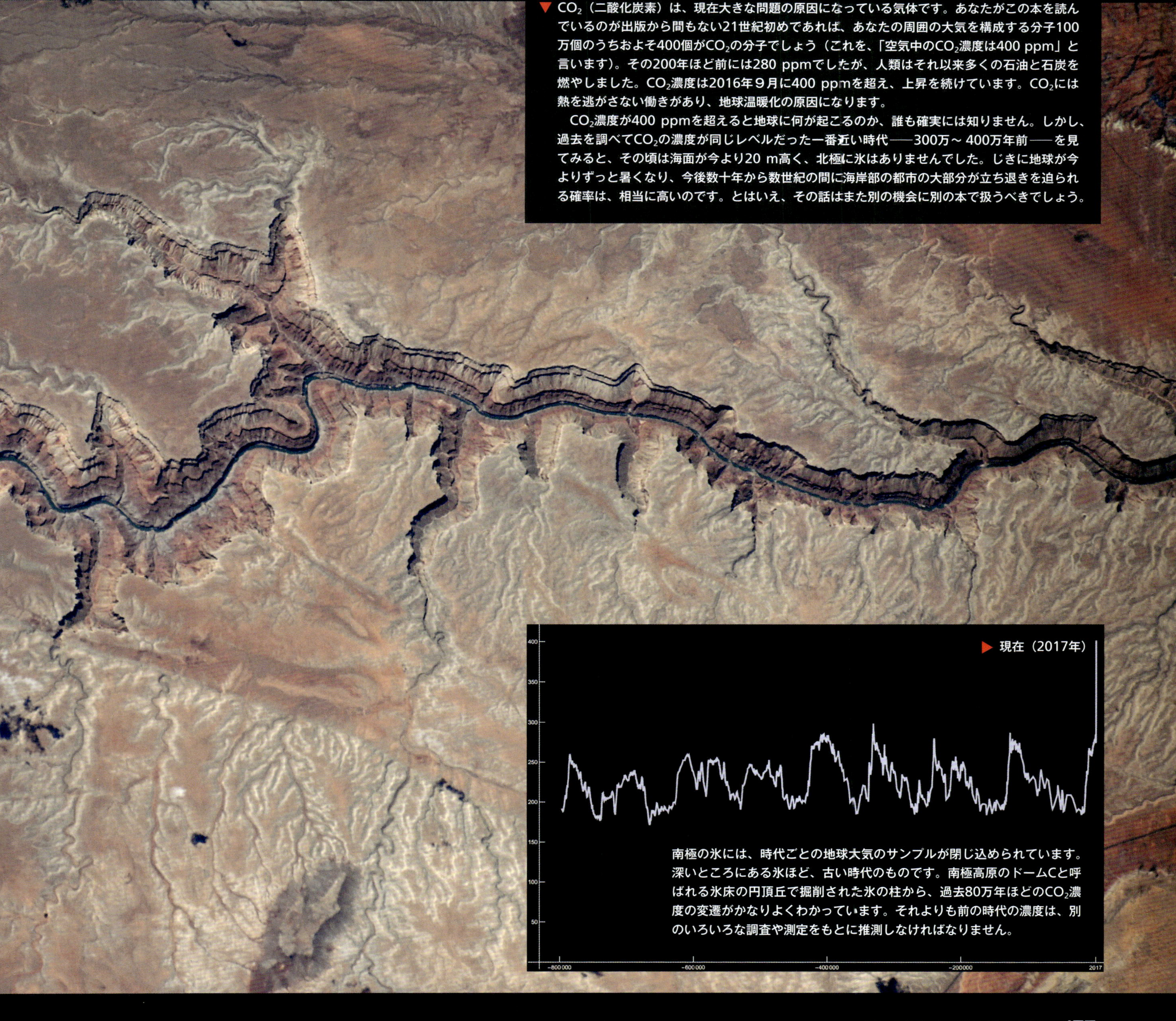

▼ CO_2（二酸化炭素）は、現在大きな問題の原因になっている気体です。あなたがこの本を読んでいるのが出版から間もない21世紀初めであれば、あなたの周囲の大気を構成する分子100万個のうちおよそ400個がCO_2の分子でしょう（これを、「空気中のCO_2濃度は400 ppm」と言います）。その200年ほど前には280 ppmでしたが、人類はそれ以来多くの石油と石炭を燃やしました。CO_2濃度は2016年９月に400 ppmを超え、上昇を続けています。CO_2には熱を逃がさない働きがあり、地球温暖化の原因になります。

CO_2濃度が400 ppmを超えると地球に何が起こるのか、誰も確実には知りません。しかし、過去を調べてCO_2の濃度が同じレベルだった一番近い時代――300万～400万年前――を見てみると、その頃は海面が今より20 m高く、北極に氷はありませんでした。じきに地球が今よりずっと暑くなり、今後数十年から数世紀の間に海岸部の都市の大部分が立ち退きを迫られる確率は、相当に高いのです。とはいえ、その話はまた別の機会に別の本で扱うべきでしょう。

南極の氷には、時代ごとの地球大気のサンプルが閉じ込められています。深いところにある氷ほど、古い時代のものです。南極高原のドームCと呼ばれる氷床の円頂丘で掘削された氷の柱から、過去80万年ほどのCO_2濃度の変遷がかなりよくわかっています。それよりも前の時代の濃度は、別のいろいろな調査や測定をもとに推測しなければなりません。

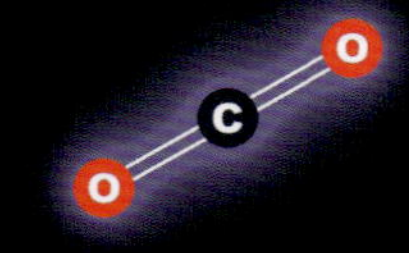

このソーダ水の泡は、逃げ出そうとしているCO_2でできています。圧力をかけてCO_2を水に溶け込ませると、一部のCO_2分子が水分子と結合して、すぐさま水素原子を放り出します。言い換えると、結合で炭酸（H_2CO_3）ができるのですが、水溶液中の炭酸はHCO_3^-イオン（炭酸水素イオン）とH^+イオン（水素イオン）に分かれて存在する、ということです。H^+イオンがあると、その物質は酸性になります。ソーダ水のピリッとした酸味はそのおかげです。

この反応は簡単に逆戻りさせることができます。炭酸より強い酸を入れると、H^+とHCO_3^-は再結合して水分子１個を作るとともにCO_2分子１個を放出します。〔ただし、炭酸水のボトルを開けて注いだ時に出る泡の大部分は、加圧状態で過飽和に溶けていたCO_2分子が出てきたものです。〕

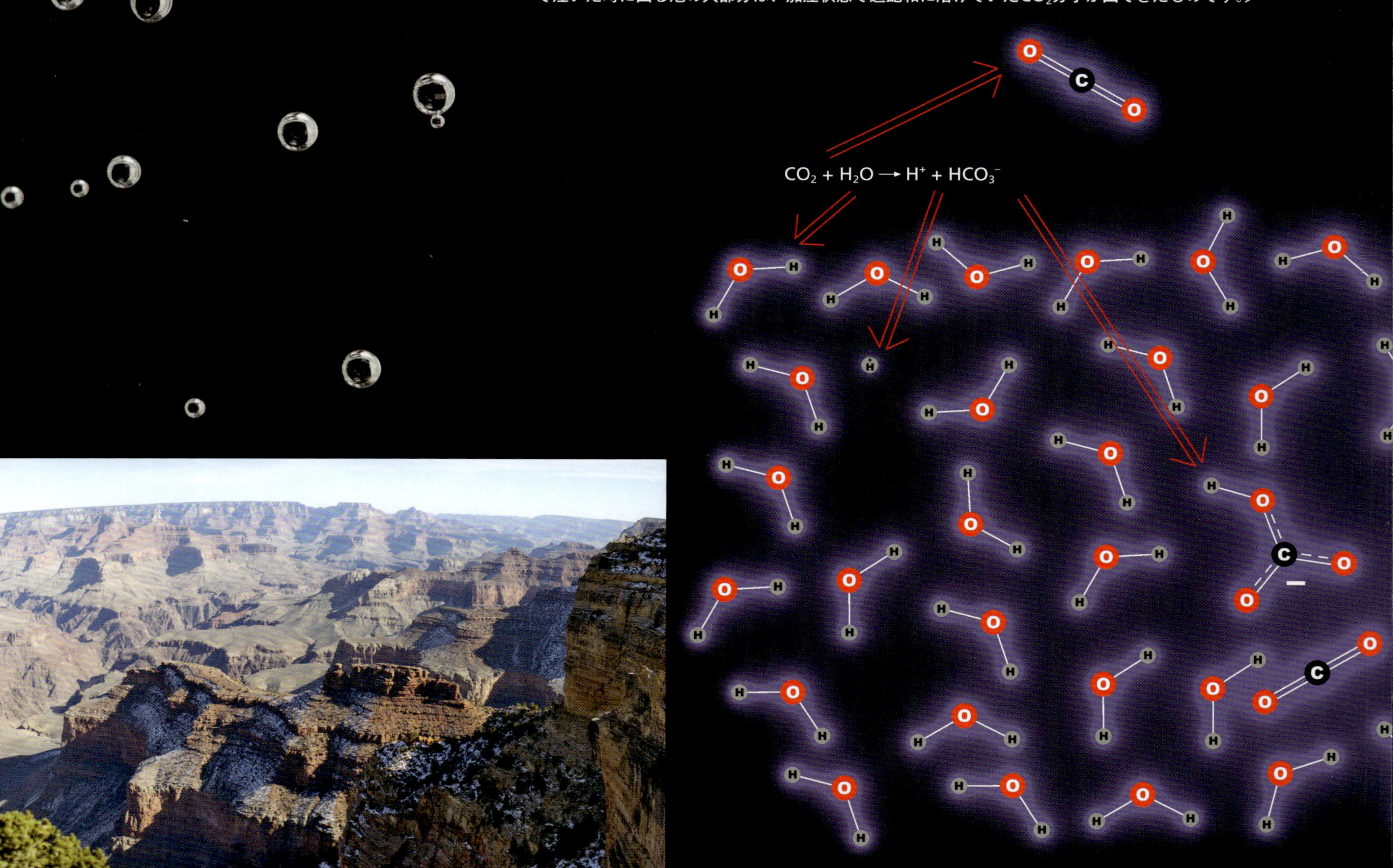

石灰岩の主成分は炭酸カルシウム（$CaCO_3$）で、この物質はカルシウムイオン（Ca^{2+}）と炭酸イオン（CO_3^{2-}）が交互に並んだ結晶になっています。雨水に含まれる炭酸は、弱酸で濃度も低いとはいえ、石灰岩と徐々に反応するだけの力は持っていますから、炭酸イオンを炭酸水素イオン（HCO_3^-）に変化させます。ところが、この反応が起きた後の水の中には、十分な数の遊離した水素イオン（H^+）が残っておらず、生成した炭酸水素イオンのすべてを二酸化炭素（CO_2）に戻して空気中に放出することができません。そのため炭素とカルシウムは水に溶けたままになり、やがて海に流れ込みます。こうして山脈全体が少しずつ溶解し、流れ出していきます。

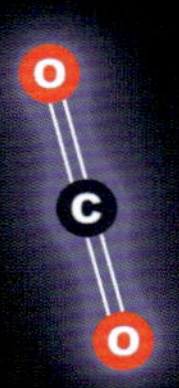

▼ 水に溶けているCO_2（そのうち一部は炭酸を形成しています）と、周りの空気中に含まれるCO_2の間には、つねにある種の平衡状態（釣り合い）が存在します。この平衡状態はどちらの向きにも動きます――CO_2が過剰に溶けているソーダ水はCO_2を空気中に放出しますし、一方、純水は空気からCO_2を吸収します。ですから、どんな純水も空気にさらされると水の中に炭酸が生成し、わずかに酸性を帯びるようになります。当然、雨水もそうです。

▼ そこで、最初の疑問に戻ります。なぜ風化の反応はそれほどゆっくりなのでしょう？　なぜ何百万年もかかるのでしょう？　岩の表面が、わずかに酸性に傾いた雨水で濡れているところを思い浮かべて下さい。岩を作っている石灰岩（炭酸カルシウム）は、カルシウムイオンと隣の炭酸イオンが強く引き合っています。岩が硬いのは、このイオン結合（プラスとマイナスのイオンが引き合うことで形成される結合）が強いからです。雨水が岩を風化させるには、水素イオンがこの"仲睦まじい結合"に割って入らなければなりません。それに、雨水１滴に含まれる水素イオンは全体の分子数の百万分の１程度ですから、カルシウムイオンや炭酸イオンのどれかが水素イオンの攻撃を受けて結合が壊れ、海へ旅立つまでには、とても長い時間が必要です。

84ページに書いたように、化学反応の多くは、錠前に向かって鍵をたくさん投げ、どれかがたまたま鍵穴に入って開くようなものです。山に降る雨はその見本です。どれかの錠前が偶然に開くとイオンが水中に放出されますが、それはほんのときたましか起こらず、反応が進むにはかなりの時間がかかります。

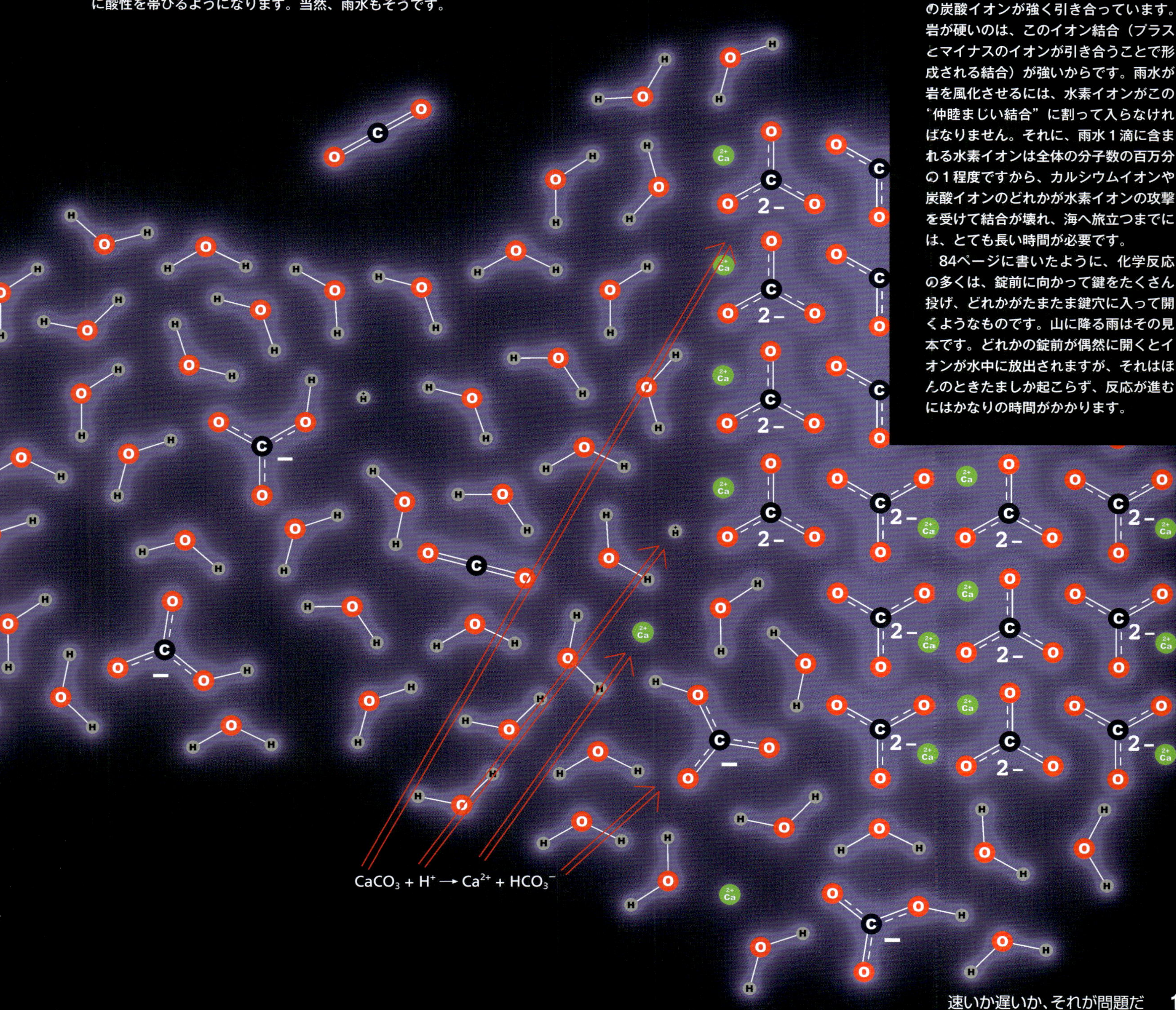

▼雨に打たれた石灰岩は、空気中でCO_2が水に溶け込んで生成した炭酸の作用によって、つねに少しずつ溶かされています。これまでもずっとそうでしたから、これに関しては私たち人間に責任はありません。しかし、都市部では酸による侵略の進み方がずっと速くなります。なぜなら空気中の硫黄酸化物と窒素酸化物が雨水に溶け込み、炭酸よりずっと強力な硫酸と硝酸ができるからです。これはあらかた私たちのせいです。硫黄酸化物や窒素酸化物の大部分は工場や発電所や自動車から排出されます。そのせいで降り注ぐ酸性雨は、自然な炭酸の雨よりもはるかに急速に、彫刻や建物や墓石や、その他石灰岩でできたあらゆるものをそこなっていきます。

海に流れついた炭酸水素イオンは海の生き物に吸収され、その生き物は炭酸水素イオンを使って殻を作ります。この殻は何でできているかというと……ジャーン！　炭酸カルシウムです！　海生生物の殻は、炭酸水素イオンが溶け出してきたあの石灰岩と同じ物質で作られています。

そもそも山の石灰岩はどこから来たのでしょう？何百万年もの間に海底に積もった海生生物の殻が石灰岩のもとです。やがてその石灰岩は、大陸が移動し世界の姿が変わっていく中で起きた隆起によって持ち上げられ、山脈になりました。

海生生物の殻は山の岩が原料で、山の岩は海生生物の殻が原料だということです。

「ゆっくりした炭素循環」として知られるこのサイクルは、世界で最も壮大で、最も速度の遅いサイクルのひとつです。山から海へ流れて再び山になるひとめぐりに要する時間は、およそ２億年です。地球の炭素の大部分を抱え込んだ何千万立方キロメートルもの石灰岩は、このサイクルを何度も何度も繰り返しています。

１個の炭素原子が、ダイナミックに動き回れる空気中から海の中へ、そしてエキゾチックな海の生き物のカラフルな殻の中へと遍歴しながら数百年を過ごした後、深い海の底で１億年ほどの眠りにつき、それから地層の一部として圧縮や粉砕や褶曲（しゅうきょく）や断層のずれを経験し、ついに海面から高く隆起して山となり、再び日光の下での短いダンスを踊りはじめる――そんな物語も紡げそうです。

何百万年もかけて進行する石灰岩の化学的な風化は、風化の最も重要な形態のひとつです。それは単に景観が変わるからだけではなく、大気中の二酸化炭素濃度をコントロールする複雑に絡み合ったサイクルの中でカギとなる部分のひとつだからです。長期的に見ると、すべての炭素の運命を決めるのは岩と海です。まあ、本当に長期的に考えるなら、地球上の人類はいずれ死に絶えることでしょう。しかし、数万年という短期的なスパンでは、私たちが生きる時代の空気の中にどれだけCO_2が含まれるかは、私たち次第です。

▼ 極端な例を示しましょう。左の小さな石灰岩の彫刻を高濃度の酸にひたして、右の嘆かわしい状態になるまでにかかった時間はわずか数分です。もちろん、こんなことは普通は起こりません。しかし私は「加速寿命試験」として知られる手法の実例としてこれをやってみました。（正直に言えば、何が起こるか見たいという好奇心が一番の動機です。加速寿命試験を持ち出したのは、そうすればこの写真を本書に載せることができて、石像の費用を所得から控除する言い訳になるという面もあります。）

加速寿命試験とは何でしょう？　仮に、あなたが椅子製造業者で、自社の椅子は購入者が20年使っても大丈夫な頑丈さを備えているかどうか知りたがっているとしましょう。しかし、答えが出るまで20年待つわけにはいきません。そこであなたは、人がその椅子に１日３回座って立つ動作を20年間毎日繰り返す、という状況をシミュレートする装置を作ります。装置は椅子に対し、立ったり座ったりと同じ負荷を１分間に３回かけることを繰り返し、20年分を15日間で終わらせます。

同様に、何年あるいは何世紀にもわたって弱酸に触れた石灰岩が受ける影響を予測したいけれど、玄孫（やしゃご）〔ひ孫の子〕が生まれるくらい先まで待ってなんかいられない時には、うんと強い酸を使った実験を行って、その結果から推測することができます。もちろん、酸の濃度と石灰岩の溶ける速さの関係をはっきり解明しておく必要があります。酸の強さを半分にしたら、劣化速度も半分になるでしょうか？　それとも４分の１に？　これ以下なら影響がないという下限濃度はあるのでしょうか？　こうした問題すべてに、答えがあります。それらの答えを知った上であれば、あなたは加速寿命試験に基づいて正確な長期的予測を立てることができます。

雨による風化よりもう少し速度が速い反応に移りましょう。「錆びる」のも化学的な風化のひとつの形です。しかし、この反応はかなり速いので、自然界で実際に起きているところを目にすることは稀です。仮に、鉄でできた山があったとしましょう。その山はとっくの昔に錆びてしまっています。なぜなら、錆びは結構な速度で進み、さらに酸化鉄（鉄錆）を金属鉄に戻すプロセスは自然には存在しないからです。

錆は酸化の一例です。鉄が、酸素と反応して酸化鉄になったものが錆です。酸化が急激に起こる時にはたくさんの熱が放出され、私たちはそれを別の名前で──「燃焼」と──呼びます。木材やその他の有機物が燃えると、炭素が酸化炭素（より具体的には二酸化炭素）に変わります。ただし、実は鉄だって燃焼と呼んでよい速度で酸化することはできます。

▲ 天然の鉄で現在進行形で錆びつつあるものはほとんどありませんが、人工物の世界では、大量の鉄が今もまさに錆びつつあります。人の手によって生み出されたはかない物たち──橋、自動車、手すり、その他、人間が鉄で作って道路や裏庭に能天気に置きっぱなしにしているあらゆるものが、錆の侵略を受けているところを、誰もが目にしているはずです。そこでは何もかもが錆びて朽ちていきます。アーロ・ガスリー〔米国のフォーク・シンガー・ソングライター〕のヒット曲の一節として知られる「錆びた自動車の墓場」は、アメリカではあまりに見慣れた風景なので、私たちは錆びた車がどれくらい短命かをつい忘れがちです。

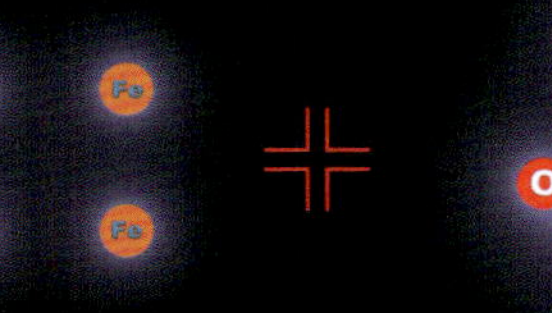

▲ 4 Fe（鉄）

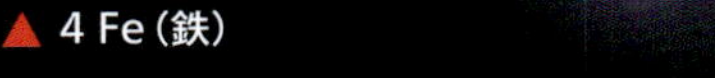

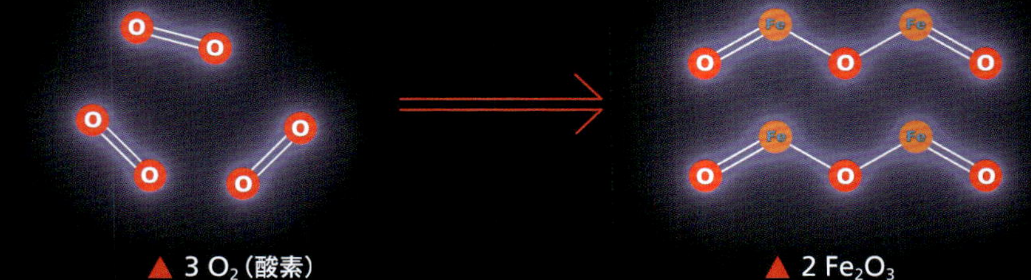

▲ 3 O_2（酸素）

▲ 2 Fe_2O_3

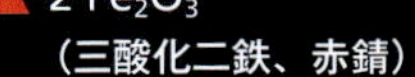

（三酸化二鉄、赤錆）

◀ 天然の鉄が錆びていく様子を見られる唯一の機会は、ほぼ鉄だけでできた隕石が地球に落ちた時です。鉄隕石は表面が徐々に錆びていきますが、内部まで錆びることはほとんどありません。鉄隕石の大きさ、含有するニッケルの量、落下場所の気候によっては、山と同じくらい長い時間そのままで残ることもあります。しかし、中には、数世紀のうちにすっかり錆びて地中の赤っぽい染みになるものもあるようです。

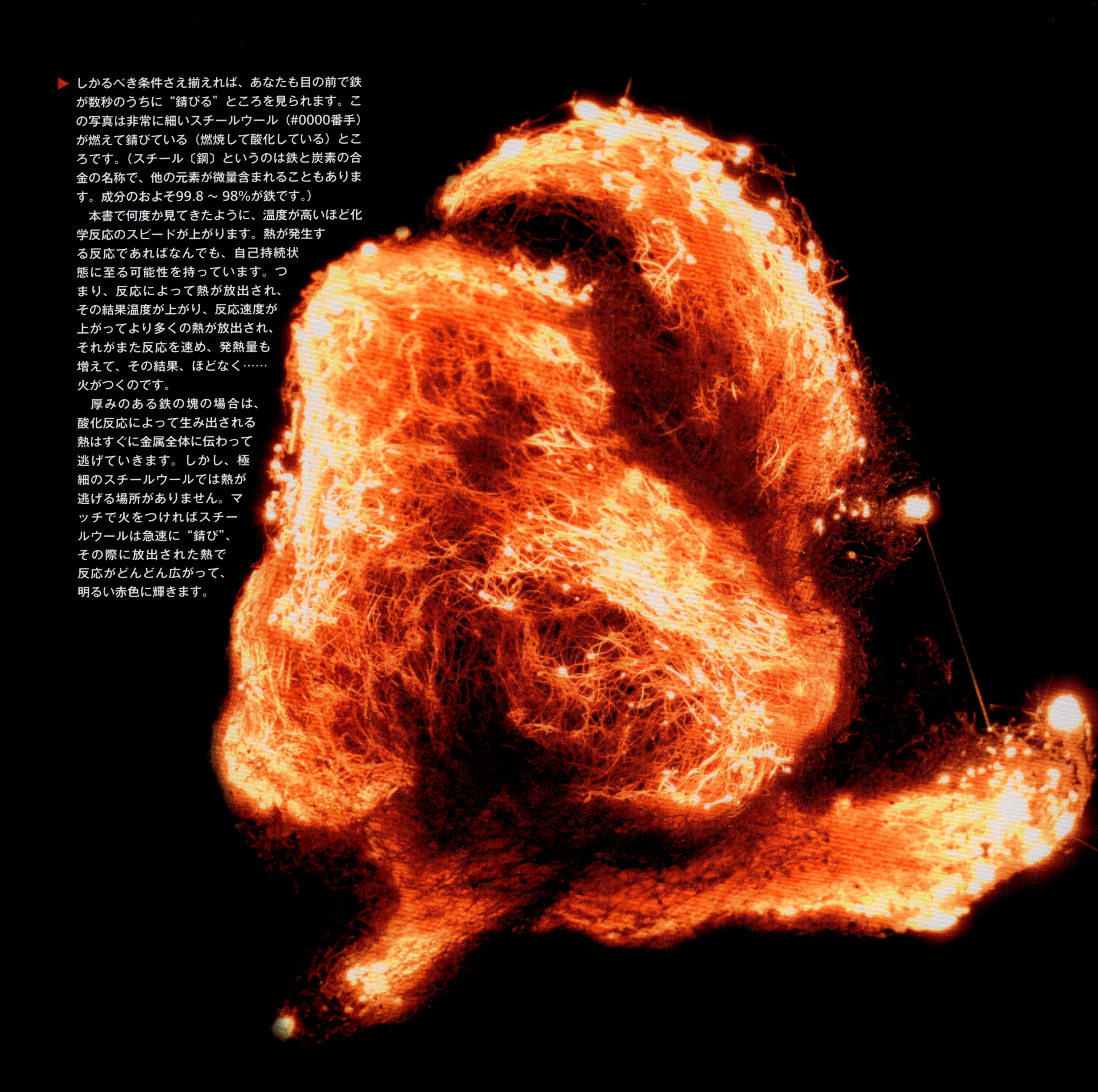

▶ しかるべき条件さえ揃えれば、あなたも目の前で鉄が数秒のうちに"錆びる"ところを見られます。この写真は非常に細いスチールウール（#0000番手）が燃えて錆びている（燃焼して酸化している）ところです。（スチール〔鋼〕というのは鉄と炭素の合金の名称で、他の元素が微量含まれることもあります。成分のおよそ99.8～98%が鉄です。）

本書で何度か見てきたように、温度が高いほど化学反応のスピードが上がります。熱が発生する反応であればなんでも、自己持続状態に至る可能性を持っています。つまり、反応によって熱が放出され、その結果温度が上がり、反応速度が上がってより多くの熱が放出され、それがまた反応を速め、発熱量も増えて、その結果、ほどなく……火がつくのです。

厚みのある鉄の塊の場合は、酸化反応によって生み出される熱はすぐに金属全体に伝わって逃げていきます。しかし、極細のスチールウールでは熱が逃げる場所がありません。マッチで火をつければスチールウールは急速に"錆び"、その際に放出された熱で反応がどんどん広がって、明るい赤色に輝きます。

▲ 最初期の写真用フラッシュは、マグネシウムの微細粉でした。この場面は、私がマグネシウム・フラッシュのデモンストレーションをしようとして、空気銃でマグネシウム粉をバーナーの炎に吹き付けたところです。（カウボーイの扮装は……うーむ、それも何かを表現しているんでしょう、たぶん。）

ゆっくりした反応の話で始まったこの章ですが、マグネシウムの燃焼が出てきたことですし、そろそろ化学反応の速度計の目盛をひとつ上げ、あれやこれやの発火が起こる領域へと進みましょう。

◀ マグネシウムは、燃焼する金属としてよく知られています。マグネシウムは、とびきり明るい白色の炎をあげながら“錆び”ます（化学的な言い方では、酸化します）。あまたの化学教師が教室でマグネシウムリボンに火をつけ、強烈に明るいけれど不気味で温かみのかけらもないその炎を生徒に見せてきました。〔写真では物足りない方は、「マグネシウム　燃焼」といったキーワードで動画検索してみましょう。〕

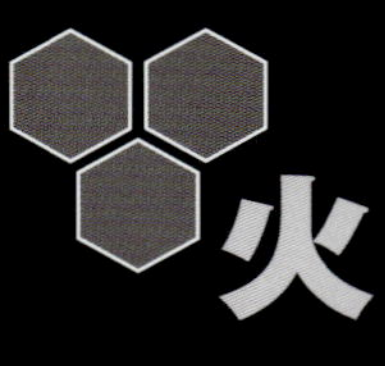

火

炎は、たくさんの“未来の科学者”の心の中に、化学への関心という“火”をつけます。実際、世界が――いや、世界のほんの小さな一部が――燃えるのを見るのは、じつにわくわくする体験です。

通常の意味で「火が燃える」と定義される反応に共通の要素は、何らかの燃料（木材、ガス、石炭、一部の金属など）と、ある特定の元素（酸素）の組み合わせが含まれる、という点です。森林火災からエンジンの中での１滴のガソリンの爆発まで、どんな火が燃える場面でも、最も重要な要素は酸素です。私たちは燃料の話には多くの時間を割いてあれこれ論じますが、それは、燃料が場面ごとに異なるからです。酸素の方はあたりまえと思って話題にもしません。酸素はいつでもそこにあるものだと考えられています。

あらゆる火は、酸素の得やすさによって燃焼の速さと燃焼の行く末が決まります。酸素がなければ火はありません。酸素が少なければ、ほんの小さな火になります。酸素が多ければ、火はそれだけ大きくなります。

陸上の生き物の生態系は、空気中にどれだけ酸素があるかを土台にして組み立てられています。現在､空気中の酸素（O_2）の割合は、体積で21パーセント程度です。酸素の割合がこれより数ポイント下がるだけでも、私たち哺乳類は生きていられません。高いエネルギーを生み出す人間の代謝は、火が燃えるのと同じくらい酸素に依存しているのです（人体と火がどれくらい似ているかについては104ページ以下をお読み下さい）。

私たちが生きるには、空気中にかなりの量の酸素が必要です。しかし、仮に今よりもっと大量の酸素が空気中にあったら、こんどは別の理由で困った事態になります。

ほとんどの場合、空気の80パーセント近くは酸素ではなく、窒素の気体（N_2）です。空気中の窒素は非常に重要な役割を担っています。なぜなら、窒素は「あることをしない」からです。窒素は、特殊な状況以外ではほとんど他の物質と反応しません。わかりやすく言えば、空気中の酸素を使って何かが燃えている時でも、窒素は無関心を決め込みます（ごく少量の窒素酸化物ができることがありますが）。窒素はほとんど反応性がないので、反応に割って入り、ものごとをクールダウンさせます。空気中の酸素を頼りに燃えるあらゆる火に対して、窒素は燃焼速度を遅くさせ、勢いを減衰させます。

▲ 乾燥した草は勢いよく燃えます。この火はわが家の裏手にある数エーカー（１～２ヘクタール程度）の草地を灰にしただけでしたが、まるで世界の終わりのように見えました！　森林全体が燃え上がったら、どれほど恐ろしいでしょう。しかし、もし空気に80パーセント近く含まれる窒素が燃焼にブレーキをかけてくれなければ、地球上の大火はいったいどんな規模になったことか。酸素濃度が今よりずっと高かったら、地球上には森林は残っていないでしょう。（皮肉なことに、酸素を空気中に放出して濃度を保っているのは緑の植物なのですが。）

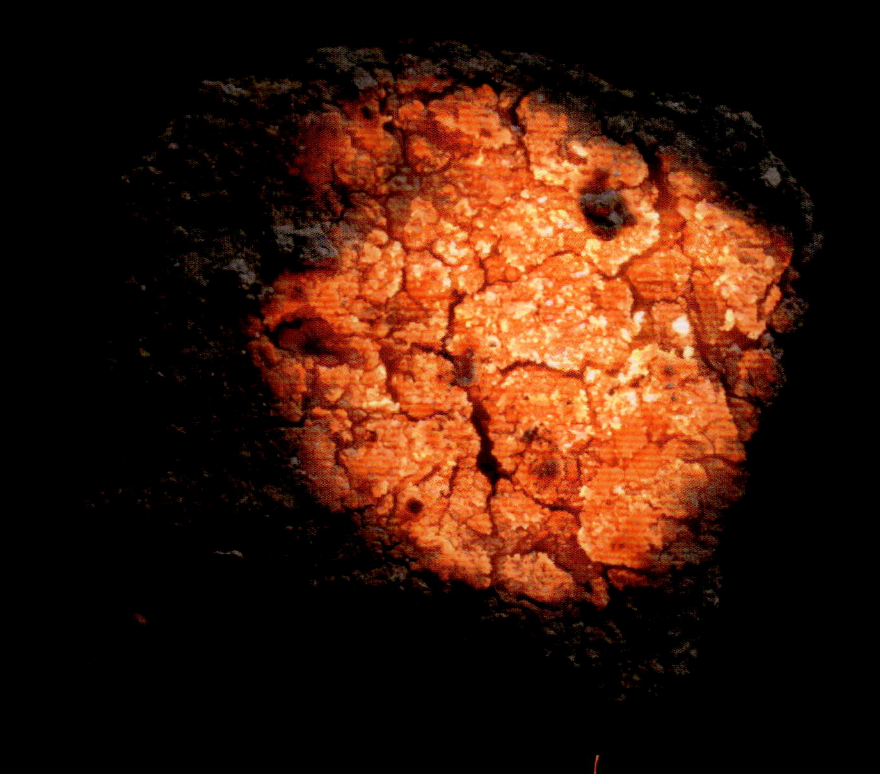

▶ 木炭は１時間くらいかけて悠然と燃えます。そこへ純粋な酸素ガスを吹き付けると、木炭は猛然と活動しはじめ、パチパチと音を立て、火花を散らし、猛り狂ったように輝きます（右ページの写真）。酸素を送り続けると、小ぶりな木炭塊なら１分もしないうちに燃え尽きてしまいます。

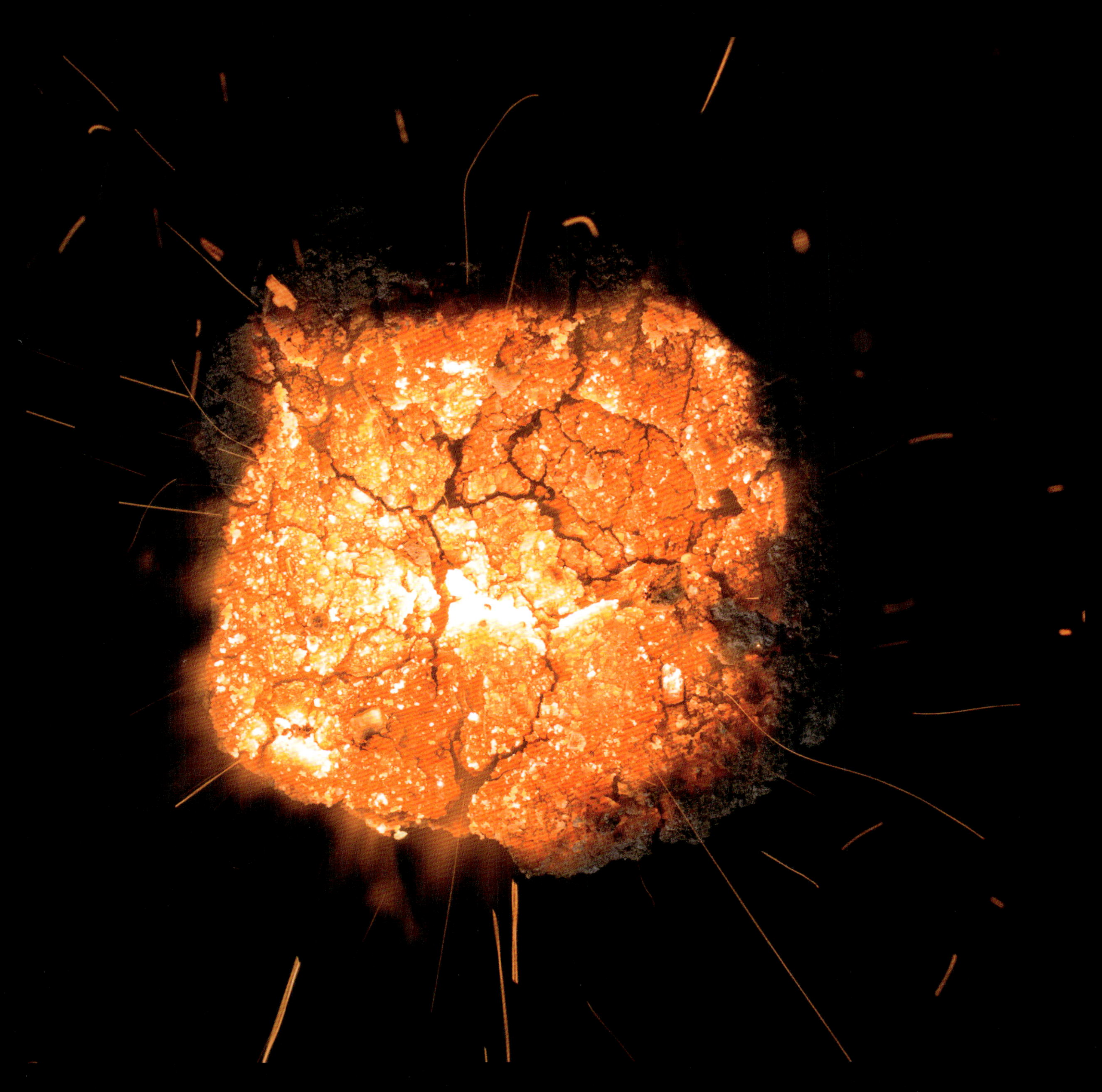

純粋な酸素を流し込んだ容器に、火のついた木炭の細かい粉を落としたところ。木炭の粉は爆発的に燃え、四方八方へ火花が飛び散ります。

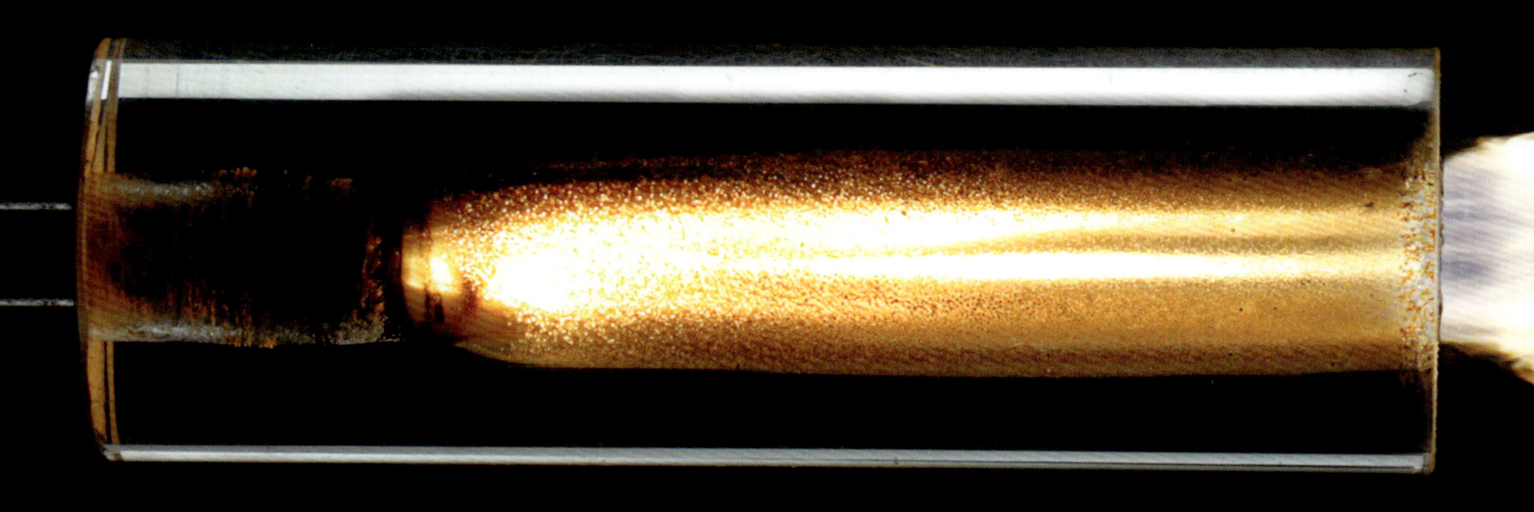

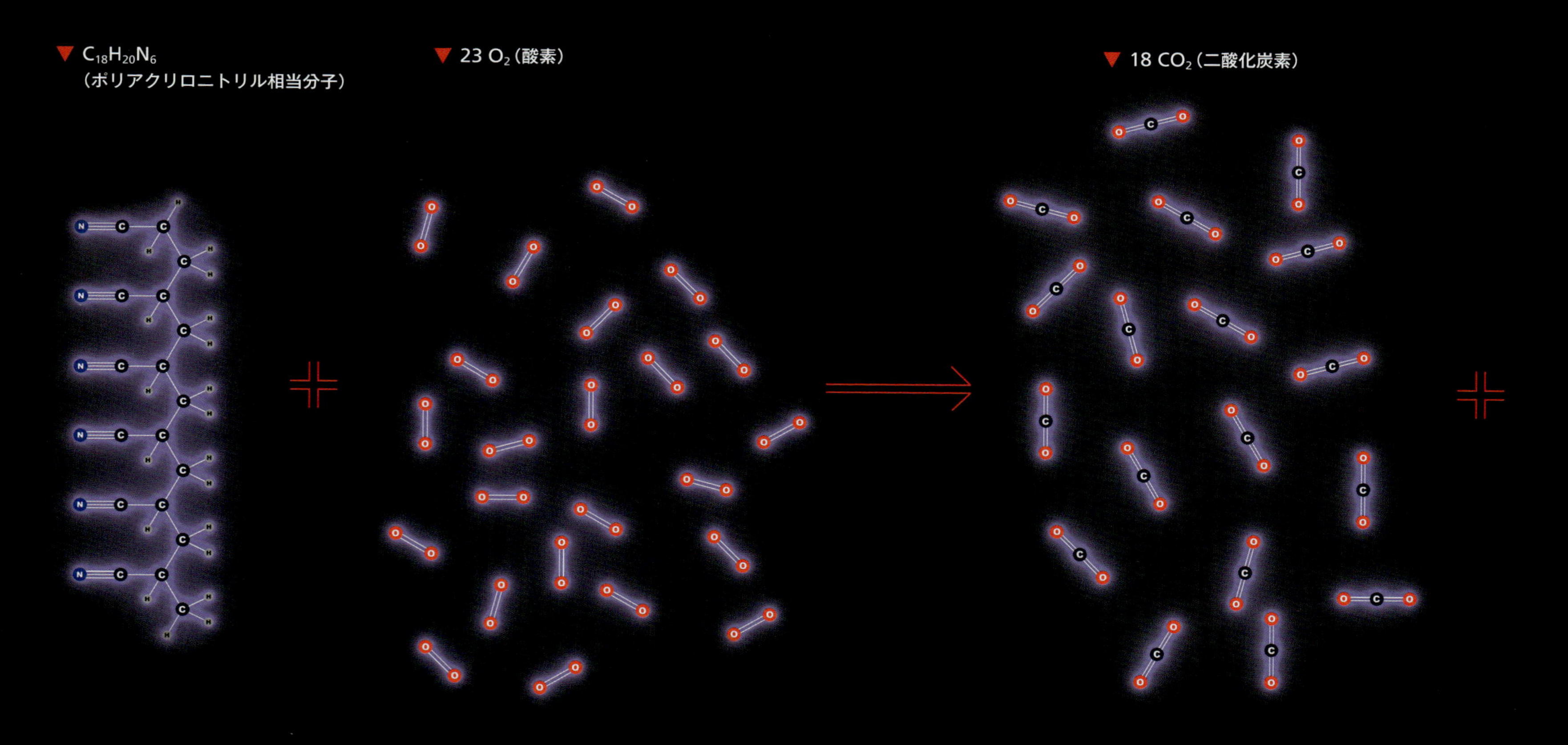
▼ $C_{18}H_{20}N_6$
（ポリアクリロニトリル相当分子）
▼ 23 O_2（酸素）
▼ 18 CO_2（二酸化炭素）

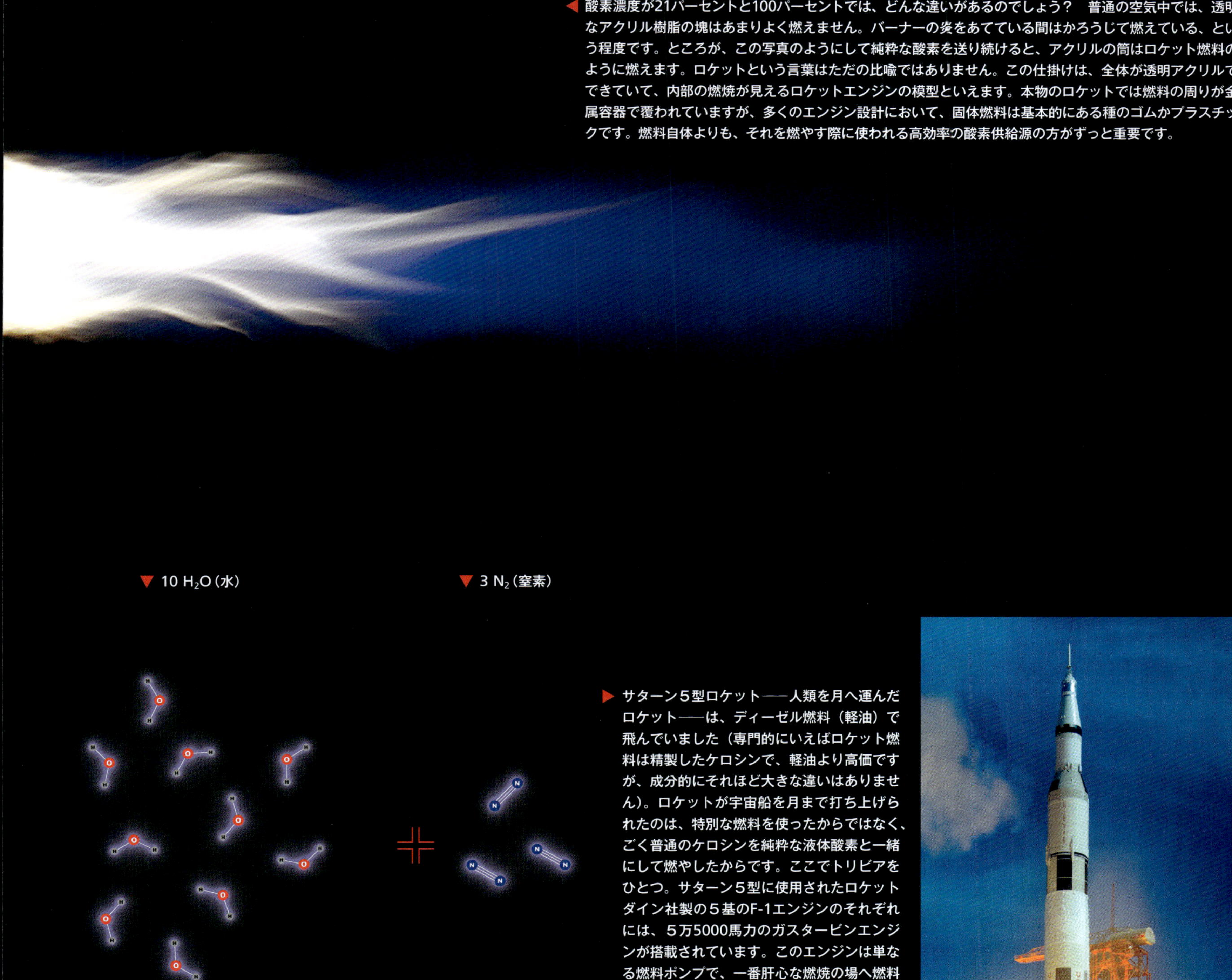

◀ 酸素濃度が21パーセントと100パーセントでは、どんな違いがあるのでしょう？　普通の空気中では、透明なアクリル樹脂の塊はあまりよく燃えません。バーナーの炎をあてている間はかろうじて燃えている、という程度です。ところが、この写真のようにして純粋な酸素を送り続けると、アクリルの筒はロケット燃料のように燃えます。ロケットという言葉はただの比喩ではありません。この仕掛けは、全体が透明アクリルでできていて、内部の燃焼が見えるロケットエンジンの模型といえます。本物のロケットでは燃料の周りが金属容器で覆われていますが、多くのエンジン設計において、固体燃料は基本的にある種のゴムかプラスチックです。燃料自体よりも、それを燃やす際に使われる高効率の酸素供給源の方がずっと重要です。

▼ 10 H_2O（水）

▼ 3 N_2（窒素）

▶ サターン５型ロケット――人類を月へ運んだロケット――は、ディーゼル燃料（軽油）で飛んでいました（専門的にいえばロケット燃料は精製したケロシンで、軽油より高価ですが、成分的にそれほど大きな違いはありません）。ロケットが宇宙船を月まで打ち上げられたのは、特別な燃料を使ったからではなく、ごく普通のケロシンを純粋な液体酸素と一緒にして燃やしたからです。ここでトリビアをひとつ。サターン５型に使用されたロケットダイン社製の５基のF-1エンジンのそれぞれには、５万5000馬力のガスタービンエンジンが搭載されています。このエンジンは単なる燃料ポンプで、一番肝心な燃焼の場へ燃料と酸素を送り込むのが仕事です。F-1エンジンは、これまでに作られたあらゆる種類のエンジンの中で最も強力でした。５基合わせると、毎秒およそ11.5立方メートルの燃料と液体酸素を燃やし、760万ポンド（365万kg）の推進力を生み出しました。

火は荒々しく野性的です。そのとおり、燃焼は動的なプロセスです。反応が急速に進んでいる時でなければ、炎が上がることはありません。なぜなら、「火によって発生した熱が、その火を生むもとになった反応をさらに促進する」というフィードバック作用があってはじめて、火が燃え続けていられるからです。

映画『007 死ぬのは奴らだ』で右の写真の場面を見て以来ずっと、自分でもやってみたいと思ってきました。敵役の犯罪王がホテルのバスルームに送り込んだ毒蛇を見つけたジェームズ・ボンドが、洗面台のヘアスプレーと葉巻の火で即席の火炎放射器を作って蛇を焼き殺すシーンです。ただ、私を毒蛇で暗殺しようとする人がいないので、純粋に写真撮影のためにやることにしました。炎が燃え続ける陰で、休むことなきレースが繰り広げられている様子を、皆さんにお見せしたかったからです。

映画の大胆不敵なアクションの多くとは違い、この場面はまさに映画どおりにうまくいきます。ヘアスプレーのメーカーは、（毒蛇よりも火災に遭うリスクの方がずっと大きい一般人のために）可燃性を抑えてより安全な製品にしようと工夫してはいますが、それでもなかなかの見ものを現出させることができます。一方、車のエンジン始動剤として売られているスプレー缶入りのエーテルは、極端に可燃性が高くないと用をなさない商品です。そうでなければエンジンのシリンダーの点火を補助するという本来の目的を果たせません。

★ 言うまでもありませんが、読者のみなさんは決して真似をしてはいけません。このデモンストレーションをすると、広い部屋の反対側の壁まで簡単に火炎が届きますし、炎がフラッシュバックしてあなたがやけどする危険性もあります。

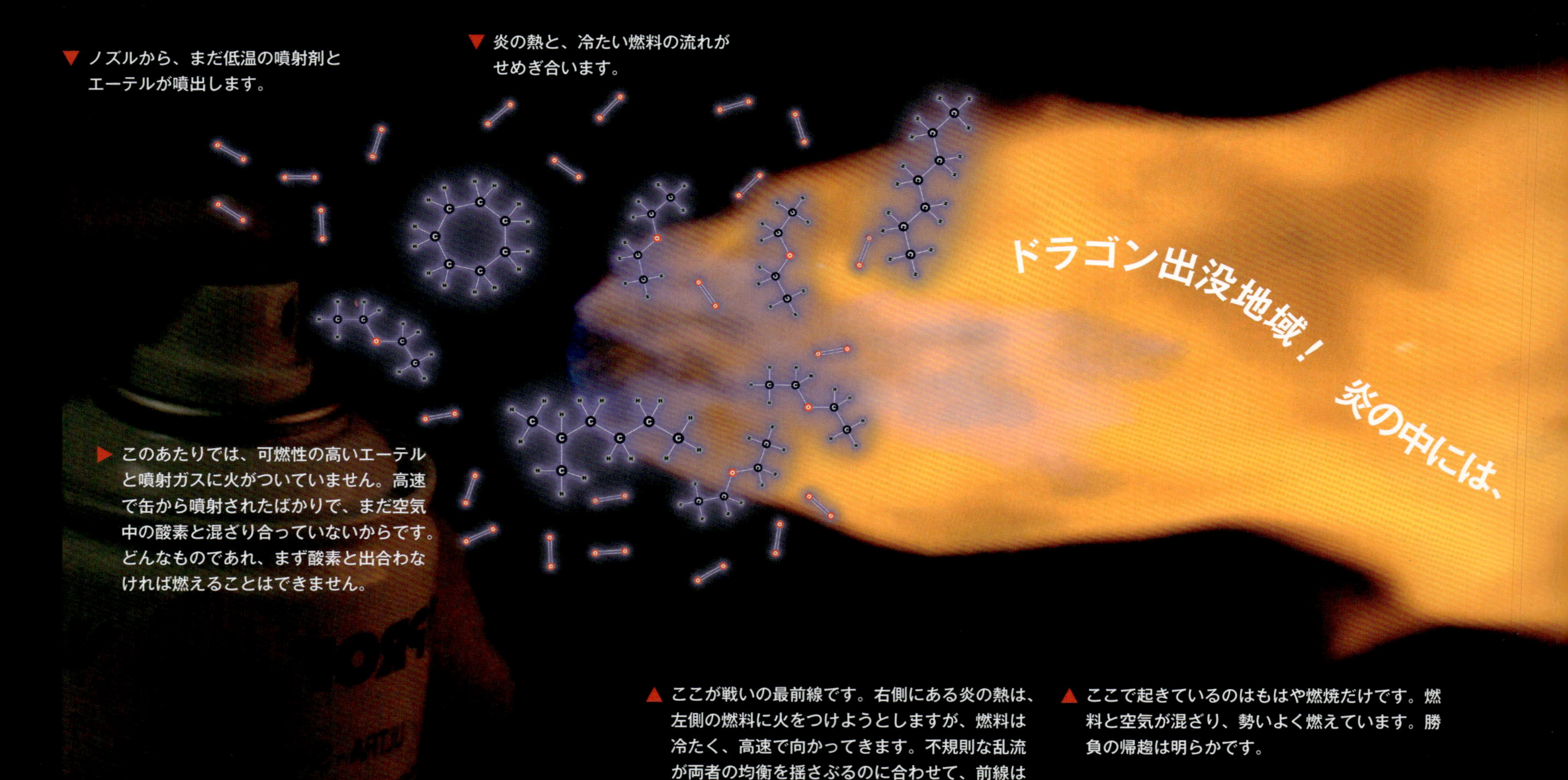

▼ ノズルから、まだ低温の噴射剤とエーテルが噴出します。

▼ 炎の熱と、冷たい燃料の流れがせめぎ合います。

▶ このあたりでは、可燃性の高いエーテルと噴射ガスに火がついていません。高速で缶から噴射されたばかりで、まだ空気中の酸素と混ざり合っていないからです。どんなものであれ、まず酸素と出合わなければ燃えることはできません。

▲ ここが戦いの最前線です。右側にある炎の熱は、左側の燃料に火をつけようとしますが、燃料は冷たく、高速で向かってきます。不規則な乱流が両者の均衡を揺さぶるのに合わせて、前線は行きつ戻りつします。燃料や空気の流れが速すぎて炎が燃料を十分加熱できず、反応を維持できなかった場合には、炎は“吹き消され”てしまいます。

▲ ここで起きているのはもはや燃焼だけです。燃料と空気が混ざり、勢いよく燃えています。勝負の帰趨は明らかです。

大部分の火は酸素の供給を空気に頼っているので、いつでも「かなり消えやすい」状態にあります。空気の80パーセント近くを窒素が占めているということは、メタンやプロパンのように非常に可燃性の高い気体でさえ、燃焼を維持しにくいことを意味しています。この事実を生かして炭鉱労働者が坑内爆発に巻き込まれず安全に作業できるようにした（というか、少なくとも、安全性を若干は向上させた）のが、1815年にハンフリー・デービーが発明した画期的な照明器具のデービー灯です。彼は、ランプの炎が爆発性のガスに引火するのを、細い金属製の網だけでたちまち食い止められることを発見したのでした。

▼ 炎の終端に残っているのは、二酸化炭素と水蒸気と、ごくわずかな、燃えなかった（あるいは燃焼が途中で止まった）燃料の分子です。そして、大量の熱。反応生成物はすべて、高温の状態で反応の場から出てきます（だからこそ、この反応で毒蛇を撃退できるわけです）。

▼ 荒れ狂う炎の渦の中で、まだ残っている燃料と酸素（およびたくさんの窒素）が混ざり合います。

▶ 炎の内部で起きている化学反応は、ひどく複雑です。単純な炎の中からでさえ数百種類もの短命な化学物質が検出され、研究されています。

奇妙で不思議な“化学の魔物”がたくさんひそんでいます！

右の写真のデービー灯は、オイルランプの炎を円筒形のワイヤーメッシュ（蚊帳くらいの目の細かさの金属網）で囲っています。炭鉱の坑内には、可燃性の高いメタンガスが自然にたまります。デービー灯の周囲が空気とメタンが混じった爆発性の気体で満たされると、円筒の金属網の内部に入り込んだその混合気体がランプの火で点火され、ランプの炎の周りに明るく輝く光の輪ができます。しかし、金属網に何千もの穴があいているにもかかわらず、炎は網を抜けて外へは広がりません。網の細い針金でほんの少し温度が下がるだけで、穴から出ようとする火は全部消えてしまいます。

空気の中で燃えている火は獰猛（どうもう）に見えますが、実はとてもデリケートで、ある大きな限界を抱えています──酸素の供給量に応じた速さでしか燃えることができないのです。燃焼速度を上げるには、燃料の近くで酸素の供給量を増やす必要があります。

速く燃える火

炎の燃焼速度を上げるための第一歩は、酸素を取り入れやすくすることです。そう、プラスチックのロケットエンジン（188 - 189ページ）のように。しかしその種の炎にはまだ、燃料と酸素がどんな割合で出あって混ざり合うかという制限があります。本当にあっというまに燃えるようにするには、燃料と酸素をあらかじめ混合しておく必要があります。

望ましい燃焼と野蛮な爆発の違いは、反応速度だけです。その事実を最もひんぱんに突きつけてくるのが、暖房や調理にプロパンガス（LPガス）を使っている場所で時折起こるガス爆発です。

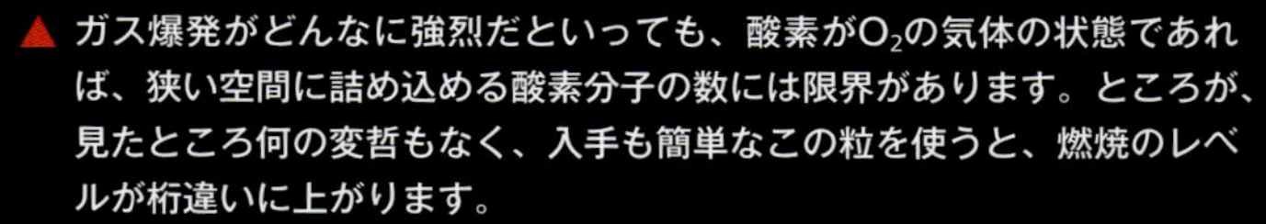

▲ ガス爆発がどんなに強烈だといっても、酸素がO_2の気体の状態であれば、狭い空間に詰め込める酸素分子の数には限界があります。ところが、見たところ何の変哲もなく、入手も簡単なこの粒を使うと、燃焼のレベルが桁違いに上がります。

硝酸カリウム（昔風の言い方をするなら硝石）は、実質的に固体の酸素です（純粋な酸素ではありませんが、かなりそれに近い物質です）。この固体は、同体積の純粋な気体酸素（常圧時）と比べ、700倍もの酸素を燃焼あるいは爆発に供給することができます（同体積の空気と比べると3330倍です）。

これまでの章でも見てきたように、どんな可燃物も、硝酸カリウムを足すことで燃えやすさがずっと高まります。おがくずに混ぜれば道路保安用発炎筒になり（96ページ）、紙にしみ込ませればあっという間に燃えてなくなる手品の紙になり（14ページ）、木炭と硫黄と一緒にすると、黒色火薬ができます（15ページ、193ページ）。

▲ プロパンが酸素と混ざり合う前に点火すると、おとなしく燃えるガスコンロの火になります。ここでは、燃料と空気の混ざり方によって、反応速度が制限されています。

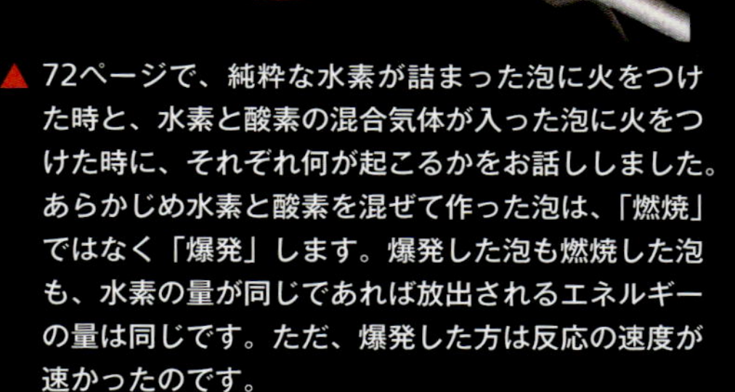

▲ 72ページで、純粋な水素が詰まった泡に火をつけた時と、水素と酸素の混合気体が入った泡に火をつけた時に、それぞれ何が起こるかをお話ししました。あらかじめ水素と酸素を混ぜて作った泡は、「燃焼」ではなく「爆発」します。爆発した泡も燃焼した泡も、水素の量が同じであれば放出されるエネルギーの量は同じです。ただ、爆発した方は反応の速度が速かったのです。

▶ しかし、気体としては重くて移動しにくいプロパンが家の低い場所にたまり、空気と混合したところに、たまたま火がついたら、大爆発が起きます。プロパンガスで暖房や料理をして普通に暮らしていた家が、跡形もなくなることも珍しくありません。プロパンガスには“ふたつの顔”があるのです。なぜ穏やかな火ではなく爆発になったかといえば、燃料の分子が酸素分子と一緒に存在していたから──つまり、反応開始に必要な熱さえあれば一気に反応が進む状態になっていたからです。

黒色火薬は、歩いて簡単に追い越せるくらいゆっくり燃え進む導火線から、秒速300 m以上の速度で銃弾を射出する発射薬まで、燃焼の速度を幅広く変えることができます。同じ物質なのに、どうしてそんなに燃焼速度を変えられるのでしょう？

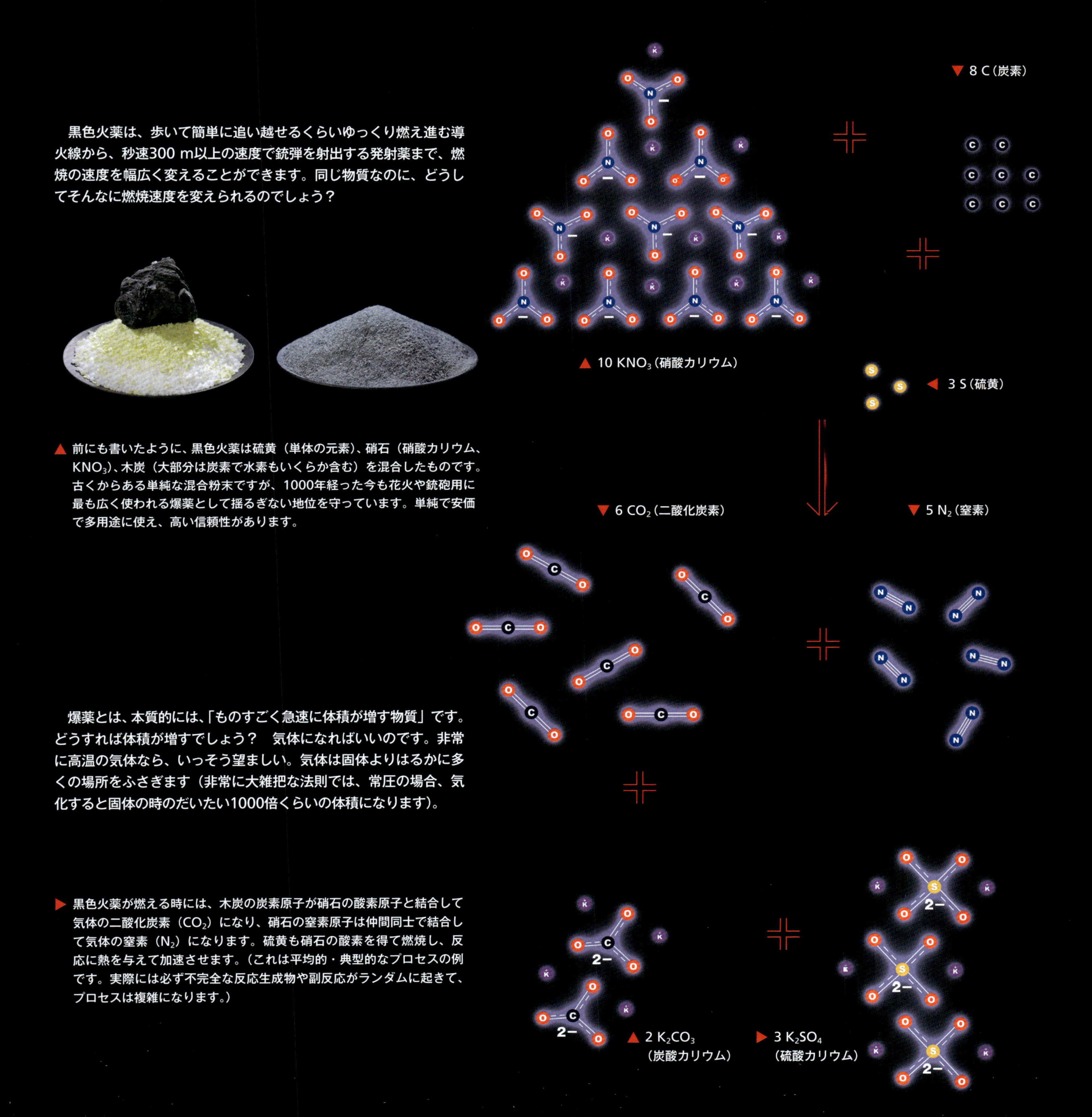

▲ 前にも書いたように、黒色火薬は硫黄（単体の元素）、硝石（硝酸カリウム、KNO_3）、木炭（大部分は炭素で水素もいくらか含む）を混合したものです。古くからある単純な混合粉末ですが、1000年経った今も花火や銃砲用に最も広く使われる爆薬として揺るぎない地位を守っています。単純で安価で多用途に使え、高い信頼性があります。

爆薬とは、本質的には、「ものすごく急速に体積が増す物質」です。どうすれば体積が増すでしょう？　気体になればいいのです。非常に高温の気体なら、いっそう望ましい。気体は固体よりはるかに多くの場所をふさぎます（非常に大雑把な法則では、常圧の場合、気化すると固体の時のだいたい1000倍くらいの体積になります）。

▶ 黒色火薬が燃える時には、木炭の炭素原子が硝石の酸素原子と結合して気体の二酸化炭素（CO_2）になり、硝石の窒素原子は仲間同士で結合して気体の窒素（N_2）になります。硫黄も硝石の酸素を得て燃焼し、反応に熱を与えて加速させます。（これは平均的・典型的なプロセスの例です。実際には必ず不完全な反応生成物や副反応がランダムに起きて、プロセスは複雑になります。）

一定量の黒色火薬がどれくらいの速さで燃焼するかには、ふたつの重要な要素があります。燃料の分子と酸素を含む分子の間の距離と、一ヵ所で反応によって生成した熱が隣接する火薬に火をつけるのにかかる時間です。火のついた紙やヘアスプレーと同様に、火のついた黒色火薬も、反応で発生した熱が次なる反応を引き起こすという連鎖反応に頼っています。

では、最初の問題である「燃料と酸素の近さ」から始めましょう。

▼ 黒色火薬は、火薬の3成分の固体をそれぞれ微細粉にし、混ぜ合わせたものです。原料を長時間すりつぶして粒子を細かくすればするほど、燃料分子と酸素分子の平均距離が近くなります。粒子が小さければ、燃料の分子が反応相手の酸素を見つけるまでの時間が短くなり、より速く燃焼するということです。

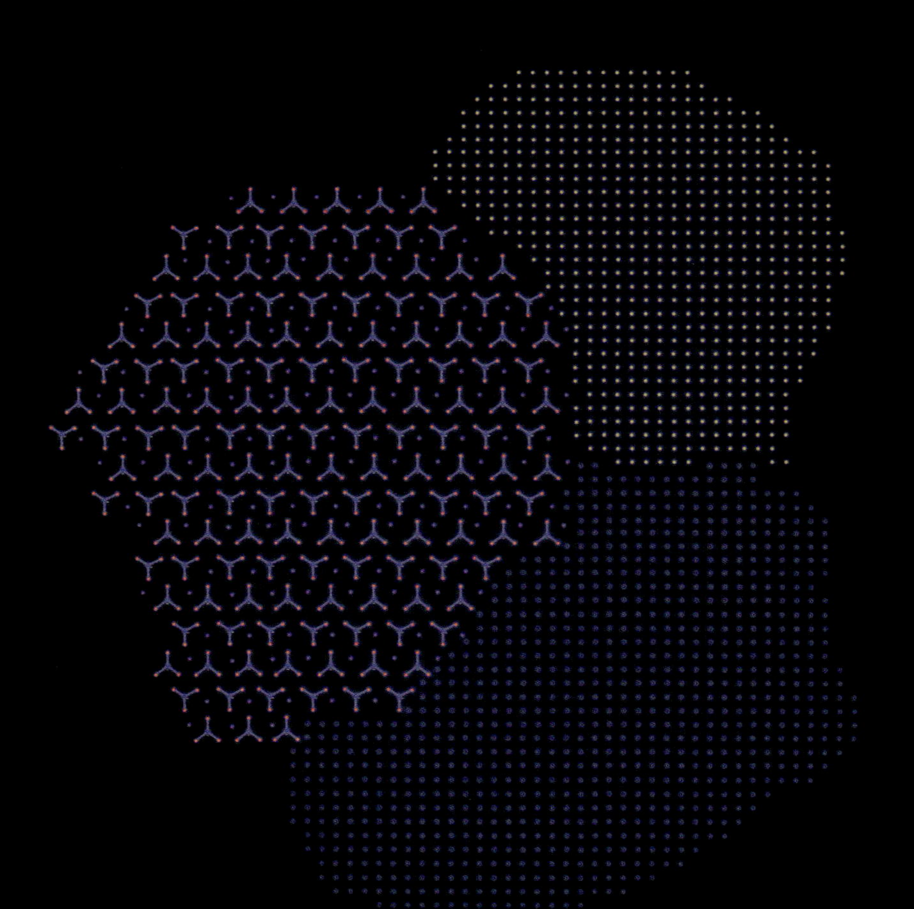

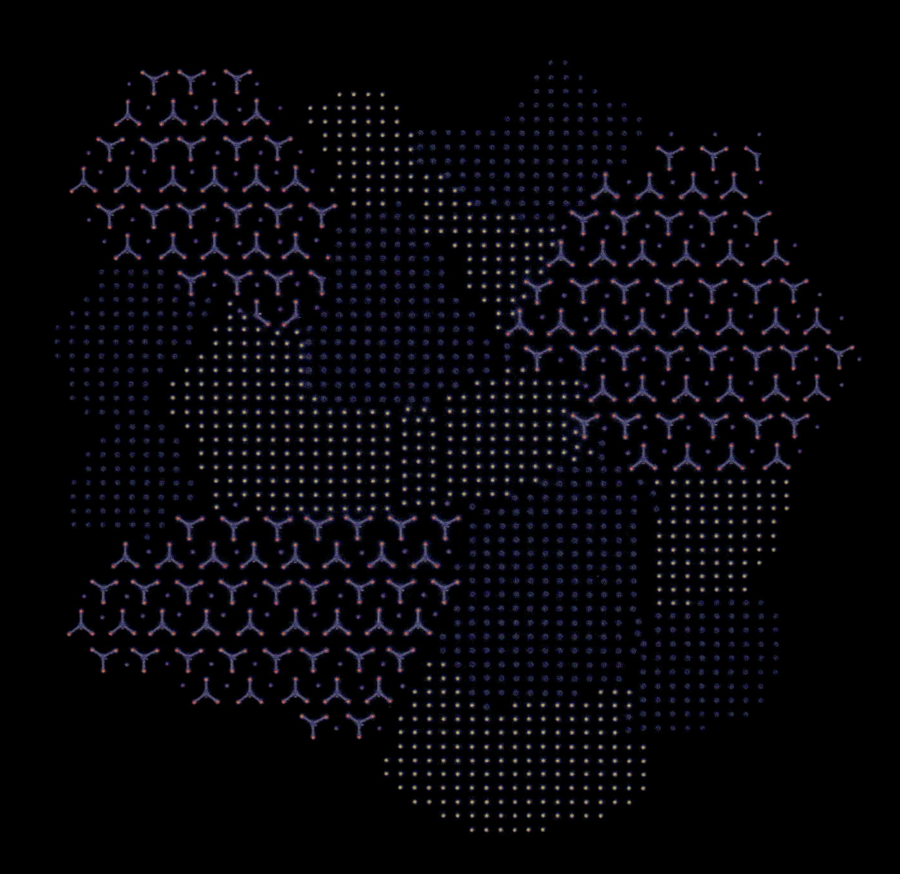

◀ 黒色火薬原料の磨砕には慎重さが必要です。デラウェア川の近くにあった火薬工場の粉砕場の建物は、三方が頑丈な石の壁で、川に面した側だけは軽量の木の壁になっていました。もしも粉砕中の火薬が爆発した場合には(その種の事故はある程度は避けられないと考えられていました)、木の壁が川の中へ吹っ飛び、頑丈な石の壁は敷地内の他の部分への被害を食い止めます。あとは、新しい木の壁を作って、作業を再開するだけです。

▶ もっと身近な話をすると、工芸が趣味で自ら火薬を微粉砕する人たちは、この写真のような小型のボールミル〔硬質のボールと材料の粉を円筒形容器にいれて回転させ、すりつぶす装置〕を使います。彼らはボールミルを他のものから30m以上離して設置し、手前に土嚢を積み、長い延長コードをつなぎます。遠くの安全な場所で延長コードのプラグをコンセントに差せばミルが始動し、抜けば停止します。爆発の危険から身を守る賢いやり方です。

次の問題は、「できるだけ短時間で火薬全体が燃焼するように熱を伝達するにはどうするか」です。これは主に格納の問題——火薬がすべて燃え終わるまで、１ヵ所にとどめておくこと——といえます。

▼ 一般的な黒色火薬を木製の浅い椀に一山盛って火をつけると、爆発というよりは一時的に激しい燃焼が起こったという表現の方がしっくりくる現象が見られます。爆発音はせず､シューッという音がするだけです。この時の反応は（爆発物の基準からすれば）かなりゆっくりです。なぜなら、着火するやいなや火薬の粉が飛び散って、熱の伝達効率が非常に悪くなるからです。高さ１mほどの火柱全体が明るく光っている事実から、火薬が広範囲に拡散して燃えていることがわかります。

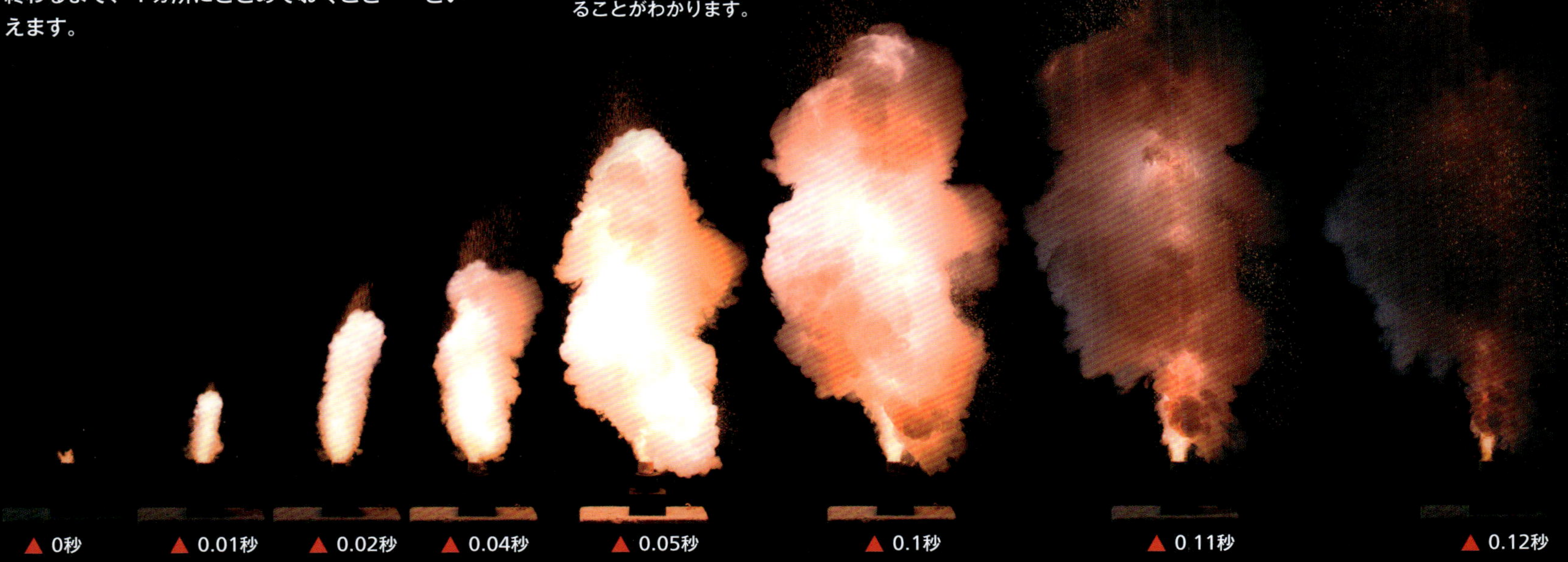

▼ 上の写真の椀に入れたのと正確に同量の黒色火薬を筒の底に入れ、上に迫撃砲弾型花火の玉（外殻）を重石として載せてから点火すると、火薬はずっと速く燃焼します。花火玉は秒速30 m以上で筒から打ち出され、玉が筒から出る時に「バン」という大きな音がします。まさしく、火薬が爆発したしるしです。

１秒に480コマで撮影した連続写真を見れば、花火玉が筒から飛び出すまでは、その重さで下にある反応剤と反応で出た熱が閉じ込められていることがよくわかります。反応中に火薬粉が拡散できないため、熱は火薬の端から端まで急速に伝わります。

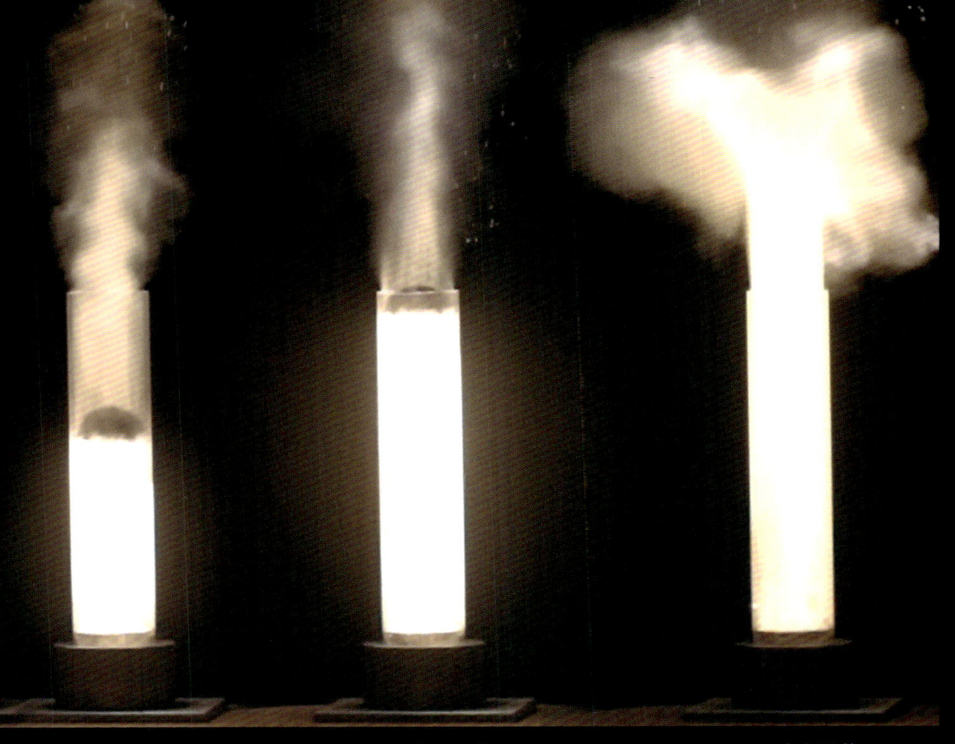

▲ 0.001秒　▲ 0.002秒　▲ 0.004秒　▲ 0.006秒　▲ 0.008秒　▲ 0.010秒　▲ 0.012秒

▲ 火薬が果たすべき最終目標は、銃身の中にあっても迫撃砲の底にあっても、できるかぎり高速で燃焼することではありません。目標は、求められている役割に最適な速度で燃焼することです。たとえば、この写真は迫撃砲型花火の発射薬として使われる黒色火薬です。この火薬は、花火玉の外殻を壊したり発射筒を破裂させたりせずに花火を射出する、ちょうどよい速度で燃焼します。

◀ 市販の標準的な迫撃砲型花火の発射筒は、鋼鉄製ではありません。素材は……厚紙です。しかもそんなに分厚くありません。これは、中で起きる爆発があまり高い圧力にはならないというしるしです。ということは、爆発はそれほど高速ではないに違いありません。そう、人間の感覚では確かに速いですし、火薬を皿に載せて火をつけたときより速いのもたしかですが、爆薬の基準に照らせばとてもゆっくりです。花火玉が筒から打ち出されるまでにかかる時間はおよそ0.01秒（10ミリ秒）です。もう少し先までお読みになれば、それがある種の爆薬の標準に照らすと永遠に近いくらい長い時間だということがわかるでしょう。

▲ 儀式の空砲専用として設計された大砲（スポーツ大会でゴールを知らせたりする時などに使われるもの）に、誰かが火薬と間違えて閃光粉を装填してしまったために、悲惨な事故が起きたことが一度ならずありました。閃光粉を使ったら最後、この写真のような黒色火薬専用の大砲は千個を超える溶けた高温の金属片となって、超音速で近くの人々に襲いかかります。

◀ 一般的な迫撃砲型花火の玉（上空で炸裂する部分）の中には、発射薬よりずっと強力な爆薬――閃光粉――が入っています。何らかの原因で花火玉が筒から射出されなかった場合（たとえば、私のような不届き者がわざと花火を上下さかさまに筒に入れた時など）、閃光粉の「割薬」（137ページ参照）は厚紙の発射筒を完全に破壊してしまいます。写真の筒の下半分は消し飛んで、どこにも見つかりませんでした。

こうなるのは、割薬が放出するエネルギーの総量が発射薬のエネルギーよりも大きいからではありません。割薬の中の閃光粉が、発射薬の黒色火薬よりずっと速く燃焼するからです。反応速度があまりに速いため、発生するガスによる巨大な圧力が急激に生じ、筒の上へガスが抜けるのが間に合わないのです。

◀ 閃光粉はアルミニウムの粉末と過塩素酸カリウムの粉末を混ぜたもので、閉じ込めて点火すると非常に速く反応します。しかしこの閃光粉でさえ、火薬という幅広いカテゴリーの中では燃焼速度が遅い方です。本当に燃焼速度が速い爆薬をメジャーリーガーとすれば、閃光粉はマイナーリーグのレベルです。

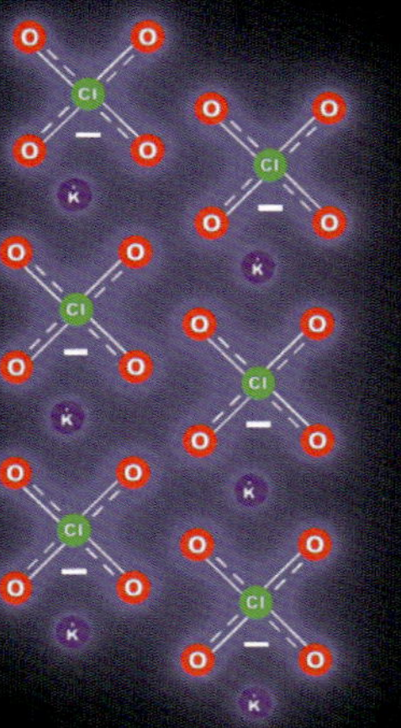

▲ 6 $KClO_4$（過塩素酸カリウム）

＋

▲ 14 Al（アルミニウム）

→

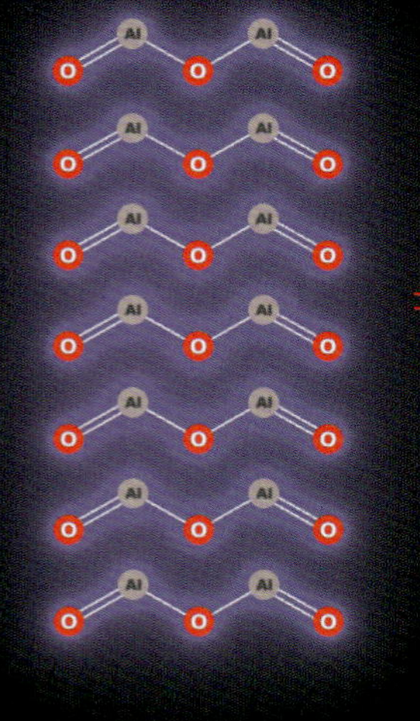

◀ 7 Al_2O_3（酸化アルミニウム）

＋

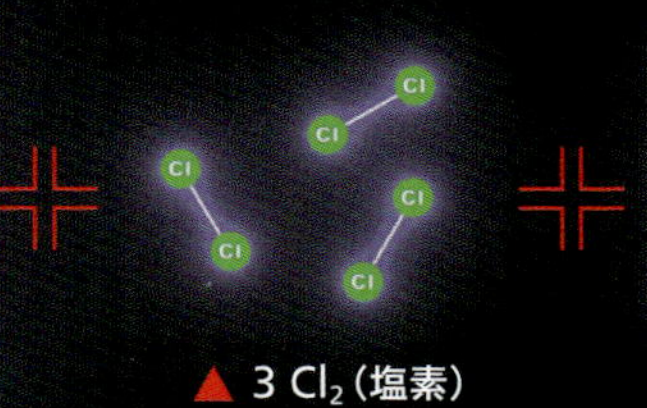

▲ 3 Cl_2（塩素）

＋

▲ 3 K_2O（酸化カリウム）

ものすごく速く燃える火

ニトログリセリンは爆薬の古典的代表です。華麗にして恐ろしいその分子構造をしばし眺めてみて下さい。燃焼に必要な酸素が、燃料（炭素と水素）と同じ分子の中に入っています。ニトログリセリンは２種類の化学薬品──片方が燃料、もう一方が酸素供給源──を混ぜ合わせたものではありません。単一の分子に、燃料と酸素供給源の両方が含まれているのです。

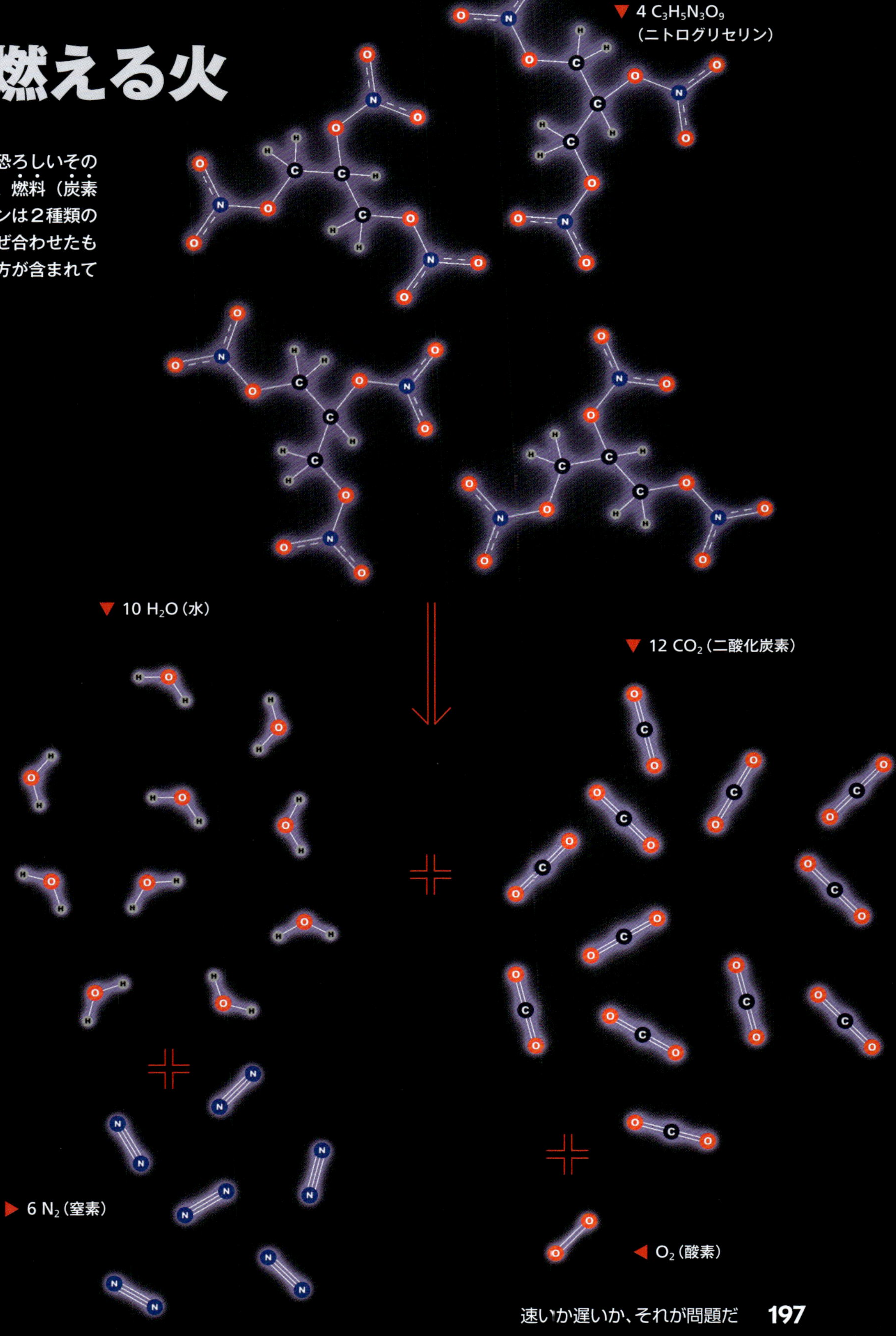

▲ 少量のニトログリセリンに火をつけると、とても速く燃えます。しかし、お椀に入れて火をつけた黒色火薬（195ページ）と同様、爆発はしません。ニトログリセリンは燃料と酸素がこれ以上ないくらい近くにありますが、反応速度の手綱を引くもうひとつ別の要素があるからです。〔この写真ではわかりにくいので、「Nitroglycerin burning filmed in slow mo」で動画検索してみましょう。〕

▶ ニトログリセリン分子の分解を始めさせるには、一定の量のエネルギーが必要です。この分子は室温では安定です（でなければ、どうやって瓶入りのニトロを持っていられます？） しかし、加熱すると分子は分解しはじめ、それによって熱が放出され、その熱が近くの分子の分解をうながし、その結果さらに多くの熱が放出されます。その時の火は、普通の火より高速で燃えていますが、基本的には熱が物質の中で伝わる速度による制限があって、私たちが知っている「火」の範疇に入ります。速く燃える火ではありますが、ものすごく速く燃えているわけではありません。

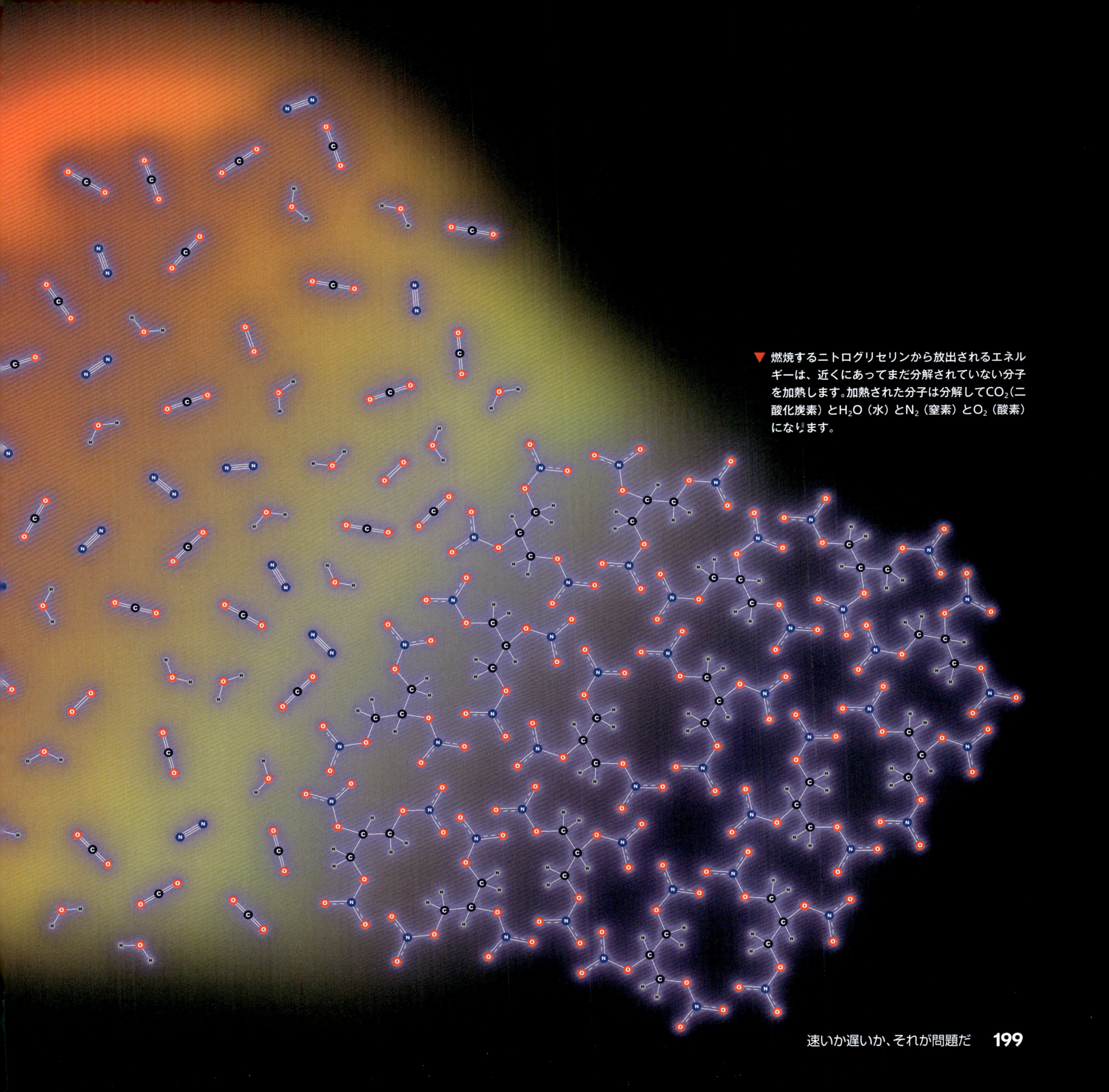

▼ 燃焼するニトログリセリンから放出されるエネルギーは、近くにあってまだ分解されていない分子を加熱します。加熱された分子は分解してCO_2（二酸化炭素）とH_2O（水）とN_2（窒素）とO_2（酸素）になります。

ニトログリセリンは非常に速く燃えますが、油断は禁物です。奴は奥の手を隠しています。そう、条件が整えば、ニトログリセリンは爆轟(ばくごう)を起こします。

爆轟は爆発の一種ですが、燃焼とは別種の猛獣です。燃焼では熱が時間をかけて伝わるのに対し、爆轟では超音速の圧力波が物質の間を信じられない速度で駆け抜けます。その速さは、ニトログリセリンでは秒速およそ7.5km。この圧力波が届いたとたん、分子の分解が起こります。

いったいどれくらい速いのでしょう？　あなたが高さ10cmくらいの瓶に入ったニトログリセリンを持っていて、それをうっかり落としたと仮定します。瓶が床に当たると、液体（ニトログリセリン）の底部から爆轟波がスタートします。13マイクロ秒（１マイクロ秒は100万分の１秒）後にこの波が一番上の液面に到達した時には、瓶の中のニトログリセリン全部がすでに気体になっています。この気体（13マイクロ秒後の時点では、まだおそらく瓶の中にあるでしょう）は温度が5000℃前後もあり、本来なら瓶の容積の２万倍くらいの体積を占めるはずです。

その数マイクロ秒後に瓶は粉々になり、たぶん１ミリ秒（1000分の１秒）後にはあなたも瓶と同じ運命をたどります。「ものすごく速い」というのはこういうことです。ニトログリセリンは最も長い歴史を持つ爆薬のひとつですが、いまだに最も爆速の速い爆薬のひとつでもあります。

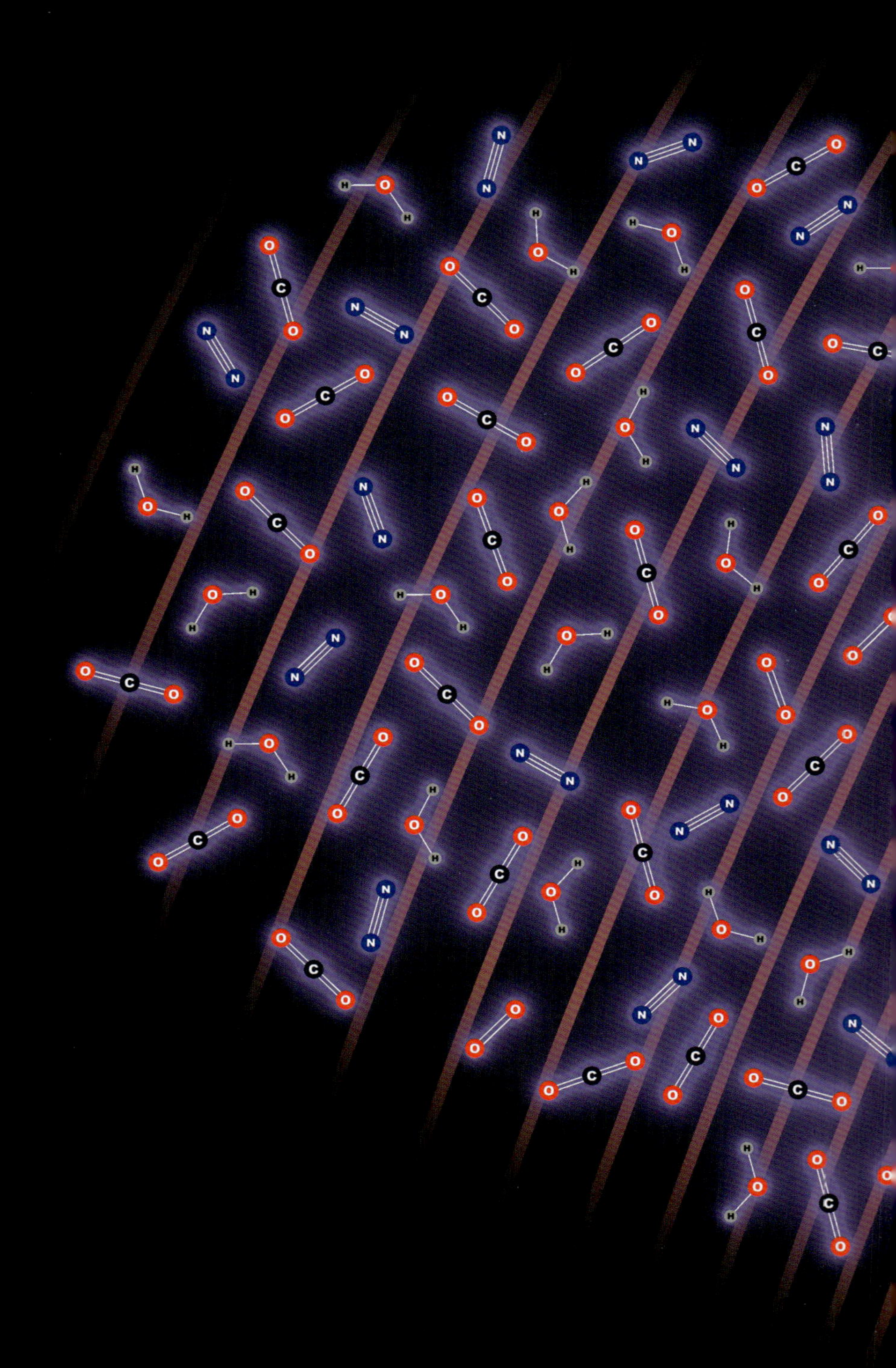

▶ 分子の分解があまりに速く進むので、分解で生成した気体は膨張し拡散する暇がありません。そのため、信じられないほど高い圧力が生まれ、爆轟波が維持されます。

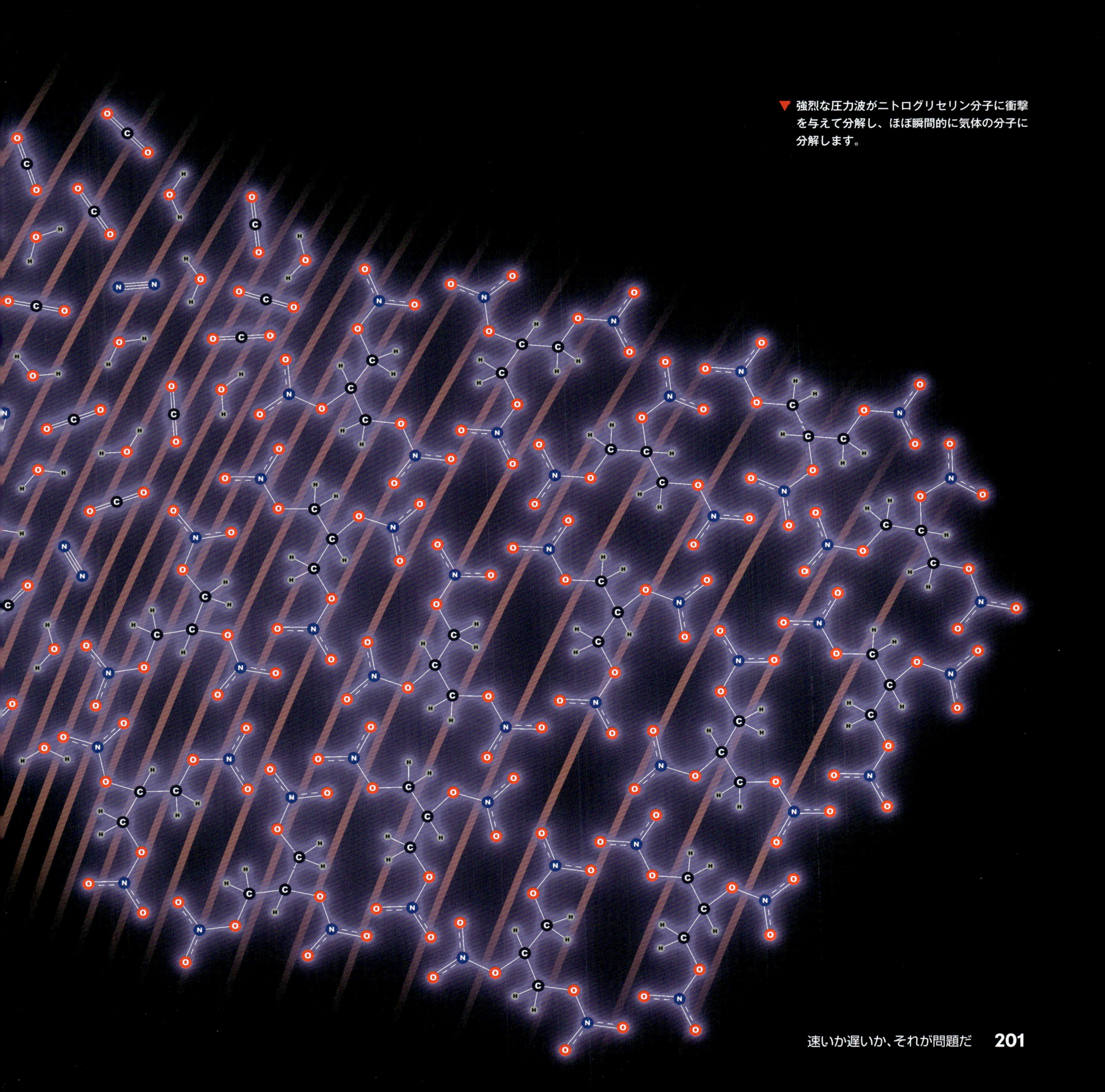

▼強烈な圧力波がニトログリセリン分子に衝撃を与えて分解し、ほぼ瞬間的に気体の分子に分解します。

　鋼鉄製の板が２枚あります。片方には、およそ50gの黒色火薬を載せて点火しました。この板はラッキーです。黒色火薬は燃焼速度が遅くて威力が弱いので、板にはほとんど影響がありません。
　もう１枚の方には、およそ20gのニトログリセリン（ダイナマイト２分の１本）を載せて点火しました。この鋼鉄板は不運でした。ニトログリセリンは強力な爆薬で、黒色火薬の数千倍の速さで反応します。
　黒色火薬のような火薬が開放空間で燃焼しても、まわりの空気は単に押しのけられるだけです。周囲の圧力は上昇しますが、空気が音速よりも速く突き動かされる（空気が衝撃波に変わる）ほどではありません。
　この音速という“境界線”を超えるのが爆薬です。爆薬の反応では非常に急激に気体が生成し、周囲の空気はうまく逃げることが不可能になります。爆薬のまわりの空気分子の慣性が、実質的に壁と同じになります。これは、どんなに強靭な鋼鉄よりも強い壁です。
　空気の壁が鋼鉄より強いとは、どういうことでしょう？　上の鋼鉄の板を見て下さい。へこんでいます。なぜかというと、この場合、爆発で生じた気体にとって、下にある鋼鉄板を押し下げてへこませるほうが、上にある空気をそれ以上の速度で押し上げるよりもずっと容易だからです。
　これが燃焼と爆轟の違い、火薬と爆薬の違いです。

最高に速い反応

遅い反応から始めて次第に速い反応へと移ってきましたが、いよいよグランドフィナーレ、世界最速の反応の登場です。超高性能爆薬？　それともブラックホールの内破？　いいえ。ただの水です。

この手の「最速」「最大」「最高」は、例外なとやかく言われます。お前のビルが一番高いというが、てっぺんの尖塔をただの飾りと見れば、おれのビルの方が高いんじゃないか？　光で励起された状態を化学反応と言っていいのか？　……などなどです。私はそういう議論には深入りしません。なぜなら、私がこれから「最速」として述べる反応は、実は私たちにとって極めて身近なうえ、世界の枠組みの中でそれが持つ意味は、他のどんな最速候補よりはるかに重要だからです。

私が最速の化学反応として推す候補は、2個の水分子の間での水素イオンのやりとりです。

水素結合の概念は、砂糖が水に溶ける話の際（102ページ）に出てきましたね。水分子はお互い同士で水素結合を形成し、架橋した水分子のネットワークを作り上げます。このネットワークの重要性はいくら強調しても足りないくらいで、水の化学的性質に多くの“微妙かつ絶妙な効果”を及ぼしています。特にははっきり目に見える例が、「氷が水に浮く」ことです。

室温の水を冷却していくと、温度が下がるに従って密度が高くなります。これは他のたいていの液体と同じです。ところが、約4℃を境に水の中での水分子の配置が大きく影響しはじめ、密度の傾向が反転します。それ以上温度が下がると、水の密度が低くなりだすのです。水が凍って氷になる際には水分子の配置構造が水全体を乗っ取り、密度は大幅に減ります。これは、他のほとんどの物質では見られない、大きな違いです。

その結果まず目につくのは、氷が水に浮くことです。それだけでなく、冷えきった凍りかけの水は、まだ凍るまでに至っていない水の上へと上昇して、層を作ります。寒冷地の池や湖が真冬でも底まで全部凍らないのは、これが理由です。下の方の水は凍らないので、湖に生息する淡水生物は生き延びて春を迎えることができます。

なぜ水分子は、連結してこのようなしっかりした構造を作るのでしょう？　逆説的ですが、それは水分子が絶えず互いを引き裂きあっているからです。（別の観点に立てば、見事に互いを共有しあっているからと言うこともできます。）

▲ 水の力と威光を軽んじることなど誰にもできません。生まれて初めて海に足をひたす子供から、若き日の波の音を思い出す老人まで、私たちはみな、水がどれだけ大切かを本能的に知っています。

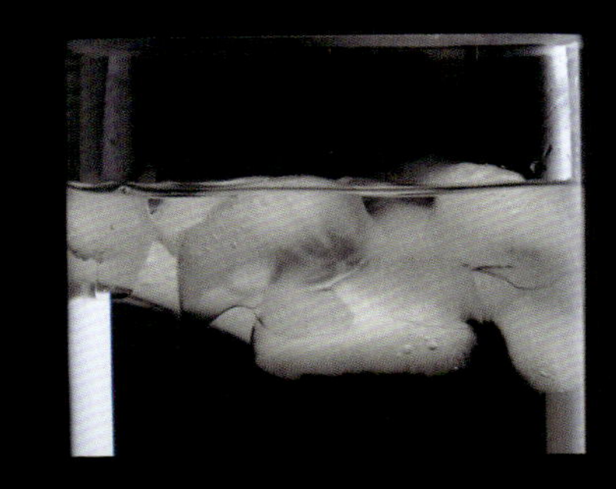

▲ 水分子には、つねに1個の水素原子が2個の酸素原子の間に位置するような関係に並ぼうとする傾向があります。高温だとこの配列はごく短い時間しか保てません。しかし水の温度が下がるにつれ、分子はこの半結晶の環と小さな集団に固定された状態で過ごす時間が長くなります。これらの構造は、液体の水よりもわずかに密度が低くなっています。（この構造がどんなふうになっているかは100ページの図をご覧下さい。）

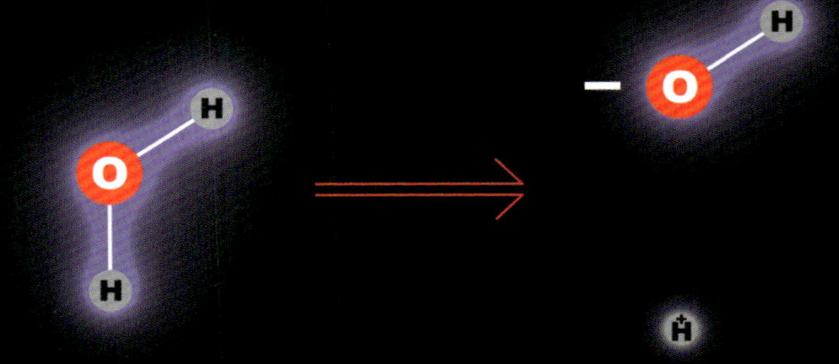

▲ 一般向けの説明では、水分子は2個のイオン――プラスの電荷を持つ水素イオン（H^+）とマイナスの電荷を持つ水酸化物イオン（OH^-）――に分かれるとされています。純水の中では、どの瞬間をとっても、水分子およそ1000万個のうちの1個がこの形に分裂していると語られます。

しかしそれは非常に単純化・様式化した説明です。水分子は、上の図のように分かれてそのままでいるわけではありません。水分子は法則性を持って並ぶのです。

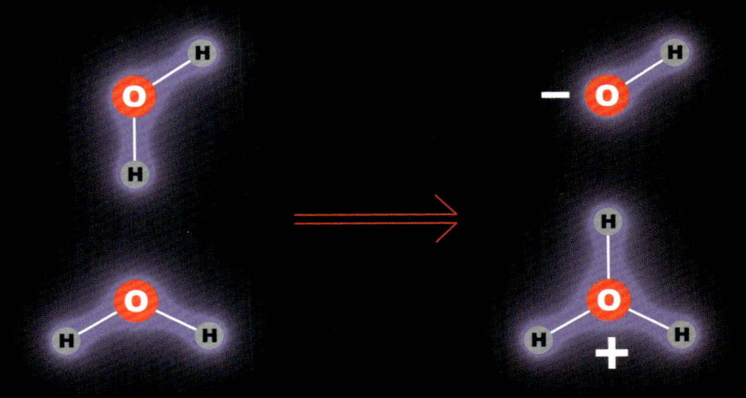

▲ もう少し実態に近いのがこちらの図です。1個の水分子からもう1個の水分子へ水素イオンが受け渡され、水酸化物イオン（OH^-）とヒドロニウムイオン（H_3O^+）が生成することを描いています。これは教科書が好んで載せる説明で、多くの教師が「水の中の水素イオンを決してH^+と書いてはいけない、水素イオンが自由に動き回ってはいないことを強調するため、必ずH_3O^+と書きなさい」と教えます。

この説明も真実を完全には伝えていませんが、水素結合が存在する理由を示しているのはたしかです。ではここで、水素イオンがある水分子から別の水分子に1回渡されておしまいではなく、両者の間を高速で行ったり来たりしているところを想像して下さい。ある瞬間は片方の酸素原子を引っ張り、次はもう片方の酸素原子を引っ張ることで、水素イオンはこの2個の分子を互いへ向かって引き寄せます。

この水素イオンのやりとりは信じられないほど高速です。水素原子はすべての原子の中で最軽量ですから、他のどんな原子より速く動けます。また、水素・酸素結合は強力なので、軽量の水素原子を強く引っ張ります。片方の酸素からもう片方の酸素への水素イオンの受け渡しは、0.000 000 000 000 05秒（50フェムト秒）に満たない時間で行われます。これこそ、意味ある化学反応のすべてのうちで最速です。水は他の物質とは違う独特な化学的性質をいろいろ持っていますが、その多くは、信じられないほど速いこの反応速度によるものです。

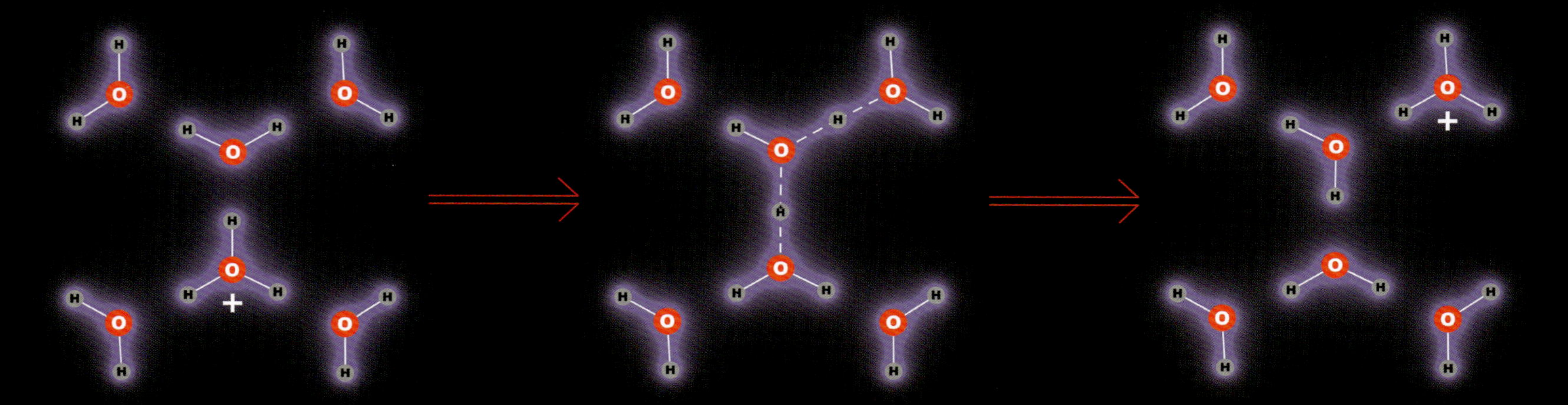

▲ 前ページの図を見ると、H_3O^+が実在するように思えるでしょう。多くの教科書からも、そういう印象を受けるはずです。ところが実際は、H_3O^+イオンは、“存在している”と言っていいくらいの時間、持続的に存在することはありません。H^+イオンのやりとりは、O−H結合の振動周期と同じくらい高速で行われているからです。言い換えれば、水素イオンは２個の水分子の間を可能な限り最も速い速度で跳ね返るように往復しています。

しかも、ペアになった２個の水分子の間を行き来しているだけではありません。水素イオンが跳ね返ってから別の水分子の方へ飛んでいくと、その後出発点に跳ね戻るよりも、むしろ飛んでいった先の分子を構成する水素原子のうち１個を玉突き式に押し出してしまうだろうと考えられています。蹴り出された水素は、さらに別の水分子にぶつかっていき、以下それが続きます。

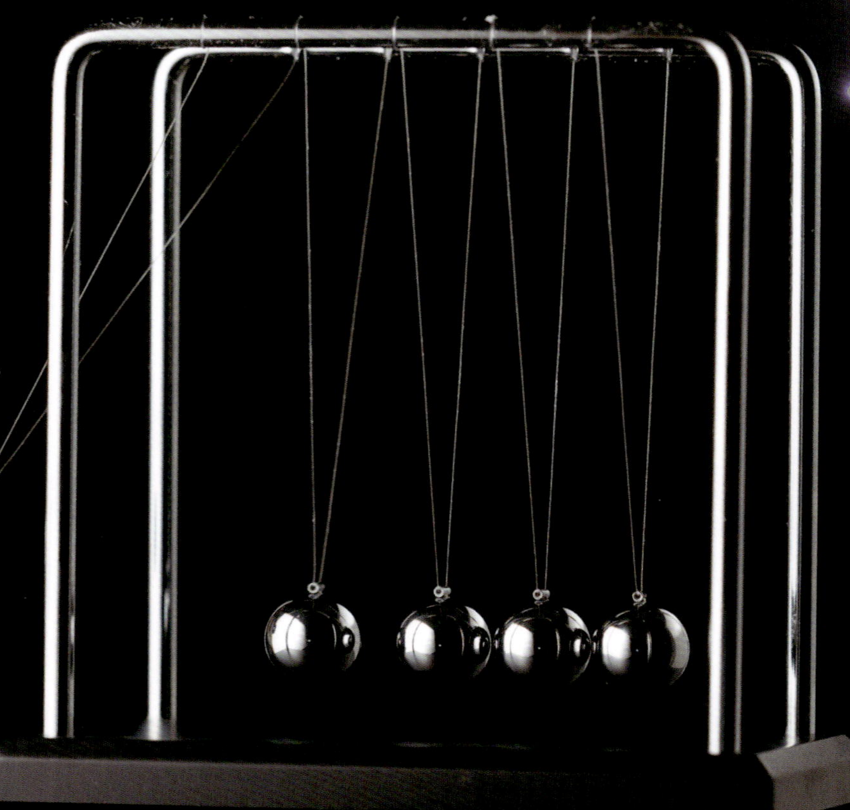

▶ 写真の「ニュートンのゆりかご」という装置は、並べて吊るした金属球の端から端まで“跳ね返りのエネルギー”がほとんど瞬時に伝わることを目で見てわかる形で示しています。右端の球を引っ張ってから手を離し、他の球に衝突させると、左端の１個の球だけが弾かれたように飛び出します。（実物を見たことがない人は、「ニュートンのゆりかご」で動画検索をして、実際の動きを見て下さい。初めて見ると、本当に楽しい驚きでいっぱいになりますよ！）

これに似た弾き出しの連鎖が、水素イオンのやりとりの場面でも起こっています。

▲ たくさんの水分子がたまたましかるべき位置関係で並ぶと、「プロトン（陽子）・ハイウェイ」とでも言えるようなものが形成され、そのハイウェイに沿って水素イオン（すなわち陽子、プロトンともいう）の協調的やりとりがほぼ瞬時に行われます。この効果を全体として眺めると、片方の端のH^+イオンから出発し、反対側の端に別のH^+イオンが現れたという形になります。ただしその過程では、どのH^+イオンもひとつ隣の水分子に移動しただけです。

これはニュートンのゆりかごによく似ています。一番端の動かしやすい球を引いて隣の球にぶつけると、一番反対側の１個だけが動きますが、端から端まで移動した球はひとつもありません。

こうしたプロトン・ハイウェイの存在、経路の長さ、持続時間は、コンピューターシミュレーションを用いた研究が行われており、非常に現実的な話です。水の中である種の重要な反応が起きる時、実際の反応速度が私たちの予想よりはるかに速いのは、プロトン・ハイウェイが理由です。

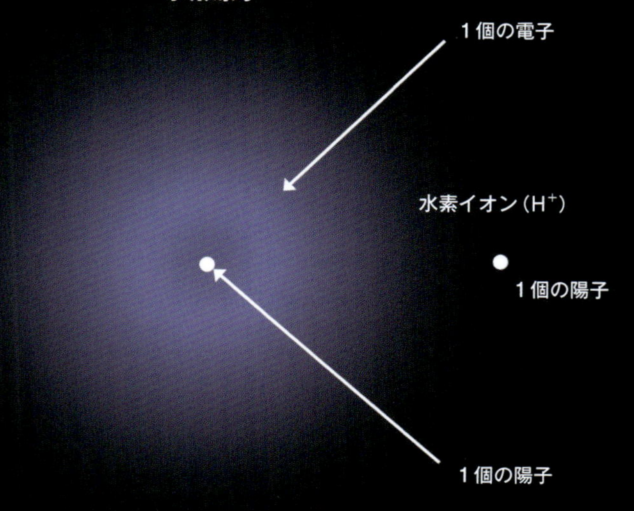

◀ 化学者が水素イオン（H^+）のことを「陽子」や「プロトン」と呼ぶのをしばしば耳にしませんか？前ページでもプロトン・ハイウェイと言っていますね。水素イオンは文字通り陽子そのものです。電気的に中性の水素原子は、プラス１の電荷を持つ陽子１個が原子核で、その周りにマイナス１の電荷を持つ電子が１個あります。水素イオンは水素原子から電子が１個引きはがされてできるものですから、残るのは陽子です。H^+イオンは実際は１個の亜原子粒子だけです。そのため、他のどんな原子やイオンよりもはるかに小さいのです。

▼ 前述のように、どの瞬間にも水分子およそ1000万個につき１個がH^+とOH^-のイオンに分かれています。つまり、純水の中にもつねに一定の濃度（1000万分の１）の水素イオンが存在していることになります。水素イオンを含む溶液は酸性である、と定義されています。では、純水は酸性なのでしょうか？

待って下さい。同じ純水の中には、水素イオンと同数の水酸化物イオン（OH^-）があります。OH^-イオンを含む溶液はアルカリ性（塩基性）である、と定義されています。それなら、純水はアルカリ性？

純水は、同時に酸性でもありアルカリ性でもあります。純水中には、同じ濃度のH^+とOH^-が含まれています。私たちはこの状態を中性と呼びます。酸性にもアルカリ性にも傾いていないからです。ただし、考え違いをしないよう気をつけて下さい。純水は、酸性とアルカリ性のどちらでもないという意味で中性なのではありません。同程度に酸性でもありアルカリ性でもあるので、どちらとも呼べない、ということです。

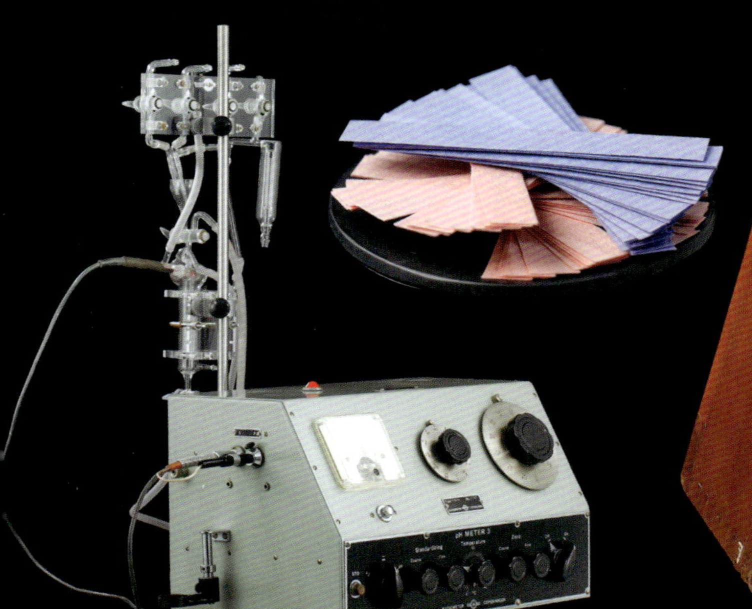

▲▶ リトマス紙と電気的pH測定器は、サンプルの溶液に含まれる水素イオンの濃度を調べるために使われます。水素イオン濃度の常用対数の負の値、すなわちpHが酸性度を示しますから、測定された濃度から酸性度が判明します。何を言っているかわからなくても、気にすることはありません。何を言っているかわかった人は、pHのpが何をあらわしているかに気付いたことでしょう。1000万分の１（純水中の水素イオン濃度）の対数はマイナス７ですから、純水のpHは７です。（現代のpH測定器はプラスチック製でゲームボーイのような見た目です。それでは趣（おもむき）がないので、本書の写真には科学実験装置が実験装置らしい風貌を備えていた時代の、アンティークな機械を２台選びました。）

▼酸と塩基（アルカリ）は、溶液中の水素イオン（H^+）濃度を上げたり下げたりする化学物質です。酸は水に溶けるとH^+イオンを放出して濃度を上げます。塩基は、水に溶けた時にそれ自体がH^+イオンと反応して取り込むか、またはOH^-イオンを放出してそれがH^+イオンとの反応で水になるかのどちらかの方法で、水素イオン濃度を下げます。

ある溶液に酸と塩基を同量入れると、両者は互いを「中和」します。たとえば、酸である塩化水素（HCl、その水溶液が塩酸）と塩基である水酸化ナトリウム（NaOH）の分子を同じ数だけ水に溶かすと、酸のH^+イオンが塩基のOH^-イオンと反応して、水がちょっとだけ増えます。残るのは同じ数の塩素イオン（Cl^-）とナトリウムイオン（Na^+）です。この状態は、酸と塩基のかわりに食塩（NaCl）を水に溶かした時と全く同じです。言い換えると、危険で腐食性の高い化学薬品２種類を水に混ぜたら、無害な塩水ができました。

私は今しがた、「酸のH^+イオンが塩基のOH^-イオンと反応して」と言いました。しかし、実はその言い方は正確ではありません。

◀ NaOHは室温では固体です。ですから、この図は実際の状態に近いといえます。しかし言うまでもなく（本書の他のすべての図と同様に）、あらゆる固体は平面ではなく立体的だということが、この図では無視されています。

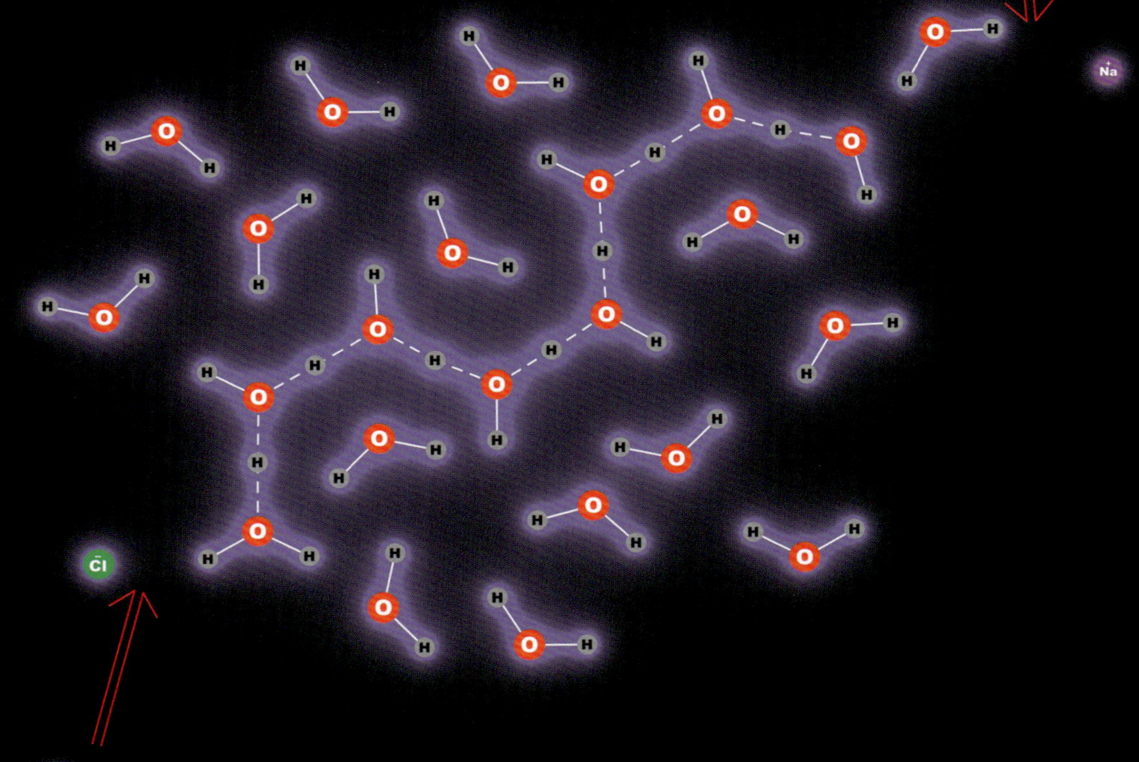

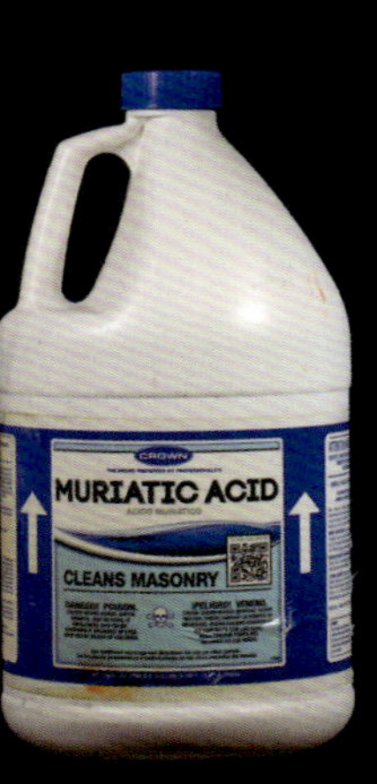

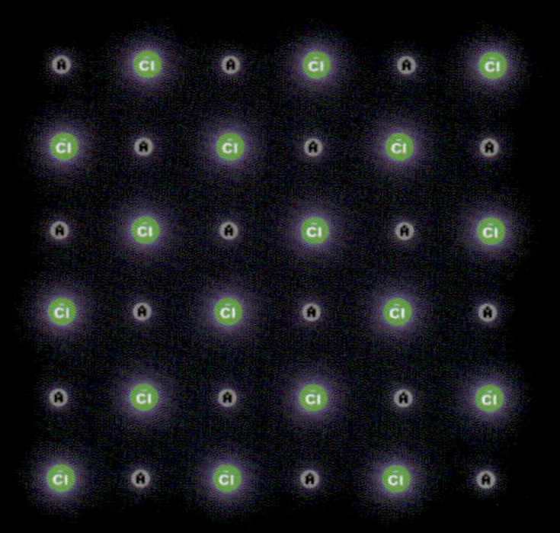

▶ 純粋なHClは、気体です。室温では水に溶かさない限り液体（塩酸）になりません。ですから、この図は、文字通りそのままでは受け取らないで下さい。

▲ プロトン・ハイウェイは、酸と塩基の間に距離があって両者が直接出会っていない場合でも、中和が起きることを可能にします。HClが持つ過剰な水素イオンがハイウェイの片側から入ると、瞬時にハイウェイの反対側に水素イオンが現れて、OH^-イオンを中和します。水素イオンがハイウェイの端から端まで移動する必要は皆無です。

このようにして、酸と塩基は、仮にハイウェイがなかったとした場合と比べて何百倍もの速さで中和することができます。

水分子同士や、水分子と他の分子の間の“水素結合ネットワーク”は、生命にとってたとえようもないほど重要です。その恩恵はあまりに広範囲に及ぶので、生命に関係した反応のなかで水素結合が重要な役割を果たしているものをリストに並べようとするよりも、水素結合と縁のないものを――もしそういうものがあるとして――挙げる方がずっと容易でしょう。

水。それは、化学反応の世界を探索するこの旅を締めくくるのにふさわしい物質でしょう。私たちの身体に、心に、想像力に、芸術に、水ほど深く広く浸透している物質は他にありません。人間が知識というものを獲得するより前から知られ、あらゆる文化において“生命を与え保つもの”としてあがめられ称えられてきた水という物質が、性質の面で非常に“化学的”でもあるとは、まったくよくできた話です。

水は、酸性・アルカリ性という言葉の定義に従えば、同時に酸性かつアルカリ性です。水は強力な溶媒です。水は生命にかかわるすべての反応に、反応物として、生成物として、あるいは溶媒として、関与しています。水は、“化学的であること”を本質的に体現しています。毎日水が飲める、いや、飲まなければならないとは、なんとすばらしいことでしょう！　私たちは化学的な物質でできており、それなしでは生きられず、生命活動のどの面を取っても化学的な物質たちとその驚嘆に値する反応の数々からの恩恵を享受して生きている――ということを教えてくれる究極の証拠が、水なのです。

謝辞 Acknowledgments

本書の執筆および、ここに至るまでの道のりの中では、数えきれないほど多くの方にお世話になりました。

まず最初に、マックス・ホイットビーとニック・マン。このふたりは、三部作企画の実現で最も肝心かなめの役割を果たしました。マックスと私の付き合いは『世界で一番美しい元素図鑑』よりも前に遡り、彼は本書でも多くの画像制作にかかわりました。ニックは、これまでの本と同じく本書でもほとんどの写真を撮影しました。私が彼らにどれだけ多くを負っているかを書き並べようとしても、とても全部は書ききれません。

バッサム・シャカシリは長年にわたって私を応援してくれました。特にジェリー・ベルを紹介してくれたことに感謝しています。ジェリーと私は協力して1年間同じプロジェクトを行い、本書の執筆を遅らせました。ジェリーは私が化学に関して誠実な記述ができるよう助けてくれたうえ、エントロピーについて意味がわかる形で説明してくれました。彼のおかげで私の化学への理解は深く鋭いものになりました。

編集者のベッキー・コーは、私が彼女の要請に応えられなかった時でも――最初はこの本の執筆を1年遅らせ、次にぎりぎりまで着手せず、そもそも執筆する気があるのか怪しいと彼女に思わせた時でも――決してサジを投げずにつきあってくれました。彼女の貢献は本当に大きかった。（２冊目の本の題名を『化合物』から『分子』に変えるように言ったのも彼女です。おかげでずっといい題名になりました。）

物騒なバーナーを使った料理を象徴する81ページのクレームブリュレを作ったのは、すばらしき友、マリベルです。彼女はまた、私にやる気を取り戻させてこの本を完成させた最大の功労者でした。彼女がいなければ、ベッキーは今でも私の原稿を待ち続けていたことでしょう。

わが娘、エマは実に役に立つくらいにまで成長し、人生の無益さを表現する“絶望の絵”を描き、竹の拷問の絵も描いてみせてくれました。息子のコナーもやはり役に立ち、静電気を説明するための風船をこするのに髪の毛を貸してくれました。一番年上のアディーは、私が注文したミシンの送り先をカレッジの寄宿舎の彼女の部屋にすることに同意してくれ、おかげで私はスコットランド旅行のついでにそのミシンを持ち帰ることができて、直接アメリカに送ってもらうよりずっと送料の節約になりました。（とはいえ、カレッジの授業料まで考えれば、普通にうちに送ってもらった方が安上がりといえるでしょうが）。

フィオナ・バークリーは多くの面で力になってくれました。彼女の一番のお手柄は、私たち自身では撮影できないものの画像（たとえば、過去の出来事の記録写真など）を見つけたことと、化学の専門知識の提供と、私たちをドリュー・ガードナーに紹介してくれたことでした。

ニトログリセリンの燃焼と、鋼板上で火薬とダイナマイトを爆発させるところを撮影する際には、火薬・花火業者「ブライトファイア・パイロテクニクス」のマイク・サンソムに依頼しましたが、彼は頼まれた以上のことをやってくれました。また、私がこれまで見た中で最も美しい花火の写真を持ってきてくれたのも彼でした。

ドリュー・ベリーは分子レベルのセルロース合成過程が目で見てわかる美しいCG画像を作ってくれました。ジョナサン・マシューズは典型的な石炭分子（私はそんなものが存在するとは思ってもいませんでした）の分子構造をいくつも送ってくれました。おかげでとれだけ作業が楽になったことか！　ブラクストン・コリアーは、原子軌道と分子軌道を描くための非常に興味深い新技法を開発しました。この技法は２章で結合性軌道と反結合性軌道の電子配置を図示するために使われています。

ニックの他にも何人かの優れた写真家の協力を得ることができました。『ポピュラー・サイエンス』誌の連載コラムで長年一緒に仕事をしたマイク・ウォーカーの写真が、本書にも何点か載っています。ドリュー・ガードナーはテルミット溶接の見事な写真を撮影してくれました。グレアム・ベリーの写真も多数使われています（詳しくは写真クレジットを参照して下さい）。チャック・ショートウェルの写真は１枚だけですが、写真の出来ばえの点で私はとても高く評価しています。

これまでの本と同様に本書でもデザインと装丁を担当したマシュー・コークリーは、長年一緒に仕事をする仲間として実に得難い存在です。私が出した本の美しさの大部分は彼に負っています。

私のせいで気苦労の絶えなかった経理担当兼アシスタントのグレッチェンには、ものごとの秩序を保ってくれたことへの感謝を表明します。具体的な助言やその他の手助けをしてくれたボビー・クロウ、必要な時にたいていその場にいてくれたコーティーにもお礼を言います。

クロロフィル、葉緑体、色素胞のCG画像は、メリヒ・シェナーによります。植物の生育に関する経済的な話題に言及できたのもメリヒのおかげです。デポー大学のブライアン・ハンソンはパーシー・ジュリアンの作った分子に関する情報だけでなく、実際のMOLファイル〔分子構造に関する数値データが記載されたファイル〕も提供してくれました。ジェフ・ブライアントは、４章で取り上げるのに適した恒星と惑星を選ぶのを手伝ってくれました。

トビー、アレクサス、クィントン、ブリアナ、デヴィッド、そして犬のビスケットは、キッズ用ウォッシャブルペイントの写真撮影で抜群のはじけっぷりを披露してくれました。

トビーとロバートは、昔日の私の失望をわかりやすく見せるために火山噴火キットを組み立ててくれました。この他にも何人かが、写真に必要なものを作ったり貸したりしてくれました（そのうち一部は私の胃袋に収まりました）。ダニー・オットーは牛脂の使いみちを示すためにすばらしいアップルパイを焼いてくれました。グレゴリー・アーバックは、ニトロセルロースラッカー塗装で仕上げた、しゃれた自作のギターを持ってきてくれました。セオフィラス・ジャクソンは、ものすごく寒い夜に私に数時間付き合って、パナマのビーチの砂鉄を形ある品物に鍛造する手伝いをしてくれました。

最後に、最初の方で触れたプロジェクトに参加して協力してくれたすべての人に感謝の意を表します。これは大きなプロジェクトで大変な作業が伴いました。その成果の一部を本書でも見ることができます。彼ら全員が、尊い目標へ向かってそれぞれに全力を尽くしました。以下に名を記し、感謝します。アンディ・ブル、アンナ・エヴァンス＝フリーク、アシュレー・キャビコ、ブラクストン・コリアー、カール・モーランド、キャロル・エイチェン、ドリュー・ベリー、ドリュー・ガードナー、エドワード・ブリファ、ファレル・マッケンジー、フィオナ・バークリー、グレアム・ベリー、ハンナ・バリー、イヴァン・チモヒン、ジャスパー・ジェームズ、ジェリー・ベル、ジョン・クロミー、ジョン・ハワース、マシュー・コークリー、マシュー・シュリブマン、マイク・カイパー、モフセン・ラメザンポル、ネイサン・マーチ、ニック・マン、マット・エイトキン、トム・ウェイトマン、ロブ・アンドリュース、サム・ベイン、サム・ウルフ、セリーナ・パン、サイモン・ライス、スティーヴン・メンジー、マイク・サンソム、ニック・トール、マイロ・シェーファー、バッサム・シャカシリ、デボラ・コリガン、ジュリー・ウィルコット、そしてマット・ストルツファス。

ニック・マンによる謝辞

セリーナ、ジャクソン、マドゥラ、アンドレア、アルマンド、そしてわが両親に、このプロジェクトで仕事をしていた間ずっと支えてくれたことを感謝します。そしてテオにも、本書に、そしてこの十年間の多くのプロジェクトにかかわる機会を与えてくれたことに対して、感謝しています。

写真クレジット Photo Credits

特に記載のない限り、写真はNick Mannが撮影したものであり（Copyright © 2017 Theodore Gray）、すべての図と分子構造図はTheodore Grayの作である（Copyright © 2017 Theodore Gray）。

以下の画像は「ケミストリー・プロジェクト」の後援により作成され（Copyright © 2016 RGB Ltd）、それぞれ下に記した写真家の作品である。
vi, vii, 7, 8, 14, 36, 37, 42, 56, 58, 74, 75, 76, 77, 78, 79, 106, 125, 127, 128, 129, 130, 138, 148, 149, 158, 165, 185, 187, 195, 205: Nick Mann.
38, 96, 97: Drew Gardner.
57, 71, 75, 84, 101, 126, 182: Drew Gardner and Graham Berry.
104, 105, 108, 108: Jasper James.
iii, 159, 160, 162, 163: Andrew Berry.

その他のオリジナル写真はCopyright © 2016 by Theodore Grayであり、撮影者は次の通りである。
36, 37: Nick Mann, courtesy of Touch Press, Gems & Jewels App.
115: Nick Mann, courtesy of The Orchestra app, Amphio, and the Philharmonia Orchestra.
205: Nick Mann, courtesy of the Chemical Heritage Foundation.
22, 83, 89, 92, 114, 176, 90, 184: Theodore Gray.
92: Maribel Odalis Sanchez de Tyler.

以下のオリジナル写真はNick Mannの撮影で、Copyright © 2017 Nick Mannである。
95, 115, 157, 176, 178.

以下のオリジナル写真の著作権は、それぞれの撮影者にある。
8, 19: Max Whitby.
22: Bryan Hanson.
22: Bridget Gourley.
iii, 112, 133, 138: Mike Sansom, courtesy of pyroproductions.co.uk
198, 202: Mike Sansom.

以下は、メリヒ・シェナーによるオリジナルのレンダリング。
50, 51, 52: from A. Hitchcock, C. N. Hunter, and M. Sener. Determination of cell doubling times from the return-on-investment time of photosynthetic vesicles based on atomic detail structural models. J. Phys. Chem. B, 2017.
M. Sener, J. Strumpfer, A. Singharoy, C. N. Hunter, and K. Schulten. Overall energy conversion efficiency of a photosynthetic vesicle. eLife, page 10.7554/ eLife.09541 (30 pages), 2016.

129: 電球のスペクトルの作図はTheodore Grayが http://www.designingwithleds.com/light-spectrum-charts-data/のデータをもとに作成した。

以下はNASAが提供するパブリック・ドメイン画像。
iii, 32, 33, 45, 48, 115, 131, 172, 177, 189, 131 (NASA, ESA, A. Fujii, and Z. Levay, STScl).

以下は『ポピュラー・サイエンス』誌の連載コラムからの転載画像。著作権は撮影者。
9, 72, 73, 80, 107, 188, 189, 192: Mike Walker.
183: Charles Shotwell.

その他の画像
5: The Three Witches by Daniel Gardner, 1775 (public domain, via Wikimedia Commons).
7: Painting by Pietro Longhi, 1830 (public domain via Wikimedia Commons).
8: Photographer unknown, via Wikimedia Commons.
20: Photographer unknown (public domain via Wikimedia Commons).
22: Photographer unknown (public domain via DePauw University).
31: Copyright © 2003 Adam Block/ Mount Lemmon SkyCenter/ University of Arizona.
34: ESO (European Southern Observatory)/H. Boffin, Creative Commons Attribution.
73: Gus Pasquarella, public domain via Wikimedia Commons.
86: Copyright Jana Vengels | http://www.dreamstime.com/bluna_info
86: Copyright Fibobjects | http://www.dreamstime.com/fibobjects_info
90: Copyright age fotostock / Alamy Stock Photo.
90: Copyright Dirk Ercken | http://www.dreamstime.com/kikkerdirk_info
91: Copyright Leonid Chernyshev | http://www.dreamstime.com/chernysh_info
93: Copyright 和鋼博物館
93: Copyright Scanrail | http://www.dreamstime.com/scanrail_info
93: Copyright Kuzmichevdmitry | http://www.dreamstime.com/kuzmichevdmitry_info
94: Copyright Antikainen | http://www.dreamstime.com/antikainen_info
95: AP Photo/Bruce Smith.
95: Gretar Ívarsson, public domain via Wikimedia Commons.
105: Bert Chan, CC Share Alike via Wikimedia Commons.
109: Photographer unknown, CC Share Alike via Wikimedia Commons.
110: D. Gordon E. Robertson, CC Share Alike via Wikimedia Commons.
115: Copyright Mitrandir | http://www.dreamstimecom/mitrandir_info
121: Copyright Sharifphoto | http://www.dreamstime.com/sharifphoto_info
123: Copyright Trudywsimmons | http://www.dreamstime.com/trudywsimmons_info
135: Copyright Alison Cornford-matheson | http://www.dreamstime.com/acmphoto_info
148: Artist unknown.
154: Galen Rowell/Mountain Light / Alamy Stock Photo.
163: Copyright Erik1977 | http://www.dreamstime.com/erik1977_info
172: Photographer unknown, Alamy Stock Photo.
172: Keene Public Library and the Historical Society of Cheshire County, public domain.
173: Iain Cameron, CC Attribution.
R0349: John Erlandsen, CC Share Alike.
190: Courtesy Photofest
192: AP Photo/The Winchester Star, Scott Mason.
194: Mira / Alamy Stock Photo.
207: Katsushika Hokusai (葛飾北斎), public domain.

さくいん Index

斜体の数字は写真・図版

サ行

タ行

ハ行

マ行

ヤ行

ラ行

ワ行